全国计算机等级考试专业辅导用书

全国计算机等级考试

无纸化真考题库

二级Visual Basic

全国计算机等级考试命题研究室
虎 奔 教 育 教 研 中 心 编著

清华大学出版社
北 京

内 容 简 介

本书严格依据最新颁布的《全国计算机等级考试大纲》编写，并结合了历年考题的特点、考题的分布和解题的方法。

本书分为四部分：上机考试指南、上机选择题、上机操作题和上机操作题参考答案及解析。具体内容包括 12 个考点的详细分析和 98 套上机操作题及解析。

本书光盘提供强化练习、真考模拟环境、评分与视频解析、名师讲堂等模块。

本书适合报考全国计算机等级考试“二级 Visual Basic”科目的考生选用，也可作为大中专院校相关专业的教学辅导用书或相关培训课程的辅导书。

图书在版编目（CIP）数据

全国计算机等级考试无纸化真考题库．二级Visual Basic/全国计算机等级考试命题研究室，虎奔教育教研中心编著．—北京：清华大学出版社，2015(2017.1重印)
全国计算机等级考试专业辅导用书
ISBN 978-7-302-38454-0

Ⅰ．①全…　Ⅱ．①全…　②虎…　Ⅲ．①电子计算机—水平考试—习题集②关系数据库系统—水平考试—习题集　Ⅳ．①TP3-44

中国版本图书馆CIP数据核字（2014）第260827号

责任编辑： 袁金敏
封面设计： 傅瑞学
责任校对： 胡伟民
责任印制： 何　芊

出版发行： 清华大学出版社
网　　址：http://www.tup.com.cn, http://www.wqbook.com
地　　址：北京清华大学学研大厦 A 座　　邮　　编：100084
社 总 机：010-62770175　　邮　　购：010-62786544
投稿与读者服务：010-62776969，c-service@tup.tsinghua.edu.cn
质量反馈：010-62772015，zhiliang@tup.tsinghua.edu.cn
印 刷 者： 三河市君旺印务有限公司
装 订 者： 三河市新茂装订有限公司
经　　销： 全国新华书店
开　　本： 185mm×260mm（附光盘 1 张）　　印　　张：13　　字　　数：422 千字
版　　次： 2015 年 1 月第 1 版　　印　　次：2017 年 1 月第 2 次印刷
定　　价： 29.80 元

产品编号：062202-02

前　言

全国计算机等级考试（以下简称等级考试）由教育部考试中心组织，是目前报考人数较多、影响较大的全国性计算机考试。随着教育信息化步伐的加快，等级考试逐渐取消了笔试，完全采取无纸化的考试形式。然而，这样的变化也给广大老师的授课与考生的备考带来一定困难。

为了适应等级考试的变化，同时帮助广大师生更好地把握新的考试内容，高效地通过计算机等级考试，本书编写组认真研究无纸化考试的考试形式和最新考试大纲，组织具有多年教学、命题、策划等经验的各方专业人士，仔细分析众多全国计算机等级考试以及其他教育产品的优点，精心策划了本套无纸化专用图书。同时，以软件、网校、手机和现场培训等多种形式为考生提供服务。

本书具有以下四大特点。

1. 百分百真考题库

本书所有试题均为真实考试原型题，试题类型包括选择题和上机操作题，知识点完全覆盖最新真考题库，并逐年不断更新，以真题为核心组织全书的内容，同时提供考前预测试题。

2. 无纸化真考环境

本书配套软件完全模拟真实考试环境，其中包括4大功能模块：选择题、操作题日常练习系统，强化练习系统，完全仿真的模拟考试系统以及真人高清名师讲堂系统。同时软件中配有所有试题的答案，方便有需要的考生查阅。

3. 数字化学习平台

网络课堂，名师、真人、高清视频，循序渐进，由浅入深，结合诙谐的语言和生动的举例，讲解考试中的重点和难点；全新研发的手机软件，随时随地练习、答题和记忆，使备考变得简单。

4. 自助式全程服务

虎奔培训、虎奔官网、手机软件、YY讲座、虎奔网校、免费答疑热线、专业QQ群等互动平台，随时为考生答疑解惑；考前一周冲刺专题，还可以通过虎奔软件自动获取考前预测试卷；考后第一时间点评专题，帮助考生预测考试成绩。

编　者

目 录

第 1 部分

上机考试指南

1.1 机考注意事项

（1）考生在上机考试时，应在开考前 30 分钟进入候考室，校验准考证和身份证（军人身份证或户口本），同时抽签确定上机考试的机器号。

（2）考生提前 5 分钟进入机房，坐在由抽签确定的号所对应的机器上，不允许乱坐位置。

（3）不得擅自登录与自己无关的考号。

（4）不得擅自复制或删除与自己无关的目录和文件。

（5）不得在考场内交头接耳、大声喧哗。

（6）开考未到 10 分钟不得离开考场。

（7）迟到 10 分钟者取消考试资格。

（8）考试中计算机出现故障、死机、死循环、电源故障等异常情况（即无法进行正常考试）时，应举手示意与监考人员联系，不得擅自关机。

（9）考生答题完毕后应立即离开考场，不得干扰其他考生答题。

注意：考生必须在自己的考生目录下进行考试，否则在评分时查询不到考试内容而影响考试成绩。

1.2 上机考试环境

1. 硬件环境

上机考试系统所需的硬件环境，如表 1.1 所示。

表1.1　硬件环境

CPU	主频3GHz相当或以上
内存	2GB以上（含2GB）
显卡	SVGA 彩显
硬盘空间	10GB以上可供考试使用的空间（含10GB）

2. 软件环境

上机考试系统所需的软件环境，如表 1.2 所示。

表1.2　软件环境

操作系统	中文版Windows 7
应用软件	中文版Microsoft Visual Basic 6.0和MSDN 6.0

3. 题型及分值

全国计算机等级考试二级 Visual Basic 采取无纸化上机考试，满分为 100 分，共包括 4 种题型，即选择题（每题 1 分，共 40 分）、基本操作题（2 小题，共 18 分）、简单应用题（2 小题，共 24 分）和综合应用题（1 小题，共 18 分）。总分达到 60 分，即可获得合格证书。

4. 考试时间

全国计算机等级考试二级 Visual Basic 上机考试时间为 120 分钟，由上机考试系统自动计时，考试结束前 5 分钟系统自动报警，以提醒考生及时存盘，考试时间结束后，上机考试系统自动将计算机锁定，考生不能继续进行考试。

1.3 上机考试流程

1. 登录

在实际答题之前，考生需要进行考试系统的登录。一方面，这是考生信息的记录凭据，系统要验证考生的“合法”身份；另一方面，考试系统也需要为每一位考生随机抽题，生成一份二级 Visual Basic 上机考试的试题。

（1）启动考试系统。双击桌面上的“考试系统”快捷方式，或执行“开始”|“程序”|“第 ??（?? 为考次号）次 NCRE”命令，启动“考试系统”，出现

“登录界面”窗口，如图 1.1 所示。

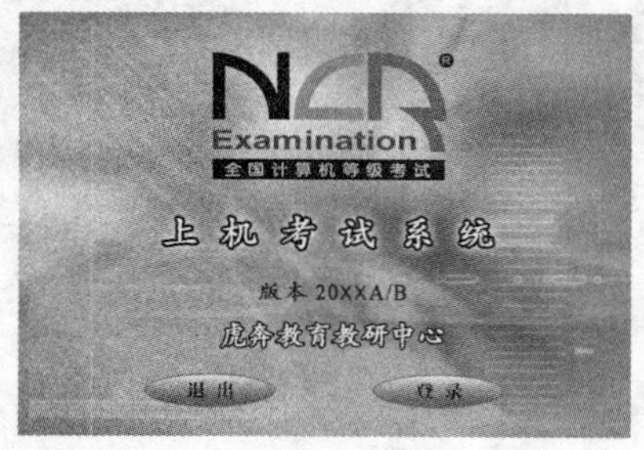

图1.1 登录界面

（2）输入准考证号。单击图 1.1 中的“开始登录”按钮或按回车键进入“身份验证”窗口，如图 1.2 所示。

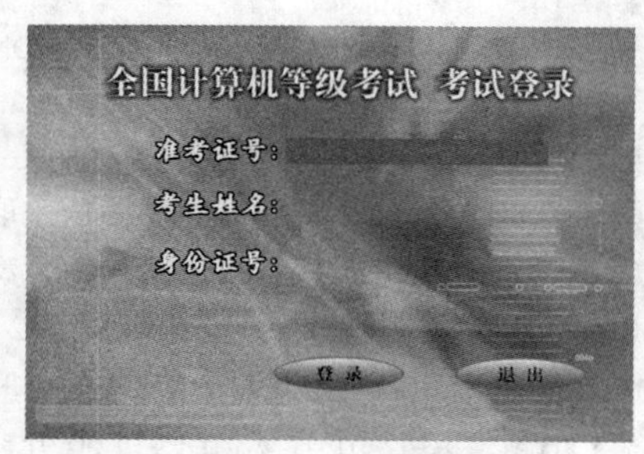

图1.2 身份验证

（3）考号验证。考生输入准考证号后，单击图 1.2 中的“登录”按钮或按回车键后，可能会出现两种情况的提示信息。

① 如果输入的准考证号存在，将弹出“信息验证”窗口，要求考生对自己的准考证号、姓名和身份证号进行验证，如图 1.3 所示。如果准考证号错误，单击“否 (N)”按钮重新输入；如果准考证号正确，单击“是 (Y)”按钮继续执行下面的操作。

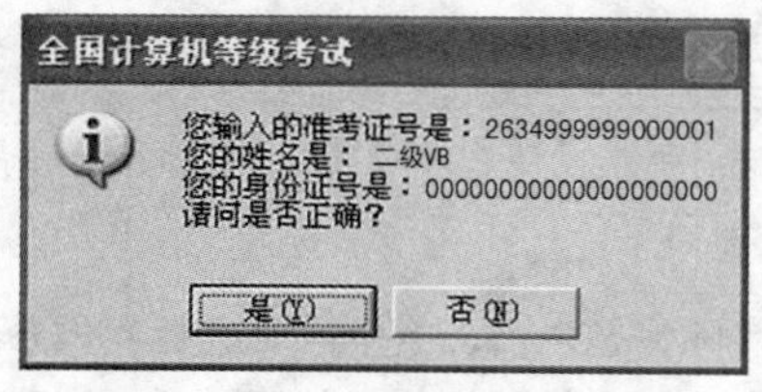

图1.3 信息验证

② 如果输入的准考证号不存在，系统会显示相应的提示信息并要求考生重新输入准考证号如图 1.4 所示，直到输入正确或单击“是 (Y)”按钮退出考试系统为止。

图1.4 错误提示

（4）登录成功。当考试系统抽取试题成功后，屏幕上会显示二级 Visual Basic 的上机考试须知窗口，考生选中“已阅读”并单击“开始考试并计时”按钮开始答题并计时，如图 1.5 所示。

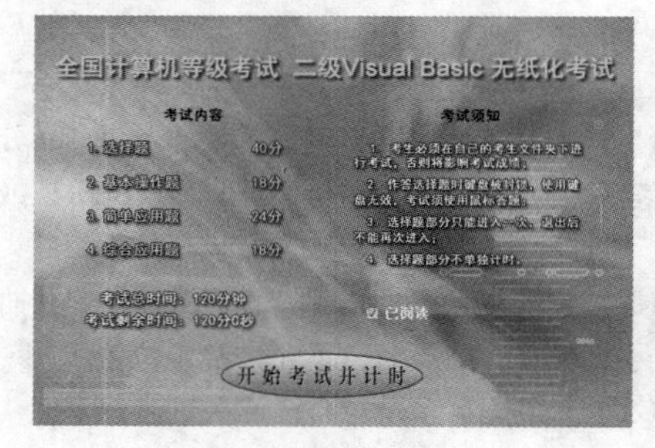

图1.5 考试须知

2. 答题

（1）试题内容查阅窗口。登录成功后，考试系统将自动在屏幕中间生成试题内容查阅窗口，至此，系统已为考生抽取一套完整的试题，如图 1.6 所示，单击其中的“选择题”、“基本操作题”、“简单应用题”和“综合应用题”按钮，可以分别查看各题型题目要求。

当试题内容查阅窗口中显示上下或左右滚动条时，表示该窗口中的试题尚未完全显示，因此，考生可用鼠标操作显示剩下的试题内容，防止因漏做试题而影响考试成绩。

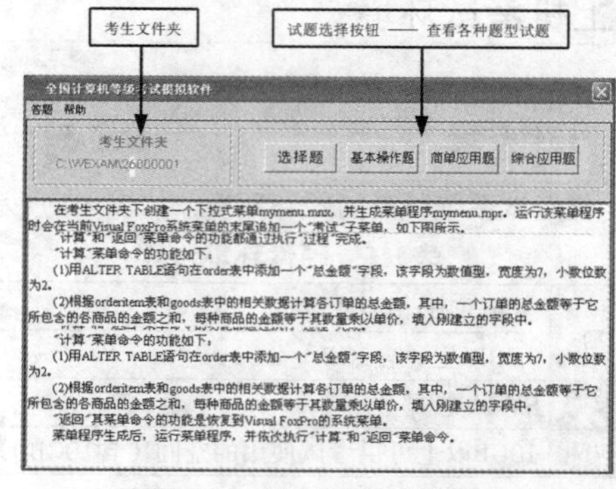

图1.6 试题内容查阅窗口

（2）考试状态信息条。屏幕中间出现试题内容查阅窗口的同时，屏幕顶部显示考试状态信息条，其中包括① 考生的准考证号、姓名、考试剩余时间；② 可以随时显示或隐藏试题内容查阅窗口的按钮；③ 退出考试系统进行交卷的按钮。“隐藏窗口”字符表示屏幕中间的考试窗口正在显示，当单击“隐藏窗口”字符时，屏幕中间的考试窗口就被隐藏，且“隐藏窗口”字符串变成“显示窗口”，如图 1.7 所示。

显示窗口 | 2634999999000001 黄过 | 72:07 | 交卷

图1.7　考试状态信息条

（3）启动考试环境。在试题内容查阅窗口中，单击“答题”菜单下的“启动 Visual Basic 6.0”菜单命令，即可启动 Visual Basic 的上机考试环境，考生可以在此环境下答题。

（4）启动选择题答题程序。在试题内容查阅窗口中，单击“答题”菜单下的“选择题”菜单命令，即可启动选择题的答题窗口，如图 1.8 所示。

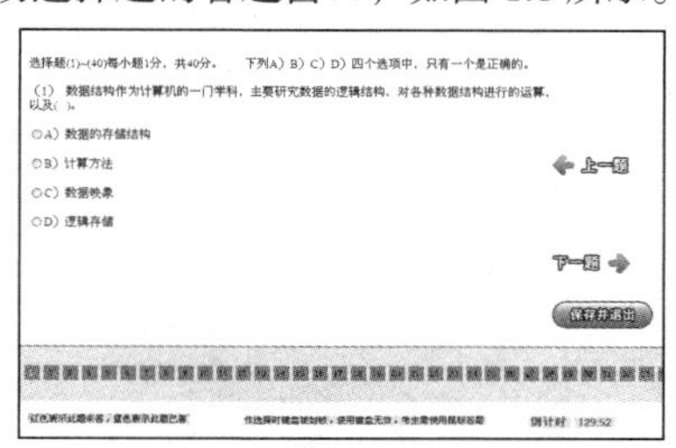

图1.8　选择题答题窗口

3. 考生文件夹

考生文件夹是存放考生答题结果的唯一位置。考生在考试过程中所操作的文件和文件夹千万不能脱离考生文件夹，同时千万不能随意删除此文件夹中的任何与考试要求无关的文件及文件夹，否则会影响考试成绩。考生文件夹的命名是系统默认的，一般为准考证号的前 2 位和后 6 位。假设某考生登录的准考证号为“2634999999000001”，则考生文件夹为“K:\ 考试机机号 \26000001”。

4. 交卷

考试过程中，系统会为考生计算剩余考试时间。在剩余 5 分钟时，系统会显示提示信息，如图 1.9 所示。考试时间用完后，系统会锁住计算机并提示输入“延时”密码，这时考试系统并没有自行结束运行，它需要键入延时密码才能解锁计算机并恢复考试界面，考试系统会自动再运行 5 分钟，在此期间可以单击“交卷”按钮进行交卷处理。如果没有进行交卷处理，考试系统运行到 5 分钟时，又会锁住计算机并提示输入“延时”密码，这时还可以使用延时密码。

图1.9　信息提示

如果考生要提前结束考试并交卷，则在屏幕顶部显示的窗口中单击“交卷”按钮，上机考试系统将弹出如图 1.10 所示的信息提示。此时，考生如果单击“确定”按钮，则退出上机考试系统进行交卷处理，单击“取消”按钮则返回考试界面，继续进行考试。

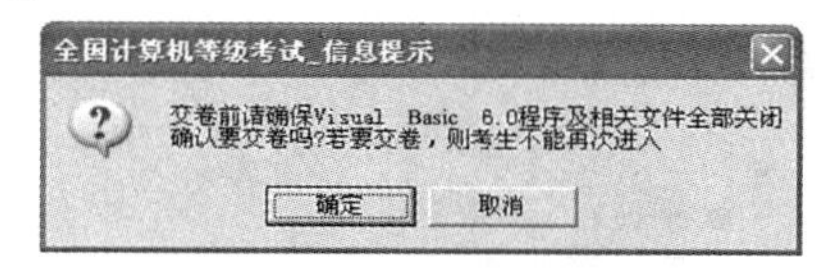

图1.10　交卷确认

如果进行交卷处理，系统首先锁住屏幕，并显示“系统正在进行交卷处理，请稍候 !”，当系统完成了交卷处理，在屏幕上显示“交卷正常，请输入结束密码：”，这时只要输入正确的结束密码就可结束考试。

交卷过程不删除考生文件夹中的任何考试数据。

5. 意外情况

如果在考试过程中发生死机等意外情况，需要再次登录时，根据情况监考人员可输入两种密码。

（1）输入“二次登录密码”，将从考试中断的地方继续前面的考试，考题仍是原先的题目，考试时间也将继续累计，如图 1.11 所示。

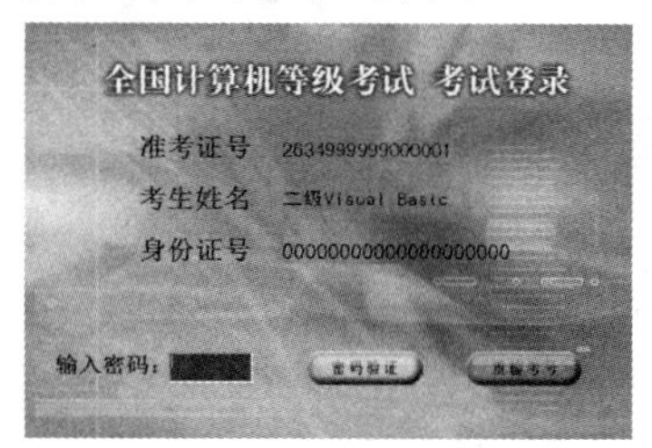

图1.11　二次登录密码

如果考试中使用过“延时”密码，再进行二次登录，系统会给出一分钟的时间给考生进行交卷处理。如果在这一分钟内退出考试，可以再进行二次登录，但系统只会给出前面一分钟内未使用完的时间给考生。只要不进行“交卷”处理，可以多次“延时”。

在考试中如果需要更换考试机，为保留考题和已作答信息，有两种处理办法：一是在新的考试机上建立相同用户名，再以二次登录的方式登录考试；二是通过管理系统的“为考生更换考试机”命令来为考生指定新的考试机，再以二次登录的方式登录考试。

（2）输入“重新抽题密码”，系统会为考生重新抽取一套考题，但考生前面的作答信息会被覆盖，同时考试系统会将发生的情况记录在案。

如果有多个考生同时用一个从未登录过的准考证号进行登录，那么只有一个考生可以正常登录，其余考生都不能登录，并且在屏幕上会提示已有一个考生正常登录，并显示该登录用户名。在这种情况下，如果那个正常登录的考生确实不是这个准考证号的拥有者，只要找到拥有这个准考证号的考生，在他的考试机上用重新抽题密码重新登录即可。

第 2 部分

上机选择题

考点1 数据结构与算法

(1)下列叙述中正确的是(　　)。

A)算法就是程序　　B)设计算法时只需要考虑数据结构的设计

C)设计算法时只需要考虑结果的可靠性　　D)以上三种说法都不对

(2)算法的有穷性是指(　　)。

A)算法程序的运行时间是有限的　　B)算法程序所处理的数据量是有限的

C)算法程序的长度是有限的　　D)算法只能被有限的用户使用

(3)算法的空间复杂度是指(　　)。

A)算法在执行过程中所需要的计算机存储空间　　B)算法所处理的数据量

C)算法程序中的语句或指令条数　　D)算法在执行过程中所需要的临时工作单元数

(4)下列叙述中正确的是(　　)。

A)有一个以上根结点的数据结构不一定是非线性结构

B)只有一个根结点的数据结构不一定是线性结构

C)循环链表是非线性结构

D)双向链表是非线性结构

(5)支持子程序调用的数据结构是(　　)。

A)栈　　B)树　　C)队列　　D)二叉树

(6)下列关于栈的叙述正确的是(　　)。

A)栈按"先进先出"组织数据　　B)栈按"先进后出"组织数据

C)只能在栈底插入数据　　D)不能删除数据

(7)一个栈的初始状态为空。现将元素1、2、3、4、5、A、B、C、D、E依次入栈,然后再依次出栈,则元素出栈的顺序是(　　)。

A)12345ABCDE　　B)EDCBA54321　　C)ABCDE12345　　D)54321EDCBA

(8)下列数据结构中,能够按照"先进后出"原则存取数据的是(　　)。

A)循环队列　　B)栈　　C)队列　　D)二叉树

(9)下列关于栈叙述正确的是(　　)。

A)栈顶元素最先能被删除　　B)栈顶元素最后才能被删除

C)栈底元素永远不能被删除　　D)栈底元素最先能被删除

(10)下列叙述中正确的是(　　)。

A)在栈中,栈中元素随栈底指针与栈顶指针的变化而动态变化

B)在栈中,栈顶指针不变,栈中元素随栈底指针的变化而动态变化

C）在栈中，栈底指针不变，栈中元素随栈顶指针的变化而动态变化
D）在栈中，栈中元素不会随栈底指针与栈顶指针的变化而动态变化

(11) 下列叙述中正确的是（　）。
A）栈是“先进先出”的线性表
B）队列是“先进后出”的线性表
C）循环队列是非线性结构的线性表
D）有序线性表既可以采用顺序存储结构，也可以采用链式存储结构

(12) 下列叙述中正确的是（　）。
A）栈是一种先进先出的线性表
B）队列是一种后进先出的线性表
C）栈与队列都是非线性结构
D）以上三种说法都不对

(13) 下列叙述中正确的是（　）。
A）循环队列有队头和队尾两个指针，因此，循环队列是非线性结构
B）在循环队列中，只需要队头指针就能反映队列中元素的动态变化情况
C）在循环队列中，只需要队尾指针就能反映队列中元素的动态变化情况
D）循环队列中元素的个数是由队头指针和队尾指针共同决定的

(14) 对于循环队列，下列叙述中正确的是（　）。
A）队头指针是固定不变的
B）队头指针一定大于队尾指针
C）队头指针一定小于队尾指针
D）队头指针可以大于队尾指针，也可以小于队尾指针

(15) 下列叙述中正确的是（　）。
A）循环队列是队列的一种链式存储结构
B）循环队列是队列的一种顺序存储结构
C）循环队列是非线性结构
D）循环队列是一种逻辑结构

(16) 下列叙述中正确的是（　）。
A）顺序存储结构的存储空间一定是连续的，链式存储结构的存储空间不一定是连续的
B）顺序存储结构只针对线性结构，链式存储结构只针对非线性结构
C）顺序存储结构能存储有序表，链式存储结构不能存储有序表
D）链式存储结构比顺序存储结构节省存储空间

(17) 下列叙述中正确的是（　）。
A）线性表的链式存储结构与顺序存储结构所需要的存储空间是相同的
B）线性表的链式存储结构所需要的存储空间一般要多于顺序存储结构
C）线性表的链式存储结构所需要的存储空间一般要少于顺序存储结构
D）线性表的链式存储结构所需要的存储空间与顺序存储结构没有任何关系

(18) 下列关于线性链表的叙述中，正确的是（　）。
A）各数据结点的存储空间可以不连续，但它们的存储顺序与逻辑顺序必须一致
B）各数据结点的存储顺序与逻辑顺序可以不一致，但它们的存储空间必须连续
C）进行插入与删除时，不需要移动表中的元素
D）各数据结点的存储顺序与逻辑顺序可以不一致，它们的存储空间也可以不一致

(19) 下列数据结构中，属于非线性结构的是（　）。
A）循环队列　B）带链队列　C）二叉树　D）带链栈

(20) 某系统总体结构图如下图所示：

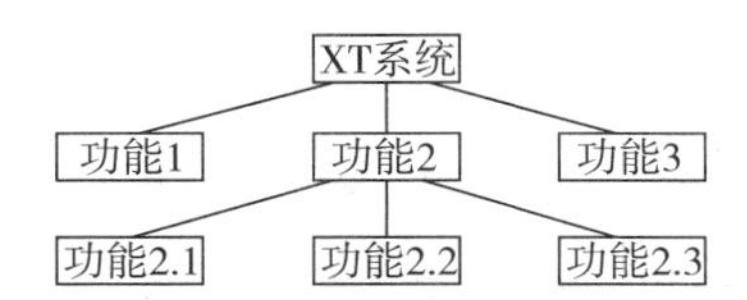

该系统总体结构图的深度是（　）。

A）7　　B）6　　C）3　　D）2

(21) 某二叉树有5个度为2的结点，则该二叉树中的叶子结点数是（　）。

A）10　　B）8　　C）6　　D）4

(22) 某二叉树共有7个结点，其中叶子结点只有1个，则该二叉树的深度为（假设根结点在第1层）（　）。

A）3　　B）4　　C）6　　D）7

(23) 下列关于二叉树的叙述中，正确的是（　）。

A）叶子结点总是比度为 2 的结点少一个　　B）叶子结点总是比度为 2 的结点多一个

C）叶子结点数是度为 2 的结点数的两倍　　D）度为 2 的结点数是度为 1 的结点数的两倍

(24) 一棵二叉树共有25个结点，其中5个是叶子结点，则度为1的结点数为（　）。

A）16　　B）10　　C）6　　D）4

(25) 在长度为n的有序线性表中进行二分法查找，最坏情况下需要比较的次数是（　）。

A）$O(n)$　　B）$O(n^2)$　　C）$O(\log_2 n)$　　D）$O(n\log_2 n)$

(26) 对长度为n的线性表排序，在最坏情况下，比较次数不是$n(n-1)/2$的排序方法是（　）。

A）快速排序　　B）冒泡排序　　C）直接插入排序　　D）堆排序

(27) 下列排序方法中，最坏情况下比较次数最少的是（　）。

A）冒泡排序　　B）简单选择排序　　C）直接插入排序　　D）堆排序

考点2 程序设计基础

(1) 结构化程序设计的基本原则不包括（　）。

A）多态性　　B）自顶向下　　C）模块化　　D）逐步求精

(2) 下列选项中不属于结构化程序设计原则的是（　）。

A）可封装　　B）自顶向下　　C）模块化　　D）逐步求精

(3) 结构化程序所要求的基本结构不包括（　）。

A）顺序结构　　B）GOTO 跳转　　C）选择（分支）结构　　D）重复（循环）结构

(4) 下列选项中属于面向对象设计方法主要特征的是（　）。

A）继承　　B）自顶向下　　C）模块化　　D）逐步求精

(5) 在面向对象方法中，不属于“对象”基本特点的是（　）。

A）一致性　　B）分类性　　C）多态性　　D）标识唯一性

(6) 定义无符号整数类为UInt，下面可以作为类UInt实例化值的是（　）。

A）-369　　B）369　　C）0.369　　D）整数集合{1,2,3,4,5}

(7) 面向对象方法中，继承是指（　）。

A）一组对象所具有的相似性质　　B）一个对象具有另一个对象的性质

C）各对象之间的共同性质　　D）类之间共享属性和操作的机制

考点3 软件工程基础

(1) 软件按功能可以分为应用软件、系统软件和支撑软件（工具软件）。下面属于应用软件的是（　）。
A）学生成绩管理系统　　B）C 语言编译程序　　C）UNIX 操作系统　　D）数据库管理系统

(2) 软件按功能可以分为应用软件、系统软件和支撑软件（工具软件）。下面属于应用软件的是（　）。
A）编译程序　　B）操作系统　　C）教务管理系统　　D）汇编程序

(3) 下面描述中，不属于软件危机表现的是（　）。
A）软件过程不规范　　B）软件开发生产率低
C）软件质量难以控制　　D）软件成本不断提高

(4) 软件生命周期是指（　）。
A）软件产品从提出、实现、使用维护到停止使用退役的过程
B）软件从需求分析、设计、实现到测试完成的过程
C）软件的开发过程
D）软件的运行维护过程

(5) 软件生命周期中的活动不包括（　）。
A）市场调研　　B）需求分析　　C）软件测试　　D）软件维护

(6) 在软件开发中，需求分析阶段产生的主要文档是（　）。
A）可行性分析报告　　B）软件需求规格说明书
C）概要设计说明书　　D）集成测试计划

(7) 在软件开发中，需求分析阶段产生的主要文档是（　）。
A）软件集成测试计划　　B）软件详细设计说明书　　C）用户手册　　D）软件需求规格说明书

(8) 下面不属于需求分析阶段任务的是（　）。
A）确定软件系统的功能需求　　B）确定软件系统的性能需求
C）需求规格说明书评审　　D）制定软件集成测试计划

(9) 数据流图中带有箭头的线段表示的是（　）。
A）控制流　　B）事件驱动　　C）模块调用　　D）数据流

(10) 软件设计中模块划分应遵循的准则是（　）。
A）低内聚低耦合　　B）高内聚低耦合　　C）低内聚高耦合　　D）高内聚高耦合

(11) 耦合性和内聚性是对模块独立性度量的两个标准。下列叙述中正确的是（　）。
A）提高耦合性降低内聚性有利于提高模块的独立性
B）降低耦合性提高内聚性有利于提高模块的独立性
C）耦合性是指一个模块内部各个元素间彼此结合的紧密程度
D）内聚性是指模块间互相连接的紧密程度

(12) 软件设计中划分模块的一个准则是（　）。
A）低内聚低耦合　　B）高内聚低耦合　　C）低内聚高耦合　　D）高内聚高耦合

(13) 在软件开发中，需求分析阶段可以使用的工具是（　）。
A）N-S 图　　B）DFD 图　　C）PAD 图　　D）程序流程图

(14) 下面描述中错误的是（　）。

A）系统总体结构图支持软件系统的详细设计

B）软件设计是将软件需求转换为软件表示的过程

C）数据结构与数据库设计是软件设计的任务之一

D）PAD 图是软件详细设计的表示工具

(15) 在软件设计中不使用的工具是（　）。

A）系统结构图　B）PAD 图　C）数据流图（DFD 图）　D）程序流程图

(16) 程序流程图中带有箭头的线段表示的是（　）。

A）图元关系　B）数据流　C）控制流　D）调用关系

(17) 软件详细设计产生的图如下:

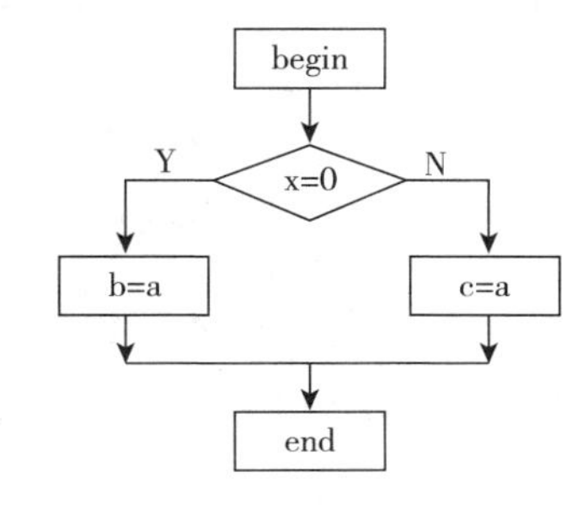

该图是（　）。

A）N-S 图　B）PAD 图　C）程序流　D）E-R 图

(18) 下面叙述中错误的是（　）。

A）软件测试的目的是发现错误并改正错误

B）对被调试的程序进行“错误定位”是程序调试的必要步骤

C）程序调试通常也称为 Debug

D）软件测试应严格执行测试计划，排除测试的随意性

(19) 软件测试的目的是（　）。

A）评估软件可靠性　B）发现并改正程序中的错误

C）改正程序中的错误　D）发现程序中的错误

(20) 在黑盒测试方法中，设计测试用例的主要根据是（　）。

A）程序内部逻辑　B）程序外部功能　C）程序数据结构　D）程序流程图

(21) 程序调试的任务是（　）。

A）设计测试用例　B）验证程序的正确性

C）发现程序中的错误　D）诊断和改正程序中的错误

考点4 数据库设计基础

(1) 数据库管理系统是（　）。

A）操作系统的一部分　B）在操作系统支持下的系统软件

C）一种编译系统　D）一种操作系统

(2) 负责数据库中查询操作的数据库语言是（　）。

A）数据定义语言　B）数据管理语言　C）数据操纵语言　D）数据控制语言

(3) 在数据管理技术发展的三个阶段中，数据共享最好的是（　）。
A）人工管理阶段　B）文件系统阶段　C）数据库系统阶段　D）三个阶段相同

(4) 数据库设计中反映用户对数据要求的模式是（　）。
A）内模式　B）概念模式　C）外模式　D）设计模式

(5) 数据库系统的三级模式不包括（　）。
A）概念模式　B）内模式　C）外模式　D）数据模式

(6) 在下列模式中，能够给出数据库物理存储结构与物理存取方法的是（　）。
A）外模式　B）内模式　C）概念模式　D）逻辑模式

(7) 层次型、网状型和关系型数据库的划分原则是（　）。
A）记录长度　B）文件的大小　C）联系的复杂程度　D）数据之间的联系方式

(8) 一间宿舍可住多名学生，则实体宿舍和学生之间的联系是（　）。
A）一对一　B）一对多　C）多对一　D）多对多

(9) 一名工作人员可以使用多台计算机，而一台计算机可被多名工作人员使用，则实体工作人员与实体计算机之间的联系是（　）。
A）一对一　B）一对多　C）多对多　D）多对一

(10) 一名教师可讲授多门课程，一门课程可由多名教师讲授。则实体教师和课程间的联系是（　）。
A）1：1联系　B）1：m联系　C）m：1联系　D）m：n联系

(11) 在E-R图中，用来表示实体联系的图形是（　）。
A）椭圆形　B）矩形　C）菱形　D）三角形

(12) 设有表示学生选课的三张表，学生S（学号，姓名，性别，年龄，身份证号），课程C（课号，课名），选课SC（学号，课号，成绩），则表SC的关键字（键或码）为（　）。
A）课号，成绩　B）学号，成绩　C）学号，课号　D）学号，姓名，成绩

(13) 在满足实体完整性约束的条件下（　）。
A）一个关系中应该有一个或多个候选关键字　B）一个关系中只能有一个候选关键字
C）一个关系中必须有多个候选关键字　D）一个关系中可以没有候选关键字

(14) 有两个关系R，S如下：

R

A	B	C
a	3	2
b	0	1
c	2	1

S

A	B
a	3
b	0
c	2

由关系R通过运算得到关系S，则所使用的运算为（　）。
A）选择　B）投影　C）插入　D）连接

(15) 有三个关系R、S和T如下：

R

B	C	D
a	0	k1
b	1	n1

S

B	C	D
f	3	h2
a	0	k1
n	2	x1

T

B	C	D
a	0	k1

由关系R和S通过运算得到关系T，则所使用的运算为（　）。
A）并　B）自然连接　C）笛卡儿积　D）交

（16）有三个关系 R、S 和 T 如下：

R

A	B
m	1
n	2

S

B	C
1	3
3	5

T

A	B	C
m	1	3

由关系 R 和 S 通过运算得到关系 T，则所使用的运算为（　）。

A）笛卡尔积　B）交　C）并　D）自然连接

（17）有三个关系R、S和T如下：

R

A	B	C
a	1	2
b	2	1
c	3	1

S

A	B	C
a	1	2
b	2	1

T

A	B	C
c	3	1

则由关系 R 和 S 得到关系 T 的操作是（　）。

A）自然连接　B）差　C）交　D）并

（18）有三个关系R、S和T如下：

R

A	B	C
a	1	2
b	2	1
c	3	1

S

A	B	C
a	1	2
d	2	1

T

A	B	C
b	2	1
c	3	1

则由关系 R 和 S 得到关系 T 的操作是（　）。

A）自然连接　B）并　C）交　D）差

（19）有三个关系R、S和T如下：

R

A	B	C
a	1	2
b	2	1
c	3	1

S

A	D
c	4

T

A	B	C	D
c	3	1	4

则由关系 R 和 S 得到关系 T 的操作是（　）。

A）自然连接　B）交　C）投影　D）并

（20）有三个关系R、S和 T 如下：

R

A	B	C
a	1	2
b	2	1
c	3	1

S

A	B
c	3

T

C
1

则由关系 R 和 S 得到关系 T 的操作是（　）。

A）自然连接　B）交　C）除　D）并

（21）数据库应用系统中的核心问题是（　）。

A）数据库设计　B）数据库系统设计

C）数据库维护　D）数据库管理员培训

（22）下列关于数据库设计的叙述中，正确的是（　）。

A）在需求分析阶段建立数据字典　B）在概念设计阶段建立数据字典

C）在逻辑设计阶段建立数据字典　D）在物理设计阶段建立数据字典

(23) 在数据库设计中，将E-R图转换成关系数据模型的过程属于(　　)。
A）需求分析阶段　　B）概念设计阶段　　C）逻辑设计阶段　　D）物理设计阶段

(24) 将E-R图转换为关系模式时，实体和联系都可以表示为(　　)。
A）属性　　B）键　　C）关系　　D）域

(25) 有三个关系R，S和T如下：

R

A	B	C
a	1	2
b	2	1
c	3	1

S

A	B	C
d	3	2

T

A	B	C
a	1	2
b	2	1
c	3	1
d	3	2

其中关系 T 由关系 R 和 S 通过某种操作得到，该操作为（　　）。
A）选择　　B）投影　　C）交　　D）并

考点5 程序设计基本概念

(1) 以下关于VB的叙述中，错误的是(　　)。
A）VB 采用事件驱动方式运行
B）VB 既能以解释方式运行，也能以编译方式运行
C）VB 程序代码中，过程的书写顺序与执行顺序无关
D）VB 中一个对象对应一个事件

(2) 以下关于VB特点的叙述中，错误的是(　　)。
A）VB 中一个对象可有多个事件过程
B）VB 应用程序能以编译方式运行
C）VB 应用程序从 Form_Load 事件过程开始执行
D）在 VB 应用程序中往往通过引发某个事件导致对对象的操作

(3) Visual Basic集成环境由若干窗口组成，其中不能被隐藏（关闭）的窗口是(　　)。
A）主窗口　　B）属性窗口　　C）立即窗口　　D）窗体窗口

(4) 为了用键盘打开菜单和执行菜单命令，第一步应按的键是(　　)。
A）功能键 F10 或 Alt　　B）Shift+ 功能键 F4　　C）Ctrl 或功能键 F8　　D）Ctrl+Alt

(5) 在VB集成环境中要结束一个正在运行的工程，可单击工具栏上的一个按钮，这个按钮是(　　)。
A）　　B）　　C）　　D）

(6) VB中有这样一类文件：该文件不属于任何一个窗体，而且仅包含程序代码，这类文件的扩展名是(　　)。
A）.vbp　　B）.bas　　C）.vbw　　D）.frm

(7) 以下关于VB文件的叙述中，错误的是(　　)。
A）标准模块文件不属于任何一个窗体　　B）工程文件的扩展名为 .frm
C）一个工程只有一个工程文件　　D）一个工程可以有多个窗体文件

(8) 以下关于VB文件的叙述中，正确的是(　　)。
A）标准模块文件的扩展名是 .frm　　B）VB 应用程序可以被编译为 .exe 文件
C）一个工程文件只能含有一个标准模块文件　　D）类模块文件的扩展名为 .bas

(9) 以下叙述中正确的是(　　)。
A）在属性窗口只能设置窗体的属性　　B）在属性窗口只能设置控件的属性
C）在属性窗口可以设置窗体和控件的属性　　D）在属性窗口可以设置任何对象的属性

(10) 在Visual Basic中，所有标准控件都具有的属性是（ ）。

A）Caption B）Name C）Text D）Value

考点6 对象及其操作

(1) 在面向对象的程序设计中，可被对象识别的动作称为（ ）。

A）方法 B）事件 C）过程 D）函数

(2) 以下关于事件、事件驱动的叙述中，错误的是（ ）。

A）事件是可以由窗体或控件识别的操作
B）事件可以由用户的动作触发
C）一个操作动作只能触发一个事件
D）事件可以由系统的某个状态的变化而触发

(3) 设工程中有2个窗体：Form1、Form2，Form1为启动窗体。Form2中有菜单，其结构如表所示。要求在程序运行时，在Form1的文本框Text1中输入口令并按回车键（回车键的ASCII码为13）后，隐藏Form1，显示Form2。若口令为“Teacher”，所有菜单都可见；否则看不到“成绩录入”菜单项。为此，某人在Form1窗体文件中编写如下程序：

菜单结构

标题	名称	级别
成绩管理	mark	1
成绩查询	query	2
成绩录入	input	2

```
Private Sub Text11_KeyPress(KeyAscii As Integer)
  If KeyAscii = 13 Then
    If Text1.Text = "Teacher"Then
      Form2.input.Visible = True
    Else
      Form2.input.Visible = False
    End If
  End If
  Form1.Hide
  Form2.Show
End Sub
```

程序运行时发现刚输入口令时就隐藏了 Form1，显示了 Form2，程序需要修改。下面修改方案中正确的是（ ）。

A）把 Form1 中 Text1 文本框及相关程序放到 Form2 窗体中
B）把 Form1.Hide、Form2.Show 两行移到两个 End If 之间
C）把 If KeyAscii = 13 Then 改为 If KeyAscii = "Teacher" Then
D）把 2 个 Form2.input.Visible 中的“Form2.”删去

(4) 以下叙述中错误的是（ ）。

A）Visual Basic 是事件驱动型可视化编程工具
B）Visual Basic 应用程序不具有明显的开始和结束语句
C）Visual Basic 工具箱中的所有控件都具有宽度（Width）和高度（Height）属性
D）Visual Basic 中控件的某些属性只能在运行时设置

(5) 为了使窗体的大小可以改变，必须把它的BorderStyle属性设置为（ ）。

A）1 B）2 C）3 D）4

(6) 能够用于标识对象名称的属性是（　　）。

A）Name　　B）Caption　　C）Value　　D）Text

(7) 对窗体上名称为Command1的命令按钮编写如下事件过程：

```
Private Sub Command1_Click()
  Move 200,200
End Sub
```

程序运行时，单击命令按钮，则产生的操作是（　　）。

A）窗体左上角移动到距屏幕左边界、上边界各 200 的位置

B）窗体左上角移动到距屏幕右边界、上边界各 200 的位置

C）窗体由当前位置向左、向上各移动 200

D）窗体由当前位置向右、向下各移动 200

(8) 为了使窗体左上角不显示控制框，需设置为False的属性是（　　）。

A）Visible　　B）Enabled　　C）ControlBox　　D）Caption

(9) 在程序运行时，下面的叙述中正确的是（　　）。

A）用鼠标右键单击窗体中无控件的部分，会执行窗体的 Form_Load 事件过程

B）用鼠标左键单击窗体的标题栏，会执行窗体的 Form_Click 事件过程

C）只装入而不显示窗体，也会执行窗体的 Form_Load 事件过程

D）装入窗体后，每次显示该窗体时，都会执行窗体的 Form_Click 事件过程

(10) 以下关于窗体的叙述中错误的是（　　）。

A）窗体的 Hide 方法将窗体隐藏并卸载

B）窗体的 Show 方法可以将窗体装入内存并显示该窗体

C）若工程中包含多个窗体，则可指定一个为启动窗体

D）窗体的 Load 事件在加载窗体时发生

(11) 设工程中有Form1、Form2两个窗体，要求单击Form2上的Command1命令按钮，Form2就可以从屏幕上消失，下面的事件过程中不能实现此功能的是（　　）。

A）
```
Private Sub Command1_Click()
    Form2.Hide
End Sub
```

B）
```
Private Sub Command1_Click()
    Unload Me
End Sub
```

C）
```
Private Sub Command1_Click()
    Form2.Unload
End Sub
```

D）
```
Private Sub Command1_Click()
    Me.Hide
End Sub
```

(12) 以下关于窗体的叙述中，错误的是（　　）。

A）Hide 方法能隐藏窗体，但窗体仍在内存中

B）使用 Show 方法显示窗体时，一定触发 Load 事件

C）移动或放大窗体时，会触发 Paint 事件

D）双击窗体时，会触发 DblClick 事件

(13) 设窗体名称为form1。以下叙述中正确的是（　　）。

A）运行程序时，能够加载窗体的事件过程是 form1_Load

B）运行程序时，能够加载窗体的事件过程是 Form1_Load

C）程序运行中用语句“form1.Name = "New" ”可以更改窗体名称

D）程序运行中用语句“form1.Caption = " 新标题 " ”可以改变窗体的标题

(14) 如果要在窗体上画一个标签，应在工具箱窗口中选择的图标是（　　）。

A）ab|　　B）A　　C）　　D）

(15) 下列有语法错误的赋值语句是（　　）。

A）y = 7 = 9　　B）s = m+n　　C）Text1.Text = 10　　D）m+n = 12

(16) Visual Basic控件一般都规定一个默认属性，在引用这样的属性时，只写对象名而不必给出属性名。默认属

性为Caption的控件是（　）。

A）列表框 (ListBox)　　B）标签 (Label)　　C）文本框 (TextBox)　　D）组合框 (ComboBox)

(17) 在窗体上添加“控件”的正确的操作方式是（　）。

A）先单击工具箱中的控件图标，再单击窗体上适当位置

B）先单击工具箱中的控件图标，再双击窗体上适当位置

C）直接双击工具箱中的控件图标，该控件将出现在窗体上

D）直接将工具箱中的控件图标拖动到窗体上适当位置

(18) 为了对多个控件执行操作，必须选中这些控件。下列不能选中多个控件的操作是（　）。

A）按住 Alt 键，不要松开，然后单击每个要选中的控件

B）按住 Shift 键，不要松开，然后单击每个要选中的控件

C）按住 Ctrl 键，不要松开，然后单击每个要选中的控件

D）拖动鼠标画出一个虚线矩形，使所选中的控件位于这个矩形内

考点7　简单程序设计

(1) 以下叙述中错误的是（　）。

A）续行符与它前面的字符之间至少要有一个空格

B）Visual Basic 中使用的续行符为下划线（_）

C）以撇号（'）开头的注释语句可以放在续行符的后面

D）Visual Basic 可以自动对输入的内容进行语法检查

(2) 在Visual Basic环境下设计应用程序时，系统能自动检查出的错误是（　）。

A）语法错误　　B）逻辑错误　　C）逻辑错误和语法错误　　D）运行错误

(3) 如果在Visual Basic集成环境中没有打开属性窗口，下列可以打开属性窗口的操作是（　）。

A）用鼠标双击窗体的任何部位　　B）执行“工程”菜单中的“属性窗口”命令

C）按 Ctrl+F4 键　　D）按 F4 键

(4) 下列操作中不能向工程添加窗体的是（　）。

A）执行“工程”菜单中的“添加窗体”命令

B）单击工具栏上的“添加窗体”按钮

C）右键单击窗体，在弹出的菜单中选择“添加窗体”命令

D）右键单击工程资源管理器，在弹出的菜单中选择“添加”命令，然后在下一级菜单中选择“添加窗体”命令

(5) 假定已在窗体上画了多个控件，其中有一个被选中，为了在属性窗口中设置窗体的属性，预先应执行的操作是（　）。

A）单击窗体上没有控件的地方　　B）单击任意一个控件

C）双击任意一个控件　　D）单击属性窗口的标题栏

(6) 在设计窗体时双击窗体的任何地方，可以打开的窗口是（　）。

A）代码窗口　　B）属性窗口

C）工程资源管理器窗口　　D）工具箱窗口

(7) 下列打开“代码窗口”的操作中错误的是（　）。

A）按 F4 键

B）单击“工程资源管理器”窗口中的“查看代码”按钮

C）双击已建立好的控件

D）执行“视图”菜单中的“代码窗口”命令

(8) 设计窗体时，双击窗体上没有控件的地方，打开的窗口是（　）。

A）代码窗口　B）属性窗口　C）工具箱窗口　D）工程窗口

(9) 以下叙述中错误的是（　）。

A）标准模块文件的扩展名是 .bas

B）标准模块文件是纯代码文件

C）在标准模块中声明的全局变量可以在整个工程中使用

D）在标准模块中不能定义过程

(10) 设窗体的名称为Form1，标题为Win，则窗体的MouseDown事件过程的过程名是（　）。

A）Form1_MouseDown　B）Win_MouseDown　C）Form_MouseDown　D）MouseDown_Form1

考点8 VB程序设计基础

(1) 为把圆周率的近似值3.14159存放在变量pi中，应该把变量pi定义为（　）。

A）Dim pi As Integer　B）Dim pi(7) As Integer　C）Dim pi As Single　D）Dim pi As Long

(2) 以下选项中，不合法的Visual Basic的变量名是（　）。

A）a5b　B）_xyz　C）a_b　D）andif

(3) 以下变量名中合法的是（　）。

A）x2-1　B）print　C）str_n　D）2x

(4) 以下合法的VB变量名是（　）。

A）#_1　B）123_a　C）string　D）x_123

(5) 以下变量名中合法的是（　）。

A）x-2　B）12abc　C）sum_total　D）print

(6) 下列合法的变量名是（　）。

A）sum-a　B）num_9　C）print$　D）5avg

(7) 以下合法的VB变量名是（　）。

A）_x　B）2y　C）a#b　D）x_1_x

(8) 若变量a未事先定义而直接使用（例如：a = 0），则变量a的类型是（　）。

A）Integer　B）String　C）Boolean　D）Variant

(9) 执行语句 Dim X,Y As Integer 后，（　）。

A）X 和 Y 均被定义为整型变量

B）X 和 Y 均被定义为变体类型变量

C）X 被定义为整型变量，Y 被定义为变体类型变量

D）X 被定义为变体类型变量，Y 被定义为整型变量

(10) 设窗体文件中有下面的事件过程。

```
Private Sub Command1_Click()
    Dim s
    a% = 100
    Print a
End Sub
```

其中变量 a 和 s 的数据类型分别是（　）。

A）整型，整型　　B）变体型，变体型　　C）整型，变体型　　D）变体型，整型

(11) 有如下数据定义语句。

```
Dim X,Y  As  Integer
```

以上语句表明（　）。

A）X、Y 均是整型变量　　B）X 是整型变量，Y 是变体类型变量

C）X 是变体类型变量，Y 是整型变量　　D）X 是整型变量，Y 是字符型变量

(12) 为了声明一个长度为128个字符的定长字符串变量StrD，以下语句中正确的是（　）。

A）Dim StrD As String　　B）Dim StrD As String(128)

C）Dim StrD As String[128]　　D）Dim StrD As String*128

(13) 有如下语句序列：

```
Dim a,b As Integer
Print a
Print b
```

执行以上语句序列，下列叙述中错误的是（　）。

A）输出的 a 值是 0　　B）输出的 b 值是 0　　C）a 是变体类型变量　D）b 是整型变量

(14) 有如下过程代码：

```
Sub var_dim( )
  Static numa As Integer
  Dim numb As Integer
  numa = numa+2
  numb = numb+1
  print numa;numb
End Sub
```

连续 3 次调用 var_dim 过程，第 3 次调用时的输出是（　）。

A）2 1　　B）2 3　　C）6 1　　D）6 3

(15) 窗体上有1个名称为Text1的文本框；1个名称为Timer1的计时器控件，其Interval属性值为5000，Enabled属性值是True。Timer1的事件过程如下：

```
Private Sub Timer1_Timer()
  Static flag As Integer
  If flag = 0 Then flag = 1
  flag = -flag
  If flag = 1 Then
    Text1.ForeColor = &HFF&        '&HFF& 为红色
  Else
    Text1.ForeColor = &HC000&      '&HC000& 为绿色
  End If
End Sub
```

以下叙述中正确的是（　）。

A）每次执行此事件过程时，flag 的初始值均为 0

B）flag 的值只可能取 0 或 1

C）程序执行后，文本框中的文字每 5 秒改变一次颜色

D）程序有逻辑错误，Else 分支总也不能被执行

(16) 窗体上有一个Text1文本框，一个Command1命令按钮，并有以下程序：

```
Private Sub command1_Click()
    Dim n
    If Text1.Text<>"123456"Then
        n = n+1
        Print " 口令输入错误 "& n & " 次 "
    End If
End Sub
```

希望程序运行时得到左图所示的效果，即：输入口令，单击“确认口令”命令按钮，若输入的口令不是“123456”，则在窗体上显示输入错误口令的次数。但上面的程序实际显示的是右图所示的效果，程序需要修改。下面修改方案中正确的是（　）。

A）在 Dim n 语句的下面添加一句：n = 0

B）把 Print " 口令输入错误 " & n & " 次 " 改为 Print " 口令输入错误 "+n+" 次 "

C）把 Print " 口令输入错误 " & n & " 次 " 改为 Print " 口令输入错误 " & Str(n) & " 次 "

D）把 Dim n 改为 Static n

(17) 窗体上有1个名称为Command1的命令按钮，事件过程及函数过程如下：

```
Private Sub Command1_Click()
    Dim p As Integer
    p = m(1) + m(2) + m(3)
    Print p
End Sub
Private Function m(n As Integer) As Integer
    Static s As Integer
    For i = 1 To n
        s = s + 1
    Next
    m = s
End Function
```

运行程序，第 2 次单击命令按钮 Command1 时的输出结果为（　）。

A）6　　B）10　　C）16　　D）28

(18) 编写如下程序：

```
Private Sub Command1_Click()
    Dim str1 As String,str2 As String
    str1 = InputBox(" 输入一个字符串 ")
    subf str1,str2
    Print str2
End Sub
Sub subf(s1 As String,s2 As String)
    Dim temp As String
    Static i As Integer
```

```
    i = i + 1
    temp = Mid(s1,i,1)
    If temp <> "" Then subf s1,s2
    s2 = s2 & temp
End Sub
```

程序运行后，单击命令按钮 Command1，且输入“abcdef”，则输出结果为（　　）。

A）afbecd　　B）cdbeaf　　C）fedcba　　D）adbecf

(19) 窗体上有名称为Command1的命令按钮，名称分别为Label1、Label2、Label3的标签。编写如下程序：

```
Private x As Integer
Private Sub Command1_Click()
    Static y As Integer
    Dim z As Integer
    n = 5
    z = z + n
    y = y + n
    x = x + y
    Label1 = x
    Label2 = y
    Label3 = z
End Sub
```

运行程序，连续 3 次单击命令按钮后，3 个标签中分别显示的是（　　）。

A）5　5　5　　B）15　10　5　　C）15　15　15　　D）30　15　5

(20) 若在窗体模块的声明部分声明了如下自定义类型和数组

```
Private Type rec
    Code As Integer
    Caption As String
End Type
Dim arr(5) As rec
```

则下面的输出语句中正确的是（　　）。

A）Print arr.Code(2),arr.Caption(2)

B）Print arr.Code,arr.Caption

C）Print arr(2).Code,arr(2).Caption

D）Print Code(2),Caption(2)

(21) 以下自定义数据类型的语句中，正确的是（　　）。

A）
```
Type student
    ID As String * 20
    name As String * 10
    age As Integer
End student
```

B）
```
Type student
    ID As String * 20
    name As String * 10
    age As Integer
End Type
```

C）
```
Type student
    ID As String
    name As String
    age As Integer
End student
```

D）
```
Type student
    ID As String * 20
    name As String * 10
    age As Integer
End Type student
```

(22) 工程文件中包含一个模块文件和一个窗体文件。模块文件的程序代码如下：

```
    Public x As Integer
```

```
Private y As Integer
```

窗体文件的程序代码如下：

```
Dim a As Integer
Private Sub Form_Load()
    Dim b As Integer
    a = 2 : b = 3 : x = 10 : y = 20
End Sub
Private Sub Command1_Click()
    a = a + 5 : b = b + 5 : x = x + 5 : y = y + 5
    Print a; b; x; y
End Sub
```

运行程序，单击窗体上的命令按钮，则在窗体上显示的是（　）。

A）5 5 15 5　　B）7 5 15 25　　C）7 8 15 5　　D）7 5 15 5

（23）设工程文件包含两个窗体文件Form1.frm、Form2.frm及一个标准模块文件Module1.bas。两个窗体上分别只有一个名称为Command1的命令按钮。

Form1 的代码如下：

```
Public x As Integer
Private Sub Form_Load()
    x = 1
    y = 5
End Sub
Private Sub Command1_Click()
    Form2.Show
End Sub
```

Form2 的代码如下：

```
Private Sub Command1_Click()
    Print Form1.x,y
End Sub
```

Module1 的代码如下：

```
Public y As Integer
```

运行以上程序，单击 Form1 的命令按钮 Command1，则显示 Form2；再单击 Form2 上的命令按钮 Command1，则窗体上显示的是（　）。

A）1 5　　B）0 5　　C）0 0　　D）程序有错

（24）在窗体上画一个名称为Command1的命令按钮，再画两个名称分别为Label1、Label2的标签，然后编写如下程序代码：

```
Private X As Integer
Private Sub Command1_Click( )
    X = 5: Y = 3
    Call proc(X,Y)
    Label1.Caption = X
    Label2.Caption = Y
End Sub
Private Sub proc(a As Integer,ByVal b As Integer)
    X = a * a
    Y = b + b
```

```
  End Sub
```

程序运行后，单击命令按钮，则两个标签中显示的内容分别是（　）。

A）25 和 3　　B）5 和 3　　C）25 和 6　　D）5 和 6

（25）标准模块中有如下程序代码：

```
Public x As Integer,y As Integer
Sub var_pub()
  x = 10 : y = 20
End Sub
```

在窗体上有 1 个命令按钮，并有如下事件过程：

```
Private Sub Command1_Click( )
  Dim x As Integer
  Call var_pub
  x = x+100
  y = y+100
  Print x;y
End Sub
```

运行程序后单击命令按钮，窗体上显示的是（　）。

A）100 100　　B）100 120　　C）110 100　　D）110 120

（26）在某个事件过程中定义的变量是（　）。

A）局部变量　　B）窗体级变量　　C）全局变量　　D）模块变量

（27）如果在窗体模块中所有程序代码的前面有语句：Dim x，则x是（　）。

A）全局变量　　B）局部变量　　C）静态变量　　D）窗体级变量

（28）可以产生30～50（含30和50）之间的随机整数的表达式是（　）。

A）Int(Rnd*21 + 30)　　B）Int(Rnd*20 + 30)

C）Int(Rnd*50 – Rnd*30)　　D）Int(Rnd*30 + 50)

（29）能够产生1~50之间（含1和50）随机整数的表达式是（　）。

A）Int(Rnd*51)　　B）Int(Rnd(50)+1)　　C）Int(Rnd*50)　　D）Int(Rnd*50+1)

（30）表达式Sgn(0.25)的值是（　）。

A）–1　　B）0　　C）1　　D）0.5

（31）要计算x的平方根并放入变量y，正确的语句是（　）。

A）y = Exp(x)　　B）y = Sgn(x)　　C）y = Int(x)　　D）y = Sqr(x)

（32）窗体上有一个名称为Text1的文本框，一个名称为Command1的命令按钮。窗体文件的程序如下：

```
Private Type x
  a As Integer
  b As Integer
End Type
Private Sub Command1_Click()
  Dim y As x
  y.a = InputBox("")
  If y.a \ 2 = y.a / 2 Then
    y.b = y.a * y.a
  Else
```

```
      y.b = Fix(y.a / 2)
    End If
    Text1.Text = y.b
  End Sub
```

对以上程序，下列叙述中错误的是（　）。

A）x 是用户定义的类型

B）InputBox 函数弹出的对话框中没有提示信息

C）若输入的是偶数，y.b 的值为该偶数的平方

D）Fix(y.a/2) 把 y.a/2 的小数部分四舍五入，转换为整数返回

(33)窗体上有1个名称为Command1的命令按钮，事件过程如下：

```
Private Sub Command1_Click()
  m = -3.6
  If Sgn(m) Then
    n = Int(m)
  Else
    n = Abs(m)
  End If
  Print n
End Sub
```

运行程序，并单击命令按钮，窗体上显示的内容为（　）。

A）-4　　B）-3　　C）3　　D）3.6

(34)以下程序的功能是随机产生10个两位的整数：

```
Option Base 1
Private Sub Command1_Click()
  Dim a(10) As Integer
  Dim i As Integer
  Randomize
  For i = 1 To 10
    a(i) = Int(Rnd * 100) + 1
    Print a(i)
  Next i
End Sub
```

运行以上程序，发现有错误，需要对产生随机数的语句进行修改。以下正确的修改是（　）。

A）a(i) = Int(Rnd * 100)　　B）a(i) = Int(Rnd * 90) + 10

C）a(i) = Int(Rnd * 100) + 10　　D）a(i) = Int(Rnd * 101)

(35)窗体上有名称分别为Text1、Text2的文本框，名称为Command1的命令按钮。运行程序，在Text1中输入“FormList”，然后单击命令按钮，执行如下程序：

```
Private Sub Command1_Click()
  Text2.Text = UCase(Mid(Text1.Text,5,4))
End Sub
```

在 Text2 中显示的是（　）。

A）form　　B）list　　C）FORM　　D）LIST

(36)设窗体上有一个文本框Text1和一个命令按钮Command1，并有以下事件过程：

```
Private Sub Command1_Click()
```

```
    Dim s As String,ch As String
    s = ""
    For k = 1 To Len(Text1)
      ch = Mid(Text1,k,1)
      s = ch + s
    Next k
    Text1.Text = s
  End Sub
```

程序执行时，在文本框中输入“Basic”，然后单击命令按钮，则 Text1 中显示的是（　）。

A）Basic　　B）cisaB　　C）BASIC　　D）CISAB

(37) 在窗体上画一个名称为Command1的命令按钮，然后编写如下事件过程：

```
Private Sub Command1_Click()
  c = 1234
  c1 = Trim(Str(c))
  For i = 1 To 4
    Print ____
  Next
End Sub
```

程序运行后，单击命令按钮，要求在窗体上显示如下内容：

1
12
123
1234

则在横线处应填入的内容为（　）。

A）Right(c1,i)　　B）Left(c1,i)　　C）Mid(c1,i,1)　　D）Mid(c1,i,i)

(38) 设有如下通用过程：

```
  Public Function Fun(xStr As String) As String
    Dim tStr As String,strL As Integer
    tStr = ""
    strL = Len(xStr)
    i = strL / 2
    Do While i < =  strL
      tStr = tStr & Mid(xStr,i + 1,1)
      i = i + 1
    Loop
    Fun = tStr & tStr
  End Function
```

在窗体上画一个名称为 Text1 的文本框和一个名称为 Command1 的命令按钮。然后编写如下的事件过程：

```
  Private Sub Command1_Click()
    Dim S1 As String
    S1 = "ABCDEF"
    Text1.Text = LCase(Fun(S1))
  End Sub
```

程序运行后，单击命令按钮，文本框中显示的是（　）。

A）ABCDEF　　B）abcdef　　C）defdef　　D）defabc

(39) 下面程序运行时，若输入"Visual Basic Programming"，则在窗体上输出的是（　）。

```
Private Sub Command1_Click()
  Dim count(25) As Integer,ch As String
  ch = UCase(InputBox(" 请输入字母字符串 "))
   For k = 1 To Len(ch)
    n = Asc(Mid(ch,k,1))-Asc("A")
    If n> = 0 Then
      count(n) = count(n)+1
    End If
  Next k
  m = count(0)
  For k = 1 To 25
    If m<count(k) Then
      m = count(k)
    End If
  Next k
  Print m
End Sub
```

A）0　　B）1　　C）2　　D）3

(40) 设有如下程序：

```
Private Sub Form_Click()
  num = InputBox(" 请输入一个实数 ")
  p = InStr(num,".")
  If p > 0 Then
    Print Mid(num,p + 1)
  Else
    Print "END"
  End If
End Sub
```

运行程序，单击窗体，根据提示输入一个数值。如果输入的不是实数，则程序输出"END"；否则（　）。

A）用字符方式输出该实数　　B）输出该实数的整数部分

C）输出该实数的小数部分　　D）去掉实数中的小数点，保留所有数码输出

(41) 以下不能输出"Program"的语句是（　）。

A）Print Mid("VBProgram",3,7)　　B）Print Right("VBProgram",7)

C）Print Mid("VBProgram",3)　　D）Print Left("VBProgram",7)

(42) Print Right("VB Programming",2)语句的输出结果是（　）。

A）VB　　B）Programming　　C）ng　　D）2

(43) 执行以下程序段：

```
a$ = "Visual Basic Programming"
  b$ = "C++"
c$ = UCase(Left$(a$,7)) & b$ & Right$(a$,12)
```

后，变量 c$ 的值为（　）。

A）Visual BASIC Programming　　B）VISUAL C++ Programming

C）Visual C++ Programming　　D）VISUAL BASIC Programming

(44) 在Visual Basic中，表达式 3 * 2 \ 5 Mod 3 的值是（　）。

A）1　　B）0　　C）3　　D）出现错误提示

(45) 表达式2*3^2 + 4*2/2 + 3^2的值是（　）。

A）30　　B）31　　C）49　　D）48

(46) 把数学表达式 $\frac{5x+3}{2y-6}$ 表示为正确的VB表达式应该是（　）。

A）(5x+3)/(2y−6)　　B）x*5+3 / 2*y−6　　C）(5*x+3)\(2*y−6)　　D）(x*5+3)/(y*2−6)

(47) 要求如果x被7除余2，则输出x的值，下列语句中不能实现此功能的语句是（　）。

A）If x mod 7 = 2 Then Print x　　B）If x − (x \ 7) * 7 = 2 Then Print x

C）If x − (x / 7) * 7 = 2 Then Print x　　D）If x − Int(x / 7) * 7 = 2 Then Print x

(48) 已知a = 6，b = 15，c = 23，则语句 Print Sgn(a + b Mod 6 − c \ A)& a + b 的输出结果为（　）。

A）6　　B）16　　C）31　　D）121

(49) 已知：x = −6，y = 39，则表达式"y\x*Sgn(x)"的值为（　）。

A）−6.5　　B）−6　　C）6　　D）6.5

(50) 若a=12，b=5，c=7，表达式x=(a\c+aModB)+Int(13/5)的值是（　）。

A）5　　B）6　　C）7　　D）9

(51) 表达式12 / 2 \ 4的值是（　）。

A）1.5　　B）6　　C）4　　D）1

(52) 在窗体上画一个命令按钮和一个文本框，其名称分别为Command1和Text1，把文本框的Text属性设置为空白，然后编写如下事件过程：

```
Private Sub Command1_Click()
  a = InputBox("Enter an integer")
  b = Text1.Text
  Text1.Text = b + a
End Sub
```

程序运行后，在文本框中输入 456，然后单击命令按钮，在输入对话框中输入 123，则文本框中显示的内容是（　）。

A）579　　B）123　　C）456123　　D）456

(53) 以下关系表达式中，其值为True的是（　）。

A）"XYZ" > "XYz"　　B）"VisualBasic" <> "visualbasic"

C）"the" = "there"　　D）"Integer" < "Int"

(54) 设a = 10，b = 5，c = 1，执行语句Print a > b > c后，窗体上显示的是（　）。

A）True　　B）False　　C）1　　D）出错

(55) 设a = 4，b = 5，c = 6，执行语句Print a < b And b < c后，窗体上显示的是（　）。

A）True　　B）False　　C）出错信息　　D）0

(56) 下面程序运行时，若输入 395，则输出结果是（　）。

```
Private Sub Command1_Click()
  Dim x%
  x = InputBox(" 请输入一个 3 位整数 ")
  Print x Mod 10,x\100,(x Mod 100)\10
End Sub
```

A）3 9 5　　B）5 3 9　　C）5 9 3　　D）3 5 9

(57) 设a = 2,b = 3,c = 4,d = 5,表达式a>b And c< = d Or 2*a>c的值是（ ）。

A）True B）False C）-1 D）1

(58) 满足下列条件之一的年份是闰年：年份能被4整除但不能被100整除；年份能被400整除。若y代表年份，下面判断闰年的正确表达式是（ ）。

A）y Mod 4 And y Mod 100 Or y Mod 400

B）y Mod 4 = 0 Or y Mod 100 <> 0 And y Mod 400 = 0

C）y Mod 100 <> 0 And (y Mod 4 = 0 Or y Mod 400 = 0)

D）y Mod 4 = 0 And y Mod 100 <> 0 Or y Mod 400 = 0

(59) 设a = 2,b = 3,c = 4,d = 5，表达式Not a < = c Or 4 * c = b ^ 2 And b <> a + c的值是（ ）。

A）-1 B）1 C）True D）False

考点9 数据的输入输出

(1) 以下叙述中错误的是（ ）。

A）在通用过程中，多个形式参数之间可以用逗号作为分隔符

B）在 Print 方法中，多个输出项之间可以用逗号作为分隔符

C）在 Dim 语句中，所定义的多个变量可以用逗号作为分隔符

D）当一行中有多个语句时，可以用逗号作为分隔符

(2) 假定Picture1和Text1分别为图片框和文本框的名称，则下列错误的语句是（ ）。

A）Print 25 B）Picture1.Print 25 C）Text1.Print 25 D）Debug.Print 25

(3) Print Format(1234.56,"###.#") 语句的输出结果是（ ）。

A）123.4 B）1234.6 C）1234.5 D）1234.56

(4) 执行下列语句

strInput = InputBox(" 请输入字符串 "," 字符串对话框 "," 字符串 ")

将显示输入对话框。此时如果直接单击“确定”按钮，则变量 strInput 的内容是（ ）。

A）" 请输入字符串 " B）" 字符串对话框 " C）" 字符串 " D）空字符串

(5) 下列叙述中正确的是（ ）。

A）MsgBox 语句的返回值是一个整数

B）执行 MsgBox 语句并出现信息框后，不用关闭信息框即可执行其他操作

C）MsgBox 语句的第一个参数不能省略

D）如果省略 MsgBox 语句的第三个参数（Title），则信息框的标题为空

(6) 用来设置文字字体是否斜体的属性是（ ）。

A）FontUnderline B）FontBold C）FontSlope D）FontItalic

(7) 用来设置文字字体是否为粗体的属性是（ ）。

A）FontItalic B）FontUnderline C）FontSize D）FontBold

(8) 假定有如下语句：

answer$= MsgBox("String1","String2","String3",2)

执行该语句后，将显示一个信息框，单击其中的“确定”按钮，则 answer$ 的值为（ ）。

A）String1 B）String2 C）String3 D）1

(9) 窗体上有一个名称为Command1的命令按钮，其事件过程如下：

```
Private Sub Command1_Click()
```

```
    x = "VisualBasicProgramming"
    a = Right(x,11)
    b = Mid(x,7,5)
    c = MsgBox(a,b)
End Sub
```

运行程序后单击命令按钮。以下叙述中错误的是（　）。

A）信息框的标题是 Basic

B）信息框中的提示信息是 Programming

C）c 的值是函数的返回值

D）MsgBox 的使用格式有错

考点10 常用标准控件

(1) 为了使标签控件在显示其内容时不覆盖其背景内容，需进行设置的属性为（　）。

A）BackColor　　B）BorderStyle　　C）ForeColor　　D）BackStyle

(2) 为了使文本框同时具有垂直和水平滚动条，应先把MultiLine属性设置为True，然后再把ScrollBars属性设置为（　）。

A）0　　B）1　　C）2　　D）3

(3) 在窗体上画一个文本框，其名称为Text1，为了在程序运行后隐藏该文本框，应使用的语句为（　）。

A）Text1.Clear　　B）Text1.Visible = False

C）Text1.Hide　　D）Text1.Enabled = False

(4) 为了使文本框显示滚动条，除要设置ScrollBars外，还必须设置的属性是（　）。

A）AutoSize　　B）Alignment　　C）Multiline　　D）MaxLength

(5) 若要使文本框能够输入多行文本，应该设置的属性是（　）。

A）MultiLine　　B）WordWrap　　C）ScrollBars　　D）AutoSize

(6) 窗体上有一个名称为Text1的文本框，一个名称为Label1的标签。程序运行后，如果在文本框中输入信息，则立即在标签中显示相同的内容。以下可以实现上述操作的事件过程为（　）。

A）
```
Private Sub Label1_Click()
    Label1.Caption = Text1.Text
End Sub
```

B）
```
Private Sub Label1_Change()
    Label1.Caption = Text1.Text
End Sub
```

C）
```
Private Sub Text1_Click()
    Label1.Caption = Text1.Text
End Sub
```

D）
```
Private Sub Text1_Change()
    Label1.Caption = Text1.Text
End Sub
```

(7) 在窗体上画一个文本框（名称为Text1）和一个标签（名称为Label1），程序运行后，在文本框中每输入一个字符，都会立即在标签中显示文本框中字符的个数。以下可以实现上述操作的事件过程是（　）。

A）
```
Private Sub Text1_Change()
    Label1.Caption = Str(Len(Text1.Text))
End Sub
```

B）
```
Private Sub Text1_Click()
    Label1.Caption = Str(Len(Text1.Text))
End Sub
```

C）
```
Private Sub Text1_Change()
    Label1.Caption = Text1.Text
End Sub
```

D）
```
Private Sub Label1_Change()
    Label1.Caption = Str(Len(Text1.Text))
End Sub
```

(8) 窗体上有名称为Command1的命令按钮和名称为Text1的文本框

```
Private Sub Command1_Click()
  Text1.Text = " 程序设计 "
  Text1.SetFocus
End Sub
Private Sub Text1_GotFocus()
  Text1.Text = " 等级考试 "
End Sub
```

运行以上程序，单击命令按钮后（　）。

A）文本框中显示的是“程序设计”，且焦点在文本框中

B）文本框中显示的是“等级考试”，且焦点在文本框中

C）文本框中显示的是“程序设计”，且焦点在命令按钮上

D）文本框中显示的是“等级考试”，且焦点在命令按钮上

(9) 窗体上有一个名称为Option1的单选按钮数组，程序运行时，当单击某个单选按钮时，会调用下面的事件过程

```
Private Sub Option1_Click(Index As Integer)
  …
End Sub
```

下面关于此过程的参数 Index 的叙述中，正确的是（　）。

A）Index 为 1 表示单选按钮被选中，为 0 表示未选中

B）Index 的值可正可负

C）Index 的值用来区分哪个单选按钮被选中

D）Index 表示数组中单选按钮的数量

(10) 设窗体中有一个文本框Text1，若在程序中执行了 Text1.SetFocus，则触发（　）。

A）Text1 的 SetFocus 事件　　B）Text1 的 GotFocus 事件

C）Text1 的 LostFocus 事件　　D）窗体的 GotFocus 事件

(11) 以下能够触发文本框Change事件的操作是（　）。

A）文本框失去焦点　　B）文本框获得焦点　　C）设置文本框的焦点　　D）改变文本框的内容

(12) 在窗体上画两个文本框，其名称分别为Text1和Text2，然后编写如下程序：

```
Private Sub Form_Load()
  Show
  Text1.Text = ""
  Text2.Text = ""
  Text1.SetFocus
End Sub
Private Sub Text1_Change()
  Text2.Text = Mid(Text1.Text,6)
End Sub
```

程序运行后，如果在文本框 Text1 中输入 ChinaBeijing，则在文本框 Text2 中显示的内容是（　）。

A）ChinaBeijing　　B）China　　C）Beijing　　D）ChinaB

(13) 当文本框中的内容发生改变时所触发的事件是（　）。

A）KeyUp　　B）Change　　C）LostFocus　　D）GotFocus

(14) 向文本框中输入字符时，下面能够被触发的事件是（　）。

A）GotFocus　　B）KeyPress　　C）Click　　D）MouseDown

(15) 设有如图所示窗体和以下程序：

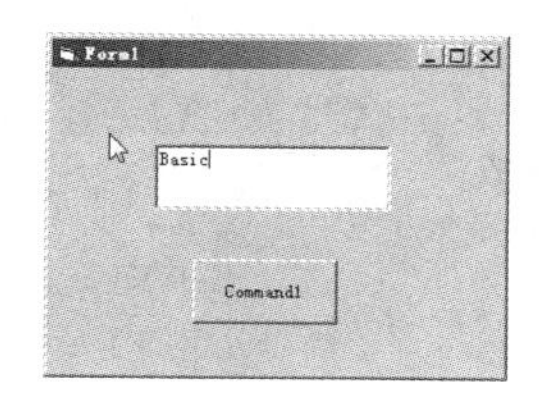


```
Private Sub Command1_Click()
  Text1.Text = "Visual Basic"
End Sub
Private Sub Text1_LostFocus()
  If Text1.Text<>"BASIC"Then
    Text1.Text = ""
    Text1.SetFocus
  End If
End Sub
```

程序运行时，在 Text1 文本框中输入“Basic”(如图所示)，然后单击 Command1 按钮，则产生的结果是(　　)。

A) 文本框中无内容，焦点在文本框中　　B) 文本框中为“Basic”，焦点在文本框中
C) 文本框中为“Basic”，焦点在按钮上　　D) 文本框中为“Visual Basic”，焦点在按钮上

(16) 以下关于图片框控件的说法中，错误的是(　　)。

A) 可以通过 Print 方法在图片框中输出文本　　B) 图片框控件中的图形可以在程序运行过程中被清除
C) 图片框控件中可以放置其他控件　　D) 用 Stretch 属性可以自动调整图片框中图形的大小

(17) 窗体上有一个如图所示的图形控件，控件中显示了如图所示的文字，可以判断这个图形的控件 (　　)。

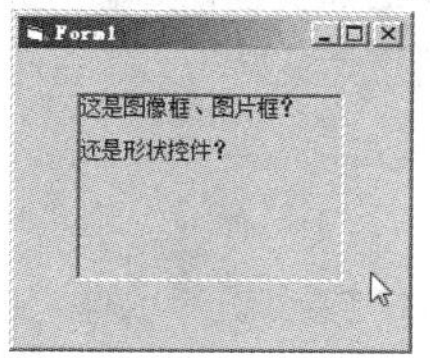

A) 是图像框 (Image)　　B) 是图片框 (PictureBox)
C) 是形状控件　　D) 不是上述 3 种控件中的一种

(18) 确定图片框Picture1在窗体上位置的属性是(　　)。

A) Width 和 Height　　B) Left 和 Top　　C) Width 和 Top　　D) Height 和 Left

(19) 为了调整图像框的大小以与其中的图形相适应，必须把它的Stretch属性设置为(　　)。

A) True　　B) False　　C) 1　　D) 2

(20) 要使图像框(Image)中的图像能随着图像框的大小伸缩，应该设置的属性及值是(　　)。

A) AutoSize 值为 True　　B) AutoRedraw 值为 True
C) Stretch 值为 True　　D) BorderStyle 值为 0

(21) 假定在图片框Picture1中装入了一张图片，在程序运行中，为了清除该图片(注意，是清除图片而不是删除图片框)，应采用的正确方法是(　　)。

A) 单击图片框，然后按 Del 键　　B) 执行语句 Picture1.Picture = LoadPicture("")
C) 执行语句 Picture1.Picture = ""　　D) 执行语句：Picture1.Cls

(22) 已知图片框Picture1中已装入一个图形，为了在不删除图片框的前提下，清除该图形，应采取的正确操作是(　　)。

A) 在设计阶段选择图片框 Picture1，并按 Delete 键

B）在运行期间执行语句 Picture1.Picture = LoadPicture("")
C）在运行期间执行语句 Picture1.Picture = ""
D）在设计阶段先选中图片框 Picture1，再在属性窗口中选择 Picture 属性，最后按 Enter 键

(23) 使用Line控件在窗体上画一条从(0,0)到(600,700)的直线，则其相应属性的值应是（　）。
A）X1 = 0,X2 = 600,Y1 = 0,Y2 = 700
B）Y1 = 0,Y2 = 600,X1 = 0,X2 = 700
C）X1 = 0,X2 = 0,Y1 = 600,Y2 = 700
D）Y1 = 0,Y2 = 0,X1 = 600,X2 = 700,

(24) 设窗体上有2个直线控件Line1和Line2，若使两条直线相连接，需满足的条件是（　）。
A）Line1.X1 = Line2.X2 且 Line1.Y1 = Line2.Y2
B）Line1.X1 = Line2.Y1 且 Line1.Y1 = Line2.X1
C）Line1.X2 = Line2.X1 且 Line1.Y1 = Line2.Y2
D）Line1.X2 = Line2.X1 且 Line1.Y2 = Line2.Y2

(25) 若要把窗体上命令按钮Command1的状态设置为不可用，应该执行的命令是（　）。
A）Command1.Enabled = False
B）Command1.Visible = False
C）Command1.Cancel = False
D）Command1.Default = False

(26) 如果把命令按钮的Cancel属性设置为True，则程序运行后（　）。
A）按 Esc 键与单击该命令按钮的作用相同
B）按回车键与单击该命令按钮的作用相同
C）按 Esc 键将停止程序的运行
D）按回车键将中断程序的运行

(27) 为了使命令按钮的Picture、DownPicture或DisabledPicture属性生效，必须把它的Style属性设置为（　）。
A）0　　B）1　　C）True　　D）False

(28) 下列说法中，错误的是（　）。
A）将焦点移至命令按钮上，按 Enter 键，则引发命令按钮的 Click 事件
B）单击命令按钮，将引发命令按钮的 Click 事件
C）命令按钮没有 Picture 属性
D）命令按钮不支持 DblClick 事件

(29) 以下关于命令按钮的叙述中正确的是（　）。
A）命令按钮上可以显示图片
B）命令按钮能够分别响应单击、双击事件
C）程序运行时，不能改变命令按钮上的文字
D）若命令按钮的 Cancel 属性设为 True，焦点在其他控件上时，按下回车键与单击该按钮的效果相同

(30) 若已把一个命令按钮的Default属性设置为True，则下面可导致按钮的Click事件过程被调用的操作是（　）。
A）用鼠标右键单击此按钮
B）按键盘上的 Esc 键
C）按键盘上的回车键
D）用鼠标右键双击此按钮

(31) 在窗体上画两个单选按钮，名称分别为Option1、Option2，标题分别为“宋体”和“黑体”；一个复选框（名称为Check1，标题为“粗体”）和一个文本框（名称为Text1，Text属性为“改变文字字体”），窗体外观如图所示。程序运行后，要求“宋体”单选按钮和"粗体"复选框被选中，则以下能够实现上述操作的语句序列是（　）。

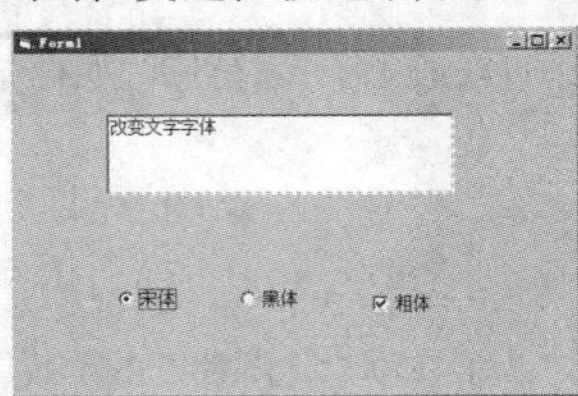

A）Option1.Value = False
B）Option1.Value = True

Check1.Value = True　　　　　　　　　　Check1.Value = 0
C）Option2.Value = False　　　　　　　　D）Option1.Value = True
Check1.Value = 2　　　　　　　　　　　　Check1.Value = 1

(32) 设窗体上有名称为Option1的单选按钮，且程序中有语句：

If Option1.Value = True Then

下面语句中与该语句不等价的是（　）。

A）If Option1.Value Then　　　　　　B）If Option1 = True Then
C）If Value = True Then　　　　　　D）If Option1 Then

(33) 以下不属于单选按钮的属性是（　）。

A）Caption　　B）Name　　C）Min　　D）Enabled

(34) 为了使一个复选框被禁用（灰色显示），应把它的Value属性设置为（　）。

A）0　　B）1　　C）2　　D）False

(35) 窗体上有名称为Command1的命令按钮，名称分别为List1、List2的列表框，其中List1的MultiSelect属性设置为1（Simple），并有如下事件过程：

```
Private Sub Command1_Click()
  For i = 0 To List1.ListCount - 1
    If List1.Selected(i) = True Then
      List2.AddItem Text
    End If
  Next
End Sub
```

上述事件过程的功能是将List1中被选中的列表项添加到List2中。运行程序时，发现不能达到预期目的，应做修改，下列修改中正确的是（　）。

A）将For循环的终值改为List1.ListCount
B）将List1.Selected(i) = True改为List1.List(i).Selected = True
C）将List2.AddItem Text改为List2.AddItem List1.List(i)
D）将List2.AddItem Text改为List2.AddItem List1.ListIndex

(36) 下列控件中，没有Caption属性的是（　）。

A）单选按钮　　B）复选框　　C）列表框　　D）框架

(37) 窗体如左图所示。要求程序运行时，在文本框Text1中输入一个姓氏，单击“删除”按钮（名称为Command1），则可删除列表框List1中所有该姓氏的项目。若编写以下程序来实现此功能：

```
Private Sub Command1_Click()
  Dim n%, k%
  n = Len(Text1.Text)
  For k = 0 To Listl.ListCount-1
    If Left(List1.List(k),n) = Text1.Text Then
      List1.RemoveItem k
    End If
  Next k
End Sub
```

在调试时发现，如果输入“陈”，可以正确删除所有姓“陈”的项目，但若输入“刘”，则只删除了“刘邦”、“刘备”两项，结果如右图所示。这说明程序不能适应所有情况，需要修改。正确的修改方案是把For k = 0 To List1.ListCount-1改为（　）。

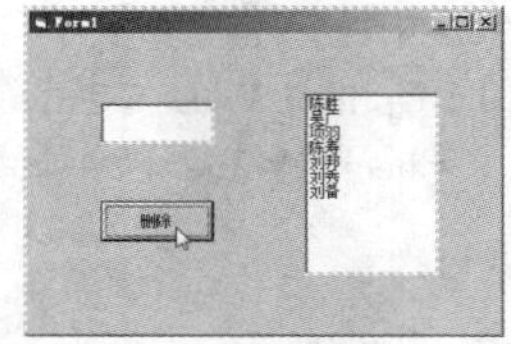
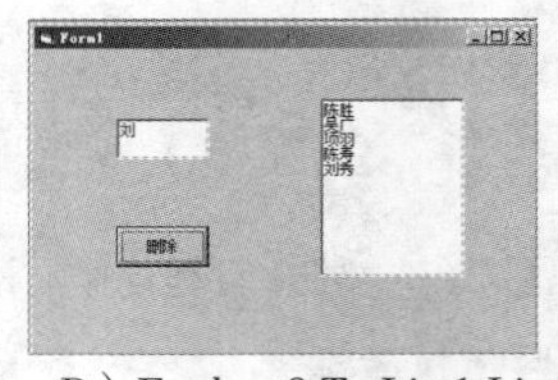

A）For k = List1.ListCount - 1 To 0 Step -1　　B）For k = 0 To List1.ListCount

C）For k = 1 To List1.ListCount - 1　　D）For k = 1 To List1.ListCount

(38) 窗体上有一个名为List1的列表框和一个名为Command1的命令按钮，并有下面的事件过程：

```
Private Sub Command1_Click()
  n% = List1.ListIndex
  If n > 0 Then
    ch$ = List1.List(n)
    List1.List(n) = List1.List(n - 1)
    List1.List(n - 1) = ch
  End If
End Sub
```

程序运行时，选中 1 个列表项，然后单击 Command1 按钮，则产生的结果是（　）。

A）若选中的不是最前面的列表项，则选中的列表项与它前一个列表项互换位置

B）选中的列表项与它前面的列表项互换位置

C）若选中的不是最后面的列表项，则选中的列表项与它后一个列表项互换位置

D）选中的列表项与它后面的列表项互换位置

(39) 设窗体上有一个列表框控件List1，含有若干列表项。以下能表示当前被选中的列表项内容的是（　）。

A）List1.List　　B）List1.ListIndex　　C）List1.Text　　D）List1.Index

(40) 要想使列表框只允许单选列表项，应设置的属性为（　）。

A）Style　　B）Selected　　C）MultiSelect　　D）Enabled

(41) 对于列表框控件List1，能够表示当前被选中列表项内容的是（　）。

A）List1.Text　　B）List1.Index　　C）List1.ListIndex　　D）List1.List

(42) 列表框中被选中的数据项的位置可以通过一个属性获得，这个属性是（　）。

A）List　　B）ListIndex　　C）Text　　D）ListCount

(43) 窗体上有一个列表框控件List1。以下叙述中错误的是（　）。

A）List1 中有 ListCount-1 个列表项　　B）当 List1.Selected(i) = True，表明第 i 项被选中

C）设置某些属性，可以使列表框显示多列数据　　D）List1.Text 的值是最后一次被选中的列表项文本

(44) 下面列表框属性中，是数组的是（　）。

A）ListCount　　B）Selected　　C）ListIndex　　D）MultiSelect

(45) 要删除列表框中最后一个列表项，正确的语句是（　）。

A）List1.RemoveItem ListCount　　B）List1.RemoveItem List1.ListCount

C）List1.RemoveItem ListCount -1　　D）List1.RemoveItem List1.ListCount -1

(46) 将数据项 "Student" 添加到名称为List1的列表框中，并使其成为列表框第一项的语句为（　）。

A）List1.AddItem "Student",0　　B）List1.AddItem "Student",1

C）List1.AddItem 0,"Student"　　D）List1.AddItem 1,"Student"

(47) 为了清除列表框中指定的项目，应使用的方法是（　）。

A）Cls　　B）Clear　　C）Remove　　D）RemoveItem

(48) 为了将“联想电脑”作为数据项添加到列表框List1的最前面，可以使用语句（　）。

A）List1.AddItem " 联想电脑 ",0　　B）List1.AddItem " 联想电脑 ",1

C）List1.AddItem 0," 联想电脑 "　　D）List1.AddItem 1," 联想电脑 "

(49) 能够存放组合框的所有项目内容的属性是（　）。

A）Caption　　B）Text

C）List　　D）Selected

(50) 下面控件中，没有Caption属性的是（　）。

A）复选框　　B）单选按钮　　C）组合框　　D）框架

(51) 在窗体上画一个组合框，一个命令按钮和一个文本框，其名称分别为Combo1，Command1和Text1，然后编写如下事件过程：

```
Private Sub Form_Load()
    Combo1.AddItem "AAAAA"
    Combo1.AddItem "BBBBB"
    Combo1.AddItem "CCCCC"
    Combo1.AddItem "DDDDD"
    Combo1.AddItem "EEEEE"
End Sub
```

程序运行后，如果单击命令按钮，则在文本框中显示组合框的项目“CCCCC”。为了实现该操作，在命令按钮的 Click 事件过程中应使用的语句为（　）。

A）Text1.Text = Combo1.List(2)　　B）Text1.Text = Combo1.Text

C）Text1.Text = Combo1.List(3)　　D）Text1.Text = Combo1.ListIndex

(52) 在窗体上画一个名称为Combo1的组合框，名称为Text1的文本框，以及名称为Command1的命令按钮，如图所示。

运行程序，单击命令按钮，将文本框中被选中的文本添加到组合框中，若文本框中没有选中的文本，则将文本框中的文本全部添加到组合框中。命令按钮的事件过程如下：

```
Private Sub Command1_Click()
    If Text1.Se1Length<>0 Then
        ________
    Else
        Combo1.AddItem Text1
    End If
End Sub
```

程序中横线处应该填写的是（　）。

A）Combo1.AddItem Text1.Text　　B）Combo1.AddItem Text1.SelStart

C）Combo1.AddItem Text1.SelText　　D）Combo1.AddItem Text1. SelLength

(53) 能够将组合框Combo1中最后一个数据项删除的语句为（　）。

A）Combo1.RemoveItem Combo1.ListCount

B）Combo1.RemoveItem Combo1.ListCount – 1

C）Combo1.RemoveItem Combo1.ListIndex

D）Combo1.RemoveItem Combo1.ListIndex – 1

(54) 窗体上有一个名称为HScroll1的滚动条，程序运行后，当单击滚动条两端的箭头时，立即在窗体上显示滚动框的位置（即刻度值）。下面能够实现上述操作的事件过程是（ ）。

A）
```
Private Sub HScroll1_Change()
    Print HScroll1.Value
End Sub
```
B）
```
Private Sub HScroll1_Change()
    Print HScroll1.SmallChange
End Sub
```
C）
```
Private Sub HScroll1_Scroll()
    Print HScroll1.Value
End Sub
```
D）
```
Private Sub HScroll1_Scroll()
    Print HScroll1.SmallChange
End Sub
```

(55) 设窗体上有1个水平滚动条，已经通过属性窗口把它的Max属性设置为1，Min属性设置为100。下面叙述中正确的是（ ）。

A）程序运行时，若使滚动块向左移动，滚动条的 Value 属性值就增加
B）程序运行时，若使滚动块向左移动，滚动条的 Value 属性值就减少
C）由于滚动条的 Max 属性值小于 Min 属性值，程序会出错
D）由于滚动条的 Max 属性值小于 Min 属性值，程序运行时滚动条的长度会缩为一点，滚动块无法移动

(56) 在窗体上画一个水平滚动条，其属性值满足Min<Max。程序运行后，如果单击滚动条右端的箭头，则Value属性值（ ）。

A）增加一个 SmallChange 量
B）减少一个 SmallChange 量
C）增加一个 LargeChange 量
D）减少一个 LargeChange 量

(57) 关于水平滚动条，如下叙述中错误的是（ ）。

A）当滚动框的位置改变时，触发 Change 事件
B）当拖动滚动条中的滚动框时，触发 Scroll 事件
C）LargeChange 属性是滚动条的最大值
D）Value 是滚动条中滚动框的当前值

(58) 窗体上有一个名称为VScroll1的滚动条，当用鼠标拖动滚动条中的滚动块时，触发的事件是（ ）。

A）Click　B）KeyDown　C）DragDrop　D）Scroll

(59) 以下不能触发滚动条Change事件的操作是（ ）。

A）拖动滚动框
B）单击两端的滚动箭头
C）单击滚动框
D）单击滚动箭头与滚动框之间的滚动条

(60) 设窗体上有一个标签Label1和一个计时器Timer1，Timer1的Interval属性被设置为1000，Enabled属性被设置为True。要求程序运行时每秒在标签中显示一次系统当前时间。以下可以实现上述要求的事件过程是（ ）。

A）
```
Private Sub Timer1_Timer()
    Label1.Caption = True
End Sub
```
B）
```
Private Sub Timer1_Timer()
    Label1.Caption = Time$
End Sub
```
C）
```
Private Sub Timer1_Timer()
    Label1.Interval = 1
End Sub
```
D）
```
Private Sub Timer1_Timer()
    For k = 1 To Timer1.Interval
        Label1.Caption = Timer
    Next k
End Sub
```

(61) 定时器的Interval属性的值是一个整数，它表示的是（ ）。

A）毫秒数　B）秒数　C）分钟数　D）小时数

(62) 窗体上有一个名称为Timer1的计时器控件，一个名称为Shape1的形状控件，其Shape属性值为3（Circle）。编写程序如下。

```
Private Sub Form_Load()
    Shape1.Top = 0
    Timer1.Interval = 100
End Sub
```

```
Private Sub Timer1_Timer()
    Static x As Integer
    Shape1.Top = Shape1.Top + 100
    x = x + 1
    If x Mod 10 = 0 Then
        Shape1.Top = 0
    End If
End Sub
```

以下关于上述程序的叙述中，错误的是（　）。

A）每执行一次 Timer1_Timer 事件过程，x 的值都在原有基础上增加 1

B）Shape1 每移动 10 次回到起点，重新开始

C）窗体上的 Shape1 由下而上移动

D）Shape1 每次移动 100

（63）为了使每秒钟发生一次计时器事件，可以将其Interval属性设置为（　）。

A）1　　B）10　　C）100　　D）1000

（64）窗体上有一个名称为Text1的文本框，一个名称为Timer1的计时器，且已在属性窗口将Timer1的Interval属性设置为2000、Enabled属性设置为False。以下程序的功能是单击窗体时，则每隔2秒钟在Text1中显示一次当前时间。

```
Private Sub Form_Click()
    Timer1.__________
End Sub
Private Sub Timer1_Timer()
    Text1.Text = Time()
End Sub
```

为了实现上述功能，应该在 ________ 处填入的内容为（　）。

A）Enabled = True　　B）Enabled = False　　C）Visible = True　　D）Visible = False

（65）窗体的左右两端各有一条直线，名称分别为Line1、Line2；名称为Shape1的圆靠在左边的Line1直线上（见图）；另有一个名称为Timer1的计时器控件，其Enabled属性值是True。要求程序运行后，圆每秒向右移动100，当圆遇到Line2时则停止移动。

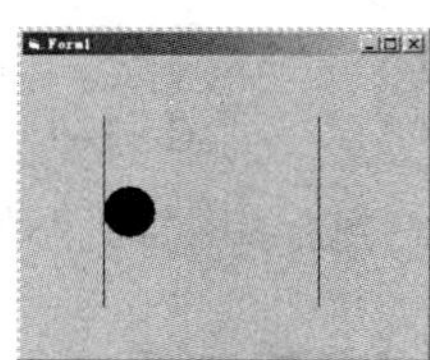

为实现上述功能，某人把计时器的 Interval 属性设置为 1000，并编写了如下程序：

```
Private Sub Timer1_Timer()
    For k = Line1.X1 To Line2.X1 Step 100
        If Shape1.Left+Shape1.Width<Line2.X1 Then
            Shape1.Left = Shape1.Left+100
        End If
    Next k
End Sub
```

运行程序时发现圆立即移动到了右边的直线处，与题目要求的移动方式不符。为得到与题目要求相符的结果，下面修改方案中正确的是（　）。

A）把计时器的 Interval 属性设置为 1

B）把 For k = Line1.X1 To Line2.X1 Step 100 和 Next k 两行删除

C）把 For k = Line1.X1 To Line2.X1 Step 100 改为 For k = Line2.X1 To Line1.X1 Step 100

D）把 If Shape1.Left + Shape1.Width < Line2.X1 Then 改为 If Shape1.Left < Line2.X1 Then

(66) 窗体上有一个名称为Label1的标签；一个名称为Timer1的计时器，其Enabled和Interval属性分别为True和1000。编写如下程序：

```
Dim n As Integer
Private Sub Timer1_Timer()
    ch = Chr(n + Asc("A"))
    Label1.Caption = ch
    n = n + 1
    n = n Mod 4
End Sub
```

运行程序，将在标签中（　）。

A）不停地依次显示字符“A”、“B”、“C”、“D”，直至窗体被关闭

B）依次显示字符“A”、“B”、“C”、“D”各一次

C）每隔 1 秒显示字符“A”一次

D）每隔 1 秒依次显示 26 个英文字母中的一个

(67) 要使两个单选按钮属于同一个框架，下面三种操作方法中正确的是（　）。

① 先画一个框架，再在框架中画两个单选按钮

② 先画一个框架，再在框架外画两个单选按钮，然后把单选按钮拖到框架中

③ 先画两个单选按钮，再画框架将单选按钮框起来

A）①　　B）①、②　　C）③　　D）①、②、③

(68) 窗体上有一个名称为Frame1的框架（如图），若要把框架上显示的“Frame1”改为汉字“框架”，下面正确的语句是（　）。

A）Frame1.Name = " 框架 "　　B）Frame1.Caption = " 框架 "

C）Frame1.Text = " 框架 "　　D）Frame1.Value = " 框架 "

(69) 下面哪个属性肯定不是框架控件的属性（　）。

A）Text　　B）Caption　　C）Left　　D）Enabled

(70) 在名称为 Frame1 的框架中，有两个名称分别为 op1、op2 的单选按钮，标题分别为“单程”、“往返”，如图所示。

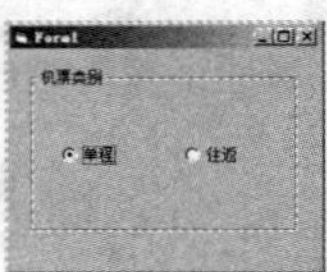

以下叙述中，正确的是（　）。

A）若仅把 Frame1 的 Enabled 属性设为 False，则 op1、op2 仍可用

B）对于上图，op1.Value 的值为 True

C）对于上图，执行 Op1.Value = False 命令，则“往返”单选按钮被选中

D）对于上图，执行 Op1.Value = 0 命令，程序出错

(71) 下列针对框架控件的叙述中，错误的是（　）。

A）框架是一个容器控件　　B）框架也有 Click 和 DblClick 事件

C）框架也可以接受用户的输入　　D）使用框架的主要目的是为了对控件进行分组

(72) 以下关于单选按钮和复选框的叙述中，正确的是（　）。
A）单选按钮和复选框都能从多个选项中选择一项
B）单选按钮和复选框被选中时，选中控件的 Value 属性值为 True
C）是否使用框架控件将单选按钮分组，对选项没有影响
D）是否使用框架控件将复选框分组，对选项没有影响

(73) 如果在框架中画了2个复选框，且框架的Enabled属性被设置为False，2个复选框的Enabled属性被设置为True，则下面叙述中正确的是（　）。
A）2 个复选框可用　　B）2 个复选框不可用
C）2 个复选框不显示　　D）上述都不对

(74) 如果要在窗体上使用2组单选按钮，每组都可以有一个被选中，则应该做的是（　）。
A）把 1 组单选按钮画在窗体的左边，另 1 组画在右边
B）先画 2 组单选按钮，再画 2 个框架控件把 2 组单选按钮分别框起来
C）先画 2 个框架控件，再把 2 组单选按钮分别画在不同的框架中
D）因为 1 个窗体中只有 1 个单选按钮可以被选中，所以需要使用 2 个窗体

(75) 以下能够设置控件焦点的方法是（　）。
A）SetFocus　　B）GotFocus　　C）LostFocus　　D）TabStop

(76) 窗体上有一个名称为VScroll1的垂直滚动条，要求程序运行时，滚动框的初始位置在最下端，应该使VScroll1.Value的值等于（　）。
A）VScroll1.LargeChange　　B）VScroll1.SmallChange
C）VScroll1.Max　　D）VScroll1.Min

(77) 设窗体上有一个水平滚动条HScroll1和一个命令按钮Command1，及下面的事件过程：
```
Private Sub Form_Load()
  HScroll1.Min = 0
  HScroll1.Max = 100
End Sub
Private Sub Command1_Click()
  HScroll1.Value = 70
End Sub
```
程序运行时单击命令按钮，则滚动条上滚动块位置的图示是（　）。
A）　　B）　　C）　　D）

(78) 窗体上有一个名称为Combo1的组合框，要求在其编辑区输入文本并按回车键后，编辑区中的文本被添加到列表中。下面能实现这一功能的是（　）。
A）
```
Private Sub Combo1_KeyDown(KeyCode As Integer,Shift As Integer)
    If KeyCode = 13 Then
      Combo1.AddItem Combo1.Text
    End If
End Sub
```
B）
```
Private Sub Combo1_KeyDown(KeyCode As Integer,Shift As Integer)
    If KeyCode = 13 Then
      Combo1.AddItem Text1.Text
    End If
End Sub
```
C）
```
Private Sub Combo1_Click()
    Combo1.AddItem Combo1.Text
End Sub
```

D）Private Sub Combo1_Click()
```
        Combo1.AddItem Text1.Text
    End Sub
```

考点11 VB控制结构

（1）某人编写了如下程序，用来求10个整数（整数从键盘输入）中的最大值：
```
Private Sub Command1_Click()
    Dim a(10) As Integer,max As Integer
    For k = 1 To 10
        a(k) = InputBox(" 输入一个整数 ")
    Next k
    max = 0
    For k = 1 To 10
        If a(k) > max Then
            max = a(k)
        End If
    Next k
    Print max
End Sub
```
运行程序时发现，当输入 10 个正数时，可以得到正确结果，但输入 10 个负数时结果是错误的，程序需要修改。下面的修改中可以得到正确运行结果的是（　）。

A）把 If a(k) > max Then 改为 If a(k) < max Then

B）把 max = a(k) 改为 a(k) = max

C）把第 2 个循环语句 For k = 1 To 10 改为 For k = 2 To 10

D）把 max = 0 改为 max = a(10)

（2）在窗体上画一个名称为Command1的命令按钮，并编写如下程序：
```
Function Fun(x)
    y = 0
    If x < 10 Then
        y = x
    Else
        y = y + 10
    End If
    Fun = y
End Function
Private Sub Command1_Click()
    n = InputBox(" 请输入一个数 ")
    n = Val(n)
    P = Fun(n)
    Print P
End Sub
```
运行程序，单击命令按钮，将显示输入对话框，如果在对话框中输入 100，并单击“确定”按钮，则输出结果为（　）。

A）10　　B）100　　C）110　　D）出错信息

（3）窗体上有2个文本框Text1和Text2，并有下面的事件过程：

```
Dim n
Private Sub Text1_KeyPress(KeyAscii As Integer)
  If "A" <= Chr(KeyAscii) And Chr(KeyAscii) <= "Z" Then
    n = n + 1
  End If
  If KeyAscii = 13 Then
    Text2.Text = n
  End If
End Sub
```

程序运行时，在文本框 Text1 中输入“Visual Basic 6.0”并按回车键后，在文本框 Text2 中显示的是（　）。

A）2　　B）9　　C）13　　D）16

（4）有如下函数：

```
Function DelSpace(ch As String) As Integer
  Dim n%,st$,c$
  st = ""
  n = 0
  For k = 1 To Len(ch)
    c = Mid(ch,k,1)
    If c <> " " Then
      st = st & c
    Else
      n = n + 1
    End If
  Next k
  ch = st
  DelSpace = n
End Function
```

函数的功能是（　）。

A）统计并返回字符串 ch 中字符的个数
B）删除字符串 ch 中的空格符，返回删除字符的个数
C）统计并返回字符串 ch 中非空格字符数
D）删除字符串 ch 中除空格符外的其他字符，返回删除字符的个数

（5）现有语句y = IIf(x > 0,x Mod 3,0)
设 x = 10，则 y 的值是（　）。

A）0　　B）1　　C）3　　D）语句有错

（6）设x是整型变量，与函数IIf(x>0,–x,x)有相同结果的代数式是（　）。

A）|x|　　B）–|x|　　C）x　　D）–x

（7）计算下面分段函数的正确语句是（　）。

$$y=\begin{cases}x-1 & x<0\\ 0 & x=0\\ x+1 & x>0\end{cases}$$

A）y = IIf(x > 0,x + 1,IIf(x < 0,x – 1,0))　　B）y = IIf(x = 0,0,IIf(x > 0,x – 1,x + 1))
C）y = IIf(x > 0,x + 1,IIf(x < 0,0,x – 1))　　D）y = IIf(x = 0,0,x – 1,x + 1)

（8）有如下语句：

x = IIf(a > 50,Int(a \ 3),a Mod 2)

当 a = 52 时，x 的值是（　）。

A）0　　B）1　　C）17　　D）18

(9) 有下面的语句：

```
Print IIf(x>0,1,IIf(x<0,-1,0))
```

与此语句输出结果不同的程序段是（　）。

A）
```
If x > 0 Then
    x = 1
ElseIf x < 0 Then
    x = -1
End If
Print x
```

B）
```
If x > 0 Then
    Print 1
ElseIf x < 0 Then
    Print -1
Else
    Print 0
End If
```

C）
```
Select Case x
        Case Is > 0
        Print 1
        Case Is < 0
        Print -1
        Case Else
            Print 0
End Select
```

D）
```
If x <> 0 Then
        If x > 0 Then Print 1
ElseIf x < 0 Then
            Print -1
Else
            Print 0
End If
```

(10) 设x为一整型变量，且情况语句的开始为Select Case x，则不符合语法规则的Case子句是（　）。

A）Case　Is > 20　　B）Case　1　To　10　　C）Case　0 < Is And IS < 20　D）Case 2,3,4

(11) 有如下程序：

```
Private Sub Command1_Click()
x = UCase(InputBox(" 输入 :"))
    Select Case x
        Case "A"  To  "C"
            Print " 考核通过！ "
        Case "D"
            Print " 考核不通过！ "
        Case Else
            Print " 输入数据不合法！ "
    End Select
End Sub
```

执行程序，在输入框中输入字母“B”，则以下叙述中正确的是（　）。

A）程序运行错

B）在窗体上显示“考核通过！”

C）在窗体上显示“考核不通过！”

D）在窗体上显示“输入数据不合法！”

(12) 窗体上有一个名称为Command1的命令按钮，事件过程如下：

```
Private Sub Command1_Click()
    Dim num As Integer,x As Integer
    num = Val(InputBox(" 请输入一个正整数 "))
    Select Case num
        Case Is > 100
            x = x + num
        Case Is < 90
            x = num
        Case Else
        x = x * num
```

```
    End Select
    Print x;
End Sub
```

运行程序，并在三次单击命令按钮时，分别输入正整数 100、90 和 60，则窗体上显示的内容为（　）。

A）0 0 0　　B）0 0 60

C）0 90 0　　D）100 0 60

（13）在窗体上画一个名称为Text1的文本框和一个名称为Command1的命令按钮，然后编写如下事件过程。

```
Private Sub Command1_Click( )
    Dim i As Integer,n As Integer
    For i = 0 To 50
        i = i + 3
        n = n + 1
        If i > 10 Then Exit For
    Next
    Text1.Text = Str(n)
End Sub
```

程序运行后，单击命令按钮，在文本框中显示的值是（　）。

A）2　　B）3　　C）4　　D）5

（14）某人为计算n!(0<n<=12)编写了下面的函数过程：

```
Private Function fun(n As Integer) As Long
    Dim p As Long
    p = 1
    For k = n – 1 To 2 Step –1
        p = p * k
    Next k
    fun = p
End Function
```

在调试时发现该函数过程产生的结果是错误的，程序需要修改。下面的修改方案中有 3 种是正确的，错误的方案是（　）。

A）把 p = 1 改为 p = n

B）把 For k = n – 1 To 2 Step –1 改为 For k = 1 To n – 1

C）把 For k = n – 1 To 2 Step –1 改为 For k = 1 To n

D）把 For k = n – 1 To 2 Step –1 改为 For k = 2 To n

（15）为计算an的值，某人编写了函数power如下：

```
Private Function power(a As Integer，n As Integer)As Long
    Dim s As Long
    p = a
    For k = 1 To n
        p = p*a
    Next k
    power = p
End Function
```

在调试时发现是错误的，例如 Print power(5,4) 的输出应该是 625，但实际输出却是 3125，程序需要修改。下面的修改方案中有 3 个是正确的，错误的一个是（　）。

A）把 For k = 1 To n 改为 For k = 2 To n　　B）把 p = p * a 改为 p = p ^ n

C）把 For k = 1 To n 改为 For k = 1 To n – 1　　D）把 p = a 改为 p = 1

(16) 有如下程序：

```
Private Sub Form_Click()
    a = 0
    For j = 1 To 15
        a = a+ j Mod 3
    Next j
    Print a
End Sub
```

程序运行后，单击窗体，输出结果是（　　）。

A）105　　B）1　　C）120　　D）15

(17) 在窗体上画一个命令按钮，名称为Command1，然后编写如下代码：

```
Option Base 0
Private Sub Command1_Click()
    Dim A1(4) As Integer,A2(4) As Integer
    For k = 0 To 2
        A1(k + 1) = InputBox(" 请输入一个整数 ")
        A2(3 - k) = A1(k + 1)
    Next k
    Print A2(k)
End Sub
```

程序运行后，单击命令按钮，在输入对话框中依次输入 2、4、6，则输出结果为（　　）。

A）0　　B）1　　C）2　　D）3

(18) 设有以下程序：

```
Private Sub Form_Click()
    x = 50
    For i = 1 To 4
        y = InputBox(" 请输入一个整数 ")
        y = Val(y)
        If y Mod 5 = 0 Then
            a = a + y
            x = y
        Else
            a = a + x
        End If
    Next i
    Print a
End Sub
```

程序运行后，单击窗体，在输入对话框中依次输入 15、24、35、46，输出结果为（　　）。

A）100　　B）50　　C）120　　D）70

(19) 为计算1+2+22+23+24+⋯+210的值，并把结果显示在文本框Text1中，若编写如下事件过程：

```
Private Sub Command1 Click()
    Dim a&，s&，k&
    s = 1
    a = 2
    For k = 2 To 10
        a = a*2
```

```
    s = s+a
  Next k
  Text1.Text = s
End Sub
```

执行此事件过程后发现结果是错误的，为能够得到正确结果，应做的修改是（　　）。

A）把 s = 1 改为 s = 0

B）把 For k = 2 To 10 改为 For k = 1 To 10

C）交换语句 s = s + a 和 a = a * 2 的顺序

D）把 For k = 2 To 10 改为 For k = 1 To 10，交换语句 s = s + a 和 a = a * 2 的顺序

（20）在窗体上画一个命令按钮和一个文本框，其名称分别为Command1和Text1，再编写如下程序：

```
Dim ss As String
Private Sub Text1_KeyPress(KeyAscii As Integer)
  If Chr(KeyAscii)<>"" Then ss = ss+Chr(KeyAscii)
End Sub
Private Sub Command1_Click( )
  Dim m As String,i As Integer
  For i = Len(ss) To 1 Step-1
    m = m+Mid(ss,i,1)
  Next
  Text1.Text = UCase(m)
End Sub
```

程序运行后，在文本框中输入“Number 100”，并单击命令按钮，则文本框中显示的是（　　）。

A）NUMBER 100　　B）REBMUN　　C）REBMUN 100　　D）001 REBMUN

（21）在窗体上画一个名称为Text1的文本框和一个名称为Command1的命令按钮，然后编写如下事件过程：

```
Private Sub Command1_Click()
  Dim i As Integer,n As Integer
  For i = 0 To 50
    i = i + 3
    n = n + 1
    If i > 10 Then Exit For
  Next
  Text1.Text = Str(n)
End Sub
```

程序运行后，单击命令按钮，在文本框中显示的值是（　　）。

A）2　　B）3　　C）4　　D）5

（22）在窗体上画一个名称为Command1的命令按钮，一个名称为Label1的标签，然后编写如下事件过程：

```
Private Sub Command1_Click()
  s = 0
  For i = 1 To 15
    x = 2 * i – 1
    If x  Mod 3 = 0 Then s = s + 1
  Next i
  Label1.Caption = s
End Sub
```

程序运行后，单击命令按钮，则标签中显示的内容是（　　）。

A）1　　B）5　　C）27　　D）45

(23) 有如下程序：

```
Private Sub Form_Click()
  x = 50
  For i = 1 To 4
    y = InputBox(" 请输入一个整数 ")
    y = Val(y)
    If y Mod 5 = 0 Then
      a = a + y
      x = y
    Else
      a = a + x
    End If
  Next i
  Print a
End Sub
```

程序运行后，单击窗体，在输入对话框中依次输入 15、24、35、46，输出结果为（　）。

A）100　　B）50　　C）120　　D）70

(24) 在窗体上画1个名称为Command1的命令按钮，并编写如下事件过程：

```
Private Sub Command1_Click()
  x = 1
  s = 0
  For i = 1 To 5
    x = x / i
    s = s + x
  Next
  Print s
End Sub
```

该事件过程的功能是计算（　）。

A）s =1+2+3+4+5

B）$s=1+\frac{1}{2}+\frac{1}{3}+\frac{1}{4}+\frac{1}{5}$

C）$s=1+\frac{1}{2!}+\frac{1}{3!}+\frac{1}{4!}+\frac{1}{5!}$

D）$s=1+\frac{1}{1\times2}+\frac{1}{2\times3}+\frac{1}{3\times4}+\frac{1}{4\times5}$

(25) 有如下程序：

```
Private Sub Form_Click()
  Dim i As Integer,n As Integer
  For i = 1 To 20
    i = i + 4
    n = n + i
    If i > 10 Then Exit For
  Next
  Print n
End Sub
```

程序运行后，单击窗体，则输出结果是（　）。

A）14　　B）15　　C）29　　D）30

(26) 在窗体上画一个文本框，名称为Text1，然后编写如下程序：

```
Private Sub Form_Load()
  Show
  Text1.Text = ""
```

```
    Text1.SetFocus
  End Sub
  Private Sub Form_Click()
    Dim a As String,s As String
    a = Text1.Text
    s = ""
    For k = 1 To Len(a)
      s = UCase(Mid(a,k,1)) + s
    Next k
    Text1.Text = s
  End Sub
```

程序运行后，在文本框中输入一个字符串，然后单击窗体，则文本框中的内容（　）。

A）与原字符串相同

B）与原字符串中字符顺序相同，但所有字母均转换为大写

C）为原字符串的逆序字符串，且所有字母转换为大写

D）为原字符串的逆序字符串

（27）有以下通用过程：

```
Function fun(N As Integer)
  s = 0
  For k = 1 To N
    s = s + k * (k + 1)
  Next k
  fun = s
End Function
```

该过程的功能是（　）。

A）计算 N!　　B）计算 $1 + 2 + 3 + ... + N$

C）计算 $1 \times 2 \times 2 \times 3 \times 3 \times ... \times N \times N$　　D）计算 $1 \times 2 + 2 \times 3 + 3 \times 4 + ... + N \times (N + 1)$

（28）在窗体上画一个命令按钮，然后编写如下事件过程：

```
Private Sub Command1_Click()
  a$ = InputBox(" 请输入一个二进制数 ")
  n = Len(a$)
  For i = 1 To n
    Dec = Dec * 2 + ____(a$,i,1)
  Next i
  Print Dec
End Sub
```

程序功能为：单击命令按钮，将产生一个输入对话框，此时如果在对话框中输入一个二进制数，并单击“确定”按钮，则把该二进制数转换为等值的十进制数。这个程序不完整，应在“____”处填入的内容是（　）。

A）Left　　B）Right　　C）Val　　D）Mid

（29）设有如下事件过程：

```
Private Sub Form_Click()
  Sum = 0
  For k = 1 To 3
    If k <=  1 Then
      x = 1
```

```
        ElseIf k <= 2 Then
            x = 2
        ElseIf k <= 3 Then
            x = 3
        Else
            x = 4
        End If
        Sum = Sum + x
    Next k
    Print Sum
End Sub
```

程序运行后，单击窗体，输出结果是（　）。

A）9　　B）6　　C）3　　D）10

(30) 在窗体上画一个名称为Command1的命令按钮，编写如下事件过程。

```
Private Sub Command1_Click()
    n = 0
    For i = 0 To 10
        X = 2 * i - 1
        If X Mod 3 = 0 Then n = n + 1
    Next i
    Print n
End Sub
```

运行程序，单击命令按钮，则窗体上显示的是（　）。

A）1　　B）3　　C）5　　D）7

(31) 下面程序的执行结果是（　）。

```
Private Sub Command1_Click()
    a = 0
    k = 1
    Do While k < 4
        x = k ^ k ^ a
        k = k + 1
        Print x;
    Loop
End Sub
```

A）1 4 27　　B）1 1 1　　C）1 4 9　　D）0 0 0

(32) 设a、b都是自然数，为求a除以b的余数，某人编写了以下函数。

```
Function fun(a As Integer,b As Integer)
    While a>b
        a = a-b
    Wend
    fun = a
End Function
```

在调试时发现函数是错误的。为使函数能产生正确的返回值，应做的修改是（　）。

A）把 a = a-b 改为 a = b-a　　B）把 a = a-b 改为 a = a\b

C）把 While a>b 改为 While a<b　　D）把 While a>b 改为 While a> = b

(33) 假定有以下循环结构：

```
Do Until 条件表达式
  循环体
Loop
```

则以下正确的描述是（　）。

A）如果“条件表达式”的值是 0，则一次循环体也不执行

B）如果“条件表达式”的值不为 0，则至少执行一次循环体

C）不论“条件表达式”的值是否为“真”，至少要执行一次循环体

D）如果“条件表达式”的值恒为 0，则无限次执行循环体

（34）在窗体上画一个命令按钮，然后编写如下事件过程：

```
Private Sub Command1_Click( )
  Dim I,Num
  Randomize
  Do
    For I = 1 To 1000
      Num = Int(Rnd * 100)
      Print Num;
      Select Case Num
        Case 12
          Exit For
        Case 58
          Exit Do
        Case 65,68,92
          End
      End Select
    Next I
  Loop
End Sub
```

上述事件过程执行后，下列描述中正确的是（　）。

A）Do 循环执行的次数为 1000 次

B）在 For 循环中产生的随机数小于或等于 100

C）当所产生的随机数为 12 时结束所有循环

D）当所产生的随机数为 65、68 或 92 时窗体关闭，程序结束

（35）在窗体上画两个文本框（名称分别为Text1和Text2）和一个命令按钮（名称为Command1），然后编写如下事件过程：

```
Private Sub Command1_Click()
  x = 0
  Do While x < 50
    x = (x + 2) * (x + 3)
    n = n + 1
  Loop
  Text1.Text = Str(n)
  Text2.Text = Str(x)
End Sub
```

程序运行后，单击命令按钮，在两个文本框中显示的值分别为（　）。

A）1 和 0　　B）2 和 72　　C）3 和 50　　D）4 和 168

（36）下面程序计算并输出的是（　）。

```
Private Sub Command1_Click()
   a = 10
   s = 0
   Do
      s = s+a*a*a
      a = a-1
   Loop Until a < =  0
   Print s
End Sub
```

A）13+23+33+…+103 的值　　B）10!+…+3!+2!+1! 的值

C）(1+2+3+…+10)3 的值　　D）10 个 103 的和

(37) 窗体上有一个名称为Command1的命令按钮，事件过程如下：

```
Private Sub Command1_Click()
   Dim x%,y%,z%
   x = InputBox(" 请输入第 1 个整数 ")
   y = InputBox(" 请输入第 2 个整数 ")
   Do Until x = y
      If x > y Then x = x - y Else y = y - x
   Loop
   Print x
End Sub
```

运行程序，单击命令按钮，并输入两个整数 169 和 39，则在窗体上显示的内容为（　）。

A）11　　B）13　　C）23　　D）39

(38) 窗体上有一个名称为Command1的命令按钮，事件过程及函数过程如下：

```
Private Sub Command1_Click()
   Dim m As String
   m = InputBox(" 请输入字符串 ")
   Print pick_str(m)
End Sub
Private Function pick_str(s As String) As String
   temp = ""
   i = 1
   sLen = Len(s)
   Do While i < =  sLen / 2
      temp = temp + Mid(s,i,1) + Mid(s,sLen - i + 1,1)
      i = i + 1
   Loop
   pick_str = temp
End Function
```

运行程序，单击命令按钮，并在输入对话框中输入“basic”，则在窗体上显示的内容为（　）。

A）bcai　　B）cbia　　C）bcais　　D）cbias

(39) 编写如下程序：

```
Private Sub Command1_Click()
   Dim m As Integer,n As Integer
   m = 1: n = 0
   Do While m < 20
```

```
      n = m + n
      m = 3 * m + 1
    Loop
    Print m,n
End Sub
```

程序运行后，单击命令按钮 Command1，输出结果为（　）。

A）40　18　　B）40　19　　C）20　64　　D）21　64

(40)下列循环中，可以正常结束的是（　）。

A）
```
i = 10
Do
  i = i + 1
Loop Until i < 1
```

B）
```
i = 1
Do
  i = i + 1
Loop Until i = 10
```

C）
```
i = 10
Do
  i = i + 1
Loop While i > 1
```

D）
```
i = 10
Do
  i = i - 2
Loop Until i = 1
```

(41)设有如下事件过程：

```
Private Sub Command1_Click()
  For i = 1 To 5
    j = i
    Do
      Print "*"
      j = j - 1
    Loop Until j = 0
  Next i
End Sub
```

运行程序，输出“*”的个数是（　）。

A）5　　B）15　　C）20　　D）25

(42)下面的程序是利用公式：π = 4-4/3+4/5-4/7+4/9-4/11+…计算π的近似值

```
Pvivate Sub Command1_Click()
  Dim PI As Double, x As Double, k As Long, sign As Integer
  sign = 1
  k = 1
  PI = 0
  Do
    x = sign*4/(2*k-1)
    PI = PI+x
    k = k+1
    sign = ________________
  Loop Unti1 Abs(x)<0.000001
  Print PI
End Sub
```

在空白处应填写的是（　）。

A）sign+1　　B）- sign　　C）x　　D）k

(43)有如下程序：

```
Private Sub Form_Click()
```

```
  Dim s As Integer,p As Integer
  p = 1
  For i = 1 To 4
    For j = 1 To i
      s = s + j
    Next j
    p = p * s
  Next i
  Print p
End Sub
```

程序运行后，单击窗体，则输出结果是（　）。

A）90　　B）180　　C）400　　D）800

(44) 已知在4行3列的全局数组score(4,3)中存放了4个学生3门课程的考试成绩（均为整数）。现需要计算每个学生的总分，某人编写程序如下：

```
Option Base 1
Private Sub Command1_Click()
  Dim sum As Integer
  sum = 0
  For i = 1 To 4
    For j = 1 To 3
      sum = sum + score(i,j)
    Next j
    Print " 第 " & i & " 个学生的总分是 :"; sum
  Next i
End Sub
```

运行此程序时发现，除第 1 个人的总分计算正确外，其他人的总分都是错误的，程序需要修改。以下修改方案中正确的是（　）。

A）把外层循环语句 For i = 1 To 4 改为 For i = 1 To 3
　内层循环语句 For j = 1 To 3 改为 For j = 1 To 4

B）把 sum = 0 移到 For i = 1 To 4 和 For j = 1 To 3 之间

C）把 sum = sum + score(i,j) 改为 sum = sum + score(j,i)

D）把 sum = sum + score(i,j) 改为 sum = score(i,j)

(45) 在窗体上画一个命令按钮和一个标签，其名称分别为Command1和Label1，然后编写如下事件过程：

```
Private Sub Command1_Click( )
  Counter = 0
  For i = 1 To 4
    For j = 6 To 1 Step -2
      Counter = Counter + 1
    Next j
  Next i
  Label1.Caption = Str(Counter)
End Sub
```

程序运行后，单击命令按钮，标签中显示的内容是（　）。

A）11　　B）12　　C）16　　D）20

(46) 假定有以下程序段

```
For i = 1 To 3
```

```
    For j = 5 To 1 Step -1
      Print i*j
    Next j
  Next i
```

则语句 Print i * j 的执行次数是（　）。

A）15　　B）16　　C）17　　D）18

(47) 在窗体上画一个命令按钮，并编写如下事件过程：

```
Private Sub Command1_Click()
  Dim a(3,3)
  For m = 1 To 3
    For n = 1 To 3
      If n = m Or n = 4-m  Then
        a(m,n) = m+n
      Else
        a(m,n) = 0
      End If
      Print a(m,n);
    Next n
    Print
  Next m
End Sub
```

运行程序，单击命令按钮，窗体上显示的内容为（　）。

A）2 0 0
　 0 4 0
　 0 0 6

B）2 0 4
　 0 4 0
　 4 0 6

C）2 3 0
　 3 4 0
　 0 0 6

D）2 0 0
　 0 4 5
　 0 5 6

(48) 设有如下的程序段：

```
n = 0
For i = 1 To 3
  For j = 1 To i
    For k = j To 3
      n = n + 1
    Next k
  Next j
Next i
```

执行上面的程序段后，n 的值为（　）。

A）3　　B）21　　C）9　　D）14

(49) 运行如下程序

```
Private Sub Command1_Click()
  Dim a(5,5) As Integer
  For i = 1 To 5
    For j = 1 To 4
      a(i,j) = i * 2 + j
      If a(i,j) / 7 = a(i,j) \ 7 Then
```

```
            n = n + 1
          End If
        Next j
      Next
      Print n
    End Sub
```

n 的值是（　）。

A）2　　B）3　　C）4　　D）5

（50）编写如下程序：

```
Private Sub Command1_Click()
  Dim i As Integer,j As Integer
  n = InputBox(" 输入一个大于 1 的正整数 ")
  For i = 2 To n
    For j = 2 To Sqr(i)
      If i Mod j = 0 Then Exit For
    Next j
    If j > Sqr(i) Then Print i
  Next i
End Sub
```

该程序的功能是（　）。

A）判断 n 是否为素数　　B）输出 n 以内所有的奇数

C）输出 n 以内所有的偶数　　D）输出 n 以内所有的素数

（51）有如下程序：

```
Private Sub Command1_Click()
  Dim i As Integer,j As Integer
  Dim sum As Integer
  n = 1
  Do
    j = 1
    Do
      sum = sum + j
      j = j + 1
      Print j;
    Loop Until j > 3
    n = n + 2
  Loop Until n > 10
  Print sum
End Sub
```

运行上述程序，外层 Do 循环执行的次数为（　）。

A）4　　B）5　　C）7　　D）10

（52）设有如下事件过程：

```
Private Sub Command1_Click()
  Dim a
  a = Array(3,5,6,3,2,6,5,3,5,4,3,9,4,5,6,3,5)
  x = 0
  n = UBound(a)
```

```
    For i = 0 To n
      m = 0
      For j = 0 To n
        If a(i) = a(j) Then
          m = m + 1
        End If
      Next j
      If m > x Then x = m: b = a(i)
    Next i
    Print b
  End Sub
```

运行程序，输出是（　）。

A）2　　B）3　　C）5　　D）9

考点12 数组

（1）以下数组定义语句中，错误的是（　）。

A）Static a(10) As Integer
B）Dim c(3,1 To 4)
C）Dim d(–10)
D）Dim b(0 To 5,1 To 3) As Integer

（2）设有如下数组定义语句：

Dim a(–1 To 4,3) As Integer

以下叙述中正确的是（　）。

A）a 数组有 18 个数组元素
B）a 数组有 20 个数组元素
C）a 数组有 24 个数组元素
D）语法有错

（3）语句Dim a(–3 To 4,3 To 6) As Integer 定义的数组的元素个数是（　）。

A）18　　B）28　　C）21　　D）32

（4）语句 Dim Arr(–2 To 4) As Integer 所定义的数组的元素个数为（　）。

A）7 个　　B）6 个　　C）5 个　　D）4 个

（5）下列数组定义中错误的是（　）。

A）Dim a(–5 To –3)　　B）Dim a(3 To 5)　　C）Dim a(–3 To –5)　　D）Dim a(–3 To 3)

（6）下面正确使用动态数组的是（　）。

A）Dim arr() As Integer
…
ReDim arr(3,5)

B）Dim arr() As Integer
…
ReDim arr(50) As String

C）Dim arr()
…
ReDim arr(50) As Integer

D）Dim arr(50) As Integer
…
ReDim arr(20)

（7）窗体上有Command1、Command2两个命令按钮，现编写以下程序：

```
Option Base 0
Dim a( ) As Integer, m As Integer
Private Sub Command1_Click( )
  m = InputBox(" 请输入一个正整数 ")
  ReDim a(m)
End Sub
```

```
Private Sub Command2_Click( )
  m = InputBox(" 请输入一个正整数 ")
  ReDim a(m)
End Sub
```

运行程序时，单击 Command1 后输入整数 10，再单击 Command2 后输入整数 5，则数组 a 中元素的个数是（　）。

A）5　　B）6　　C）10　　D）11

(8) 命令按钮Command1的单击事件过程如下:

```
Private Sub Command1_Click()
  Dim a(10,10) As Integer
  x = 0
  For i = 1 To  3
    For j = 1 To 3
      a(i,j) = i * 2 Mod j
      If x<a(i,j) Then x = a(i,j)
    Next
  Next
  Print x
End Sub
```

执行上述事件过程后，窗体上显示的是（　）。

A）1　　B）2　　C）3　　D）4

(9) 在窗体上画一个名为Command1的命令按钮，然后编写以下程序:

```
Private Sub Command1_Click( )
  Dim M(10) As Integer
  For k = 1 To 10
    M(k) = 12 – k
  Next k
  x = 8
  Print M(2+M(x))
End Sub
```

运行程序，单击命令按钮，在窗体上显示的是（　）。

A）6　　B）5　　C）7　　D）8

(10) 在窗体上画一个名称为Command1的命令按钮，并编写如下程序:

```
Option Base 1
Private Sub Command1_Click()
  Dim a(4,4)
  For i = 1 To 4
    For j = 1 To 4
      a(i,j) = (i – 1) * 3 + j
    Next j
  Next i
  For i = 3 To 4
    For j = 3 To 4
      Print a(j,i);
    Next j
    Print
```

```
    Next i
End Sub
```

运行程序，单击命令按钮，则输出结果为（　　）。

A）6　9
　　7　10

B）7　10
　　8　11

C）8　11
　　9　12

D）9　12
　　10　13

（11）编写如下程序：

```
Private Sub Command1_Click()
    Dim a(3,3) As Integer
    Dim s As Integer
    For i = 1 To 3
        For j = 1 To 3
            a(i,j) = i * j + i
        Next j
    Next i
    s = 0
    For i = 1 To 3
        s = s + a(i,4 – i)
    Next i
    Print s
End Sub
```

程序运行后，单击命令按钮 Command1，输出结果为（　　）。

A）7　　B）13　　C）16　　D）20

（12）命令按钮Command1的事件过程如下：

```
Private Sub Command1_Click()
    Dim arr(5,5) As Integer
    Dim i As Integer,j As Integer
    For i = 1 To 4
        For j = 2 To 4
            arr(i,j) = i + j
        Next j
    Next i
    Print arr(1,3) + arr(3,4)
End Sub
```

执行上述过程，输出结果是（　　）。

A）6　　B）7　　C）11　　D）12

（13）现有程序如下：

```
Option Base 1
Private Sub Form_Click()
    Dim x(5,6) As Integer,y(5) As Integer
    For i = 1 To 5
        For j = 1 To 6
            x(i,j) = Int(Rnd * 9 + 1)
        Next j
    Next i
```

```
    Call f(5,6,x,y)
    For i = 1 To 5
      Print y(i);
    Next i
  End Sub
  Sub f(m As Integer,n As Integer,a() As Integer,b() As Integer)
    For i = 1 To m
      b(i) = 0
      For j = 1 To n
        b(i) = b(i) + a(i,j)
      Next j
    Next i
  End Sub
```

关于上述程序，以下叙述中正确的是（　）。

A）调用过程语句有错，参数不匹配　　B）程序有错，数组下标越界

C）y 数组中保存的是 x 数组每行数据之和　　D）x 数组中数据的取值范围是 1~10

(14) 如下关于变体类型变量的叙述中，错误的是（　）。

A）变体类型数组中只能存放同类型数据

B）使用 Array 初始化的数组变量，必须是 Variant 类型

C）没有声明而直接使用的变量其默认类型均是 Variant

D）在同一程序中，变体类型的变量可以被多次赋予不同类型的数据

(15) 在程序中要使用Array函数给数组arr赋初值，则以下数组变量定义语句中错误的是（　）。

A）Static arr　　B）Dim arr(5)　　C）Dim arr()　　D）Dim arr As Variant

(16) 设有如下一段程序：

```
Private Sub Command1_Click()
  Static a As Variant
  a = Array("one","two","three","four","five")
  Print a(3)
End Sub
```

针对上述事件过程，以下叙述中正确的是（　）。

A）变量声明语句有错，应改为 Static a(5) As Variant

B）变量声明语句有错，应改为 Static a

C）可以正常运行，在窗体上显示 three

D）可以正常运行，在窗体上显示 four

(17) 在窗体上画一个名为Command1的命令按钮，然后编写如下代码：

```
Option Base 1
Private Sub Command1_Click( )
  Dim a
  a = Array(1,2,3,4)
  j = 1
  For i = 4 To 1 Step –1
    s = s + a(i) * j
    j = j * 10
  Next i
  Print s
End Sub
```

运行上面的程序，其输出结果是（　　）。

A）1234　　B）12　　C）34　　D）4321

（18）在窗体上画一个命令按钮，其名称为Command1，然后编写如下代码：

```
Option Base 1
Private Sub Command1_Click()
  Dim a
  a = Array(1,2,3,4)
  j = 1
  For i = 4 To 1 Step -1
    s = s + a(i) * j
    j = j * 10
  Next i
  Print s
End Sub
```

程序运行后，单击命令按钮，其输出结果是（　　）。

A）4321　　B）1234　　C）34　　D）12

（19）在窗体上画一个名称为Text1的文本框和一个名称为Command1的命令按钮，然后编写如下事件过程：

```
Private Sub Command1_Click()
  Dim array1(10,10) As Integer
  Dim i As Integer,j As Integer
  For i = 1 To 3
    For j = 2 To 4
      array1(i,j) = i + j
    Next j
  Next i
  Text1.Text = array1(2,3) + array1(3,4)
End Sub
```

程序运行后，单击命令按钮，在文本框中显示的值是（　　）。

A）15　　B）14　　C）13　　D）12

（20）在窗体上画一个名称为Command1的命令按钮，然后编写如下程序：

```
Option Base 1
Private Sub Command1_Click()
  d = 0
  c = 10
  x = Array(10,12,21,32,24)
  For i = 1 To 5
    If x(i) > c Then
      d = d + x(i)
      c = x(i)
    Else
      d = d - c
    End If
  Next i
  Print d
End Sub
```

程序运行后，如果单击命令按钮，则在窗体上输出的内容为（　　）。

A）89　　B）99　　C）23　　D）77

（21）窗体上有单选钮和列表框控件。单击名称为Option1、标题为"国家"的单选钮，向列表框中添加国家名称，如图所示。

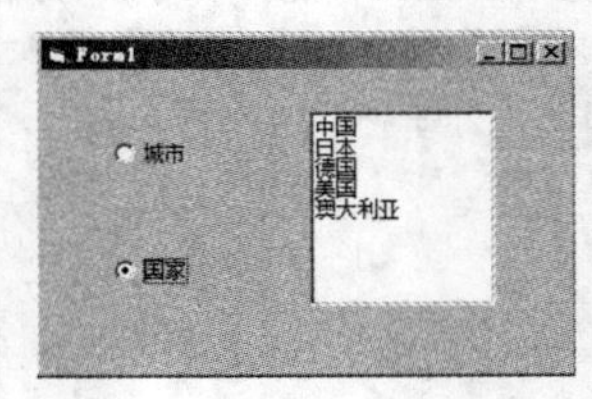

Option1 的单击事件过程如下：

```
Private Sub Option1_Click()
   Dim arr
   arr = Array(" 中国 ", " 日本 ", " 德国 ", " 美国 ", " 澳大利亚 ")
   List1.Clear
   For i = 0 To Ubound(arr)
      List1.AddItem arr(i)
   Next
End Sub
```

以下关于上述代码的叙述中，正确的是（　）。

A）程序有错，没有声明数组的维数及上下界
B）只有一维数组才能使用 Array 为数组赋初值
C）For 循环的终值应为 ListCount-1
D）For 循环的初值应为 1

（22）窗体上有一个名称为Command1的命令按钮，事件过程如下：

```
Private Sub Command1_Click()
   Dim arr_x(5,5) As Integer
   For i = 1 To 3
      For j = 2 To 4
         arr_x(i,j) = i * j
      Next j
   Next i
   Print arr_x(2,1); arr_x(3,2); arr_x(4,3)
End Sub
```

运行程序，并单击命令按钮，窗体上显示的内容为（　）。

A）0 6 0　　B）2 6 0　　C）0 6 12　　D）2 6 12

（23）在窗体上画一个命令按钮和一个标签，其名称分别为Command1和Label1，然后编写如下事件过程：

```
Private Sub Command1_Click()
   Dim arr(10)
   For i = 6 To 10
      arr(i) = i - 5
   Next i
   Label1.Caption = arr(0) + arr(arr(10)/arr(6))
End Sub
```

运行程序，单击命令按钮，则在标签中显示的是（　）。

A）0　　B）1　　C）2　　D）3

（24）在窗体上画一个名称为Text1的文本框，并编写如下程序：

```
Option Base 1
Private Sub Form_Click()
```

```
    Dim arr
    Dim Start As Integer,Finish As Integer
    Dim Sum As Integer
    arr = Array(12,4,8,16)
    Start = LBound(arr)
    Finish = UBound(arr)
    Sum = 0
    For i = Start To Finish
        Sum = Sum + arr(i)
    Next i
    c = Sum / Finish
    Text1.Text = c
End Sub
```

运行程序，单击窗体，则在文本框中显示的是（　　）。

A）40　　B）10　　C）12　　D）16

(25) 编写如下程序：

```
Option Base 1
Private Sub Command1_Click()
    Dim a
    a = Array(1,2,3,4)
    s = 0: j = 1
    For i = 4 To 1 Step -1
        s = s + a(i) * j
        j = j * 10
    Next i
    Print s
End Sub
```

程序运行后，单击命令按钮 Command1，输出结果为（　　）。

A）110　　B）123　　C）1234　　D）4321

(26) 以下关于控件数组的叙述中，正确的是（　　）。

A）数组中各个控件具有相同的名称　　B）数组中可包含不同类型的控件

C）数组中各个控件具有相同的 Index 属性值　　D）数组元素不同，可以响应的事件也不同

(27) 以下关于控件数组的叙述中，错误的是（　　）。

A）各数组元素共用相同的事件过程　　B）各数组元素通过下标进行区别

C）数组可以由不同类型的控件构成　　D）各数组元素具有相同的名称

(28) 要求当鼠标在图片框P1中移动时，立即在图片框中显示鼠标的位置坐标。下面能正确实现上述功能的事件过程是（　　）。

A）
```
Private Sub P1_MouseMove(Button As Integer,Shift As Integer,X As Single,Y As Single)
        Print X,Y
    End Sub
```

B）
```
Private Sub P1_MouseDown(Button As Integer,Shift As Integer,X As Single,Y As Single)
        Picture.Print X,Y
    End Sub
```

C）
```
Private Sub P1_MouseMove(Button As Integer,Shift As Integer,X As Single,Y As Single)
        P1.Print X,Y
    End Sub
```

D）Private Sub Form_MouseMove(Button As Integer,Shift As Integer,X As Single,Y As Single)
```
    P1.Print X,Y
End Sub
```

(29) 窗体上的三个命令按钮构成名称为Command1的控件数组，如图所示。

程序如下：
```
Private Sub Command1_Click(Index As Integer)
  If Index = 1 Then
    Print" 计算机等级考试 "
  End If
  If Index = 2 Then
    Print Command1(2).Caption
  End If
End Sub
```
运行程序，单击"命令按钮 2"，则如下叙述中正确的是（　）。

A）Print Command1(2).Caption 语句有错
B）在窗体上显示"命令按钮 2"
C）在窗体上显示"命令按钮 3"
D）在窗体上显示"计算机等级考试"

(30) 窗体上有一个由两个文本框组成的控件数组，名称为Text1，并有如下事件过程：
```
Private Sub Text1_Change(Index As Integer)
  Select Case Index
    Case 0
      Text1(1).FontSize = Text1(0).FontSize * 2
      Text1(1).Text = Text1(0).Text
    Case 1
      Text1(0).FontSize = Text1(1).FontSize / 2
      Text1(0).Text = Text1(1).Text
    Case Else
      MsgBox " 执行 Else 分支 "
  End Select
End Sub
```
关于上述程序，以下叙述中错误的是（　）。

A）Index 用于标识数组元素
B）本程序中 Case Else 分支的语句永远不会被执行
C）向任何一个文本框输入字符，都会在另一个文本框中显示该字符
D）下标为 0 的文本框中显示的字符尺寸将越来越小

(31) 窗体上已有的3个单选按钮组成了1个名为ChkOpt1的控件数组。用于区分控件数组ChkOpt1中每个元素的属性是（　）。

A）Caption　　B）ListCount　　C）ListIndex　　D）Index

(32) 设在窗体上有一个名称为Check1的复选框数组，并有以下事件过程：
```
Private Sub Check1_Click(Index As Integer)
  …
End Sub
```
则下面叙述中错误的是（　）。

A）单击数组中的任何复选框都会调用此事件过程

B）参数 Index 的值等于单击数组中某个复选框的 Index 属性的值
C）上面的过程是数组中第 1 个复选框的事件过程
D）从过程的首部（即第 1 行）无法确定数组中复选框的个数

(33) 假定通过复制、粘贴操作建立了一个命令按钮数组Command1，以下说法中错误的是（　）。
A）数组中每个命令按钮的名称（Name 属性）均为 Command1
B）若未做修改，数组中每个命令按钮的大小都一样
C）数组中各个命令按钮使用同一个 Click 事件过程
D）数组中每个命令按钮的 Index 属性值都相同

考点13 过程

(1) 窗体上有一个名为Command1的命令按钮，并有下面的程序：

```
Private Sub Command1_Click()
    Dim arr(5) As Integer
    For k = 1 To 5
        arr(k) = k
    Next k
    prog arr()
    For k = 1 To 5
        Print arr(k);
    Next k
End Sub
Sub prog(a() As Integer)
    n = UBound(A)
    For i = n To 2 step -1
        For j = 1 To n-1
            if a(j)<a(j+1) Then
                t = a(j):a(j) = a(j+1):a(j+1) = t
            End If
        Next j
    Next i
End Sub
```

程序运行时，单击命令按钮后显示的是（　）。

A）1 2 3 4 5　　B）5 4 3 2 1　　C）0 1 2 3 4　　D）4 3 2 1 0

(2) 窗体上有三个水平滚动条，名称分别为HSRed、HSGreen和HSBlue，取值范围均是0～255，代表颜色的三种基色。改变滚动框的位置，可以改变三种基色的值，从而改变窗体的背景色，如下图所示。

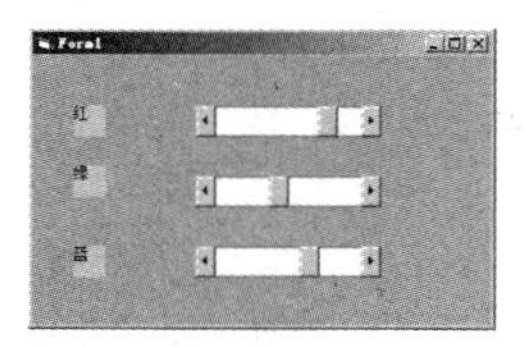

程序代码如下：

```
Dim color(3)As Integer
Private Sub Form_Load()
    Call fill(color())
End Sub
```

```
Private Sub fill(c() As Integer)
  Form1.BackColor = RGB(c(1), c(2), c(3))
End Sub
Private Sub HSRed_Change()
  color(1) = HSRed.Value
  Call fill(color())
End Sub
Private Sub HSGreen_Change()
  color(2) = HSGreen.Value
  Call fill(color())
End Sub
Private Sub HSBlue_Change()
  color(3) = HSBlue.Value
  Call fill(color())
End Sub
```

关于以上程序，如下叙述中错误的是（　）。

A）color 是窗体级整型数组

B）改变任何一个滚动条滚动框的位置，窗体的背景色将立刻随之改变

C）3 个滚动条 Change 事件过程中只设置了一个 color 数组元素的值，调用 fill 过程失败

D）fill 函数定义中的形式参数是数组型参数

(3) 以下过程的功能是从数组中寻找最大值：

```
Private Sub FindMax(a() As Integer,ByRef Max As Integer)
  Dim s As Integer,f As Integer
  Dim i As Integer
  s = LBound(a)
  f = UBound(a)
  Max = a(s)
  For i = s To f
    If a(i) > Max Then Max = a(i)
  Next
End Sub
```

以下关于上述过程的叙述中，错误的是（　）。

A）语句 Call FindMax(a,m) 可以调用该过程，其中的 a 是数组，m 是 Integer 类型变量

B）For 循环次数等于 a 数组的元素数

C）过程末尾应该增加一条返回最大值的语句 FindMax = Max

D）参数 Max 用于存放找到的最大值

(4) 以下过程定义中正确的过程首行是（　）。

A）Private Sub Proc(Optional a as Integer,b as Integer)

B）Private Sub Proc(a as Integer) as Integer

C）Private Sub Proc(a( ) As Integer)

D）Private Sub Proc(ByVal a( ) As Integer)

(5) 在窗体上画一个命令按钮（名称为Command1），并编写如下代码：

```
Function Fun1(ByVal a As Integer,b As Integer) As Integer
  Dim t As Integer
  t = a – b
  b = t + a
```

```
    Fun1 = t + b
  End Function
  Private Sub Command1_Click()
    Dim x As Integer
    x = 10
    Print Fun1(Fun1(x,(Fun1(x,x - 1))),x - 1)
  End Sub
```

程序运行后，单击命令按钮，输出结果是（　　）。

A）10　　B）0　　C）11　　D）21

（6）设有如下通用过程：

```
  Public Function f(x As Integer)
    Dim y As Integer
    x = 20
    y = 2
    f = x * y
  End Function
```

在窗体上画一个命令按钮，其名称为 Command1，然后编写如下事件过程：

```
  Private Sub Command1_Click()
    Static x As Integer
    x = 10
    y = 5
    y = f(x)
    Print x; y
  End Sub
```

程序运行后，如果单击命令按钮，则在窗体上显示的内容是（　　）。

A）10 5　　B）20 40　　C）20 5　　D）10 40

（7）设有如下事件过程：

```
Private Sub Command1_Click()
  Dim a
  a = Array(12,3,8,5,10,3,5,9,2,4)
  For k = 1 To 9
    Print fun(a(k - 1),a(k)); " ";
  Next k
End Sub
Private Function fun(x,y) As Integer
  Do While x > =  y
    x = x - y
  Loop
  fun = x
End Function
```

程序运行时的输出结果是（　　）。

A）4 0 1 0 3 0 0 4 0　　B）0 3 3 5 1 3 5 1 2　　C）9–53–57–2–47–2　　D）9 3 3 5 7 3 5 7 2

（8）下面不能在信息框中输出“VB”的是（　　）。

A）MsgBox "VB"　　B）x = MsgBox("VB")　　C）MsgBox("VB")　　D）Call MsgBox "VB"

（9）编写如下程序：

```
Private Sub Command1_Click()
```

```
    Dim x As Integer,y As Integer
    x = InputBox(" 输入第一个数 ")
    y = InputBox(" 输入第二个数 ")
    Call f(x,y)
    Print x,y
End Sub
Sub f(a As Integer,ByVal b As Integer)
    a = a * 2
    x = a + b
    b = b + 100
End Sub
```

程序运行后，单击命令按钮 Command1，并输入数值 10 和 15，则输出结果为（ ）。

A）10 115　　B）20 115　　C）35 15　　D）20 15

（10）设有如下Command1的单击事件过程及fun过程：

```
    Private Sub Command1_Click()
        Dim x As Integer
        x = Val(InputBox(" 请输入一个整数 "))
        fun(x)
    End Sub
    Private Sub fun(x As Integer)
        If x Mod 2 = 0 Then fun(x / 2)
        Print x;
    End Sub
```

执行上述程序，输入 6，结果是（ ）。

A）3　6　　B）6　3　　C）6　　D）程序死循环

（11）以下说法中正确的是（ ）。

A）事件过程也是过程，只能由其他过程调用

B）事件过程的过程名是由程序设计者命名的

C）事件过程通常放在标准模块中

D）事件过程是用来处理由用户操作或系统激发的事件的代码

（12）命令按钮Command1的单击事件过程如下。

```
    Private Sub Command1_Click()
        x = 10
        Print f(x)
    End Sub
    Private Function f(y As Integer)
        f = y * y
    End Function
```

运行上述程序，如下叙述中正确的是：（ ）。

A）程序运行出错，x 变量的类型与函数参数的类型不符

B）在窗体上显示 100

C）函数定义错，函数名 f 不能又作为变量名

D）在窗体上显示 10

（13）窗体上有一个名称为Command1的命令按钮，一个名称为Text1的文本框。编写如下程序：

```
Private Sub Command1_Click()
    Dim x As Integer
```

```
    x = Val(InputBox(" 输入数据 "))
    Text1 = Str(x + fun(x) + fun(x))
End Sub
Private Function fun(ByRef n As Integer)
    If n Mod 3 = 0 Then
        n = n + n
    Else
        n = n * n
    End If
    fun = n
End Function
```

对于上述程序，以下叙述中错误的是（　　）。

A）语句 fun = n 有错，因为 n 是整型，fun 没有定义类型

B）运行程序，输入值为 5 时，文本框中显示 655

C）运行程序，输入值为 6 时，文本框中显示 42

D）ByRef 表示参数按址传递

(14) 某人编写了下面的程序

```
Private Sub Command1_Click( )
    Dim a As Integer,b As Integer
    a = InputBox(" 请输入整数 ")
    b = InputBox(" 请输入整数 ")
    pro a
    pro b
    Call pro(a + b)
End Sub
Private Sub pro(n As Integer)
    While (n > 0)
        Print n Mod 10;
        n = n \ 10
    Wend
    Print
End Sub
```

此程序功能是：输入两个正整数，反序输出这两个数的每一位数字，再反序输出这两个数之和的每一位数字。例如：若输入 123 和 234，则应该输出：

```
3 2 1
4 3 2
7 5 3
```

但调试时发现只输出了前两行（即两个数的反序），而未输出第 3 行（即两个数之和的反序），程序需要修改。下面的修改方案中正确的是（　　）。

A）把过程 pro 的形式参数 n As Integer 改为 ByVal n As Integer

B）把 Call pro(a + B) 改为 pro a + b

C）把 n = n \ 10 改为 n = n / 10

D）在 pro b 语句之后增加语句 c% = a+b ，再把 Call pro(a + B) 改为 pro c

(15) 以下关于函数过程的叙述中，正确的是（　　）。

A）函数过程形参的类型与函数返回值的类型没有关系

B）在函数过程中，过程的返回值可以有多个

C）当数组作为函数过程的参数时，既能以传值方式传递，也能以传址方式传递

D）如果不指明函数过程参数的类型，则该参数没有数据类型

(16)下面是求最大公约数的函数的首部

```
Function gcd(ByVal x As Integer,ByVal y As Integer) As Integer
```

若要输出 8、12、16 这 3 个数的最大公约数，下面正确的语句是（　）。

A）Print gcd(8,12)，gcd(12,16)，gcd(16,8)　　B）Print gcd(8，12，16)

C）Print gcd(8)，gcd(12)，gcd(16)　　D）Print gcd(8，gcd(12，16))

(17)为了通过传值方式来传送过程参数，在函数声明部分应使用的关键字为（　）。

A）Value　　B）ByVal　　C）ByRef　　D）Reference

(18)以下关于过程及过程参数的描述中，错误的是（　）。

A）调用过程时可以用控件名称作为实际参数

B）用数组作为过程的参数时，使用的是“传地址”方式

C）只有函数过程能够将过程中处理的信息传回到调用的程序中

D）窗体（Form）可以作为过程的参数

(19)以下关于过程及过程参数的描述中，错误的是（　）。

A）过程的参数可以是控件名称

B）调用过程时使用的实参的个数应与过程形参的个数相同（假定不含可变参数）

C）只有函数过程能够将过程中处理的信息返回到调用程序中

D）窗体可以作为过程的参数

(20)窗体上有两个水平滚动条HV、HT，还有一个文本框Text1和一个标题为“计算”的命令按钮Command1，如图所示，并编写了以下程序：

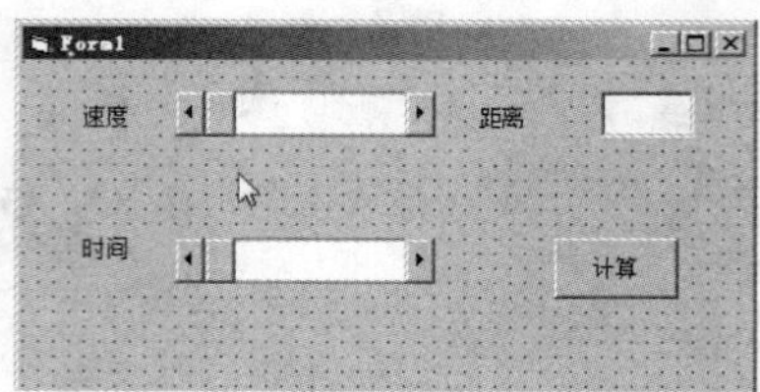


```
Private Sub Command1_Click()
  Call calc(HV.Value,HT.Value)
End Sub
Public Sub calc(x As Integer,y As Integer)
  Text1.Text = x*y
End Sub
```

运行程序，单击“计算”按钮，可根据速度与时间计算出距离，并显示计算结果。

对以上程序，下列叙述中正确的是（　）。

A）过程调用语句不对，应为 calc(HV,HT)

B）过程定义语句的形式参数不对，应为 Sub calc(x As Control,y As Control)

C）计算结果在文本框中显示出来

D）程序不能正确运行

(21)窗体上有一个名称为Picture1的图片框控件，一个名称为Label1的标签控件，如图所示。

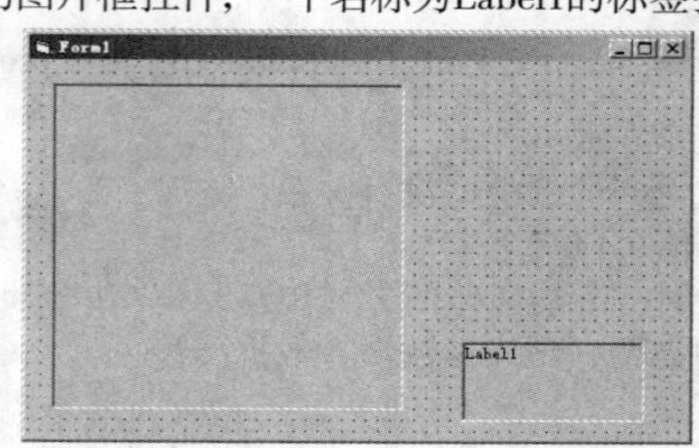

现有如下程序：

```
Public Sub display(x As Control)
  If TypeOf x Is Label Then
    x Caption = " 计算机等级考试 "
  Else
    xPicture = LoadPicture("pic.jpg")
  End If
End Sub
Private Sub Label1_Click()
  Call display(Label1)
End Sub
Private Sub Picture1_Click()
  Call display(Picture1)
End Sub
```

对以上程序，下列叙述中错误的是（　　）。

A）程序运行时会出错

B）单击图片框，在图片框中显示一幅图片

C）过程中的 x 是控件变量

D）单击标签，在标签中显示一串文字

(22) 在窗体上画两个标签和一个命令按钮，其名称分别为Label1、Label2和Command1，然后编写如下程序：

```
Private Sub func(L As Label)
  L.Caption = "1234"
End Sub
Private Sub Form_Load()
  Label1.Caption = "ABCDE"
  Label2.Caption = 10
End Sub
Private Sub Command1_Click()
  a = Val(Label2.Caption)
  Call func(Label1)
  Label2.Caption = a
End Sub
```

程序运行后，单击命令按钮，则在两个标签中显示的内容分别为（　　）。

A）ABCD 和 10　　B）1234 和 100　　C）ABCD 和 100　　D）1234 和 10

(23) 求1! +2! +……+10! 的程序如下。

```
Private Function s(x As Integer)
  f = 1
  For i = 1 To x
    f = f * i
  Next
  s = f
End Function
Private Sub Command1_Click()
  Dim i As Integer
  Dim y As Long
```

```
    For i = 1 To 10
      (      )
    Next
    Print y
  End Sub
```

为实现功能要求，程序的括号中应该填入的内容是（　）。

A）Call s(i)　　B）Call s　　C）y = y + s(i)　　D）y = y + s

（24）现有如下程序：

```
Private Sub Command1_Click()
   s = 0
   For i = 1 To 5
      s = s + f(5 + i)
   Next
   Print s
End Sub
Public Function f(x As Integer)
   If x >= 10 Then
      t = x + 1
   Else
      t = x + 2
   End If
   f = t
End Function
```

运行程序，则窗体上显示的是（　）。

A）38　　B）49　　C）61　　D）70

（25）设有如下通用过程：

```
Public Function Fun(xStr As String) As String
   Dim tStr As String,strL As Integer
   tStr = ""
   strL = Len(xStr)
   i = 1
   Do While i <= strL / 2
      tStr = tStr & Mid(xStr,i,1) & Mid(xStr,strL - i + 1,1)
      i = i + 1
   Loop
   Fun = tStr
End Function
```

在窗体上画一个名称为 Command1 的命令按钮。然后编写如下的事件过程：

```
Private Sub Command1_Click( )
   Dim S1 As String
   S1 = "abcdef"
   Print UCase(Fun(S1))
End Sub
```

程序运行后，单击命令按钮，输出结果是（　）。

A）ABCDEF　　B）abcdef　　C）AFBECD　　D）DEFABC

（26）假定有以下函数过程：

```
Function Fun(S As String) As String
```

```
    Dim s1 As String
    For i = 1 To Len(S)
      s1 = LCase(Mid(S,i,1)) + s1
    Next i
    Fun = s1
  End Function
```

在窗体上画一个命令按钮，然后编写如下事件过程：

```
  Private Sub Command1_Click( )
    Dim Str1 As String,Str2 As String
    Str1 = InputBox(" 请输入一个字符串 ")
    Str2 = Fun(Str1)
    Print Str2
  End Sub
```

程序运行后，单击命令按钮，如果在输入对话框中输入字符串“abcdefg”，则单击“确定”按钮后在窗体上的输出结果为（　）。

A）ABCDEFG　　B）abcdefg　　C）GFEDCBA　　D）gfedcba

（27）假定有以下通用过程：

```
  Function Fun(n As Integer) As Integer
    x = n * n
    Fun = x - 11
  End Function
```

在窗体上画一个命令按钮，其名称为 Command1，然后编写如下事件过程：

```
  Private Sub Command1_Click()
    Dim i As Integer
    For i = 1 To 2
      y = Fun(i)
      Print y;
    Next i
  End Sub
```

程序运行后，单击命令按钮，在窗体上显示的内容是（　）。

A）1 3　　B）10 8　　C）-10 -7　　D）0 5

（28）编写如下程序：

```
  Private Sub Command1_Click()
    Dim m As Integer,n As Integer
    n = 2
    For m = 1 To 3
      Print proc(n);
    Next m
  End Sub
  Function proc(i As Integer)
    Dim a As Integer
    Static b As Integer
    a = a + 1
    b = b + 1
    proc = a * b + i
  End Function
```

程序运行后，单击命令按钮 Command1，输出结果为（　）。

A）3 3 3　　B）3 4 5　　C）3 5 6　　D）1 2 3

考点14 键盘与鼠标事件过程

（1）关于KeyPress事件，以下叙述中正确的是（　）。

A）在控件数组的控件上按键盘键，不能触发 KeyPress 事件

B）按下键盘上任一个键时，都能触发 KeyPress 事件

C）按字母键时，拥有焦点的控件的 KeyPress 事件会被触发

D）窗体没有 KeyPress 事件

（2）下列事件的事件过程中，参数是输入字符ASCII码的是（　）。

A）KeyDown 事件　　B）KeyUp 事件　　C）KeyPress 事件　　D）Change 事件

（3）窗体上有一个Text1文本框，并编写了下面事件过程：

```
Private Sub Text1_KeyPress(KeyAscii As Integer)
    KeyAscii = KeyAscii + 3
End Sub
```

程序运行时，在文本框中输入字符“A”，则在文本框中实际显示的是（　）。

A）A　　B）B　　C）C　　D）D

（4）在窗体上画一个命令按钮和一个文本框（名称分别为Command1和Text1），并把窗体的KeyPreview属性设置为True，然后编写如下代码：

```
Dim SaveAll As String
Private Sub Form_Load()
    Show
    Text1.Text = ""
    Text1.SetFocus
End Sub
Private Sub Command1_Click()
    Text1.Text = LCase(SaveAll) + SaveAll
End Sub
Private Sub Form_KeyPress(KeyAscii As Integer)
    SaveAll = SaveAll + Chr(KeyAscii)
End Sub
```

程序运行后，直接用键盘输入 VB，再单击命令按钮，则文本框中显示的内容为（　）。

A）vbVB　　B）不显示任何信息　　C）VB　　D）出错

（5）以下关于键盘事件的叙述中，错误的是（　）。

A）按下键盘按键既能触发 KeyPress 事件，也能触发 KeyDown 事件

B）KeyDown、KeyUp 事件过程中，大、小写字母被视作相同的字符

C）KeyDown、KeyUp 事件能够识别 Shift、Alt、Ctrl 等键

D）KeyCode 是 KeyPress 事件的参数

（6）下面不是键盘事件的是（　）。

A）KeyDown　　B）KeyUp　　C）KeyPress　　D）KeyCode

（7）文本框Text1的KeyDown事件过程如下：

```
Private Sub Text1_KeyDown(KeyCode As Integer,Shift As Integer)
    …
End Sub
```

其中参数 KeyCode 的值表示的是发生此事件时（　）。

A）是否按下了 Alt 键或 Ctrl 键　　B）按下的是哪个数字键

C）所按的键盘键的键码　　D）按下的是哪个鼠标键

(8) 以下说法中正确的是（　）。

A）当焦点在某个控件上时，按下一个字母键，就会执行该控件的 KeyPress 事件过程

B）因为窗体不接受焦点，所以窗体不存在自己的 KeyPress 事件过程

C）若按下的键相同，KeyPress 事件过程中的 KeyAscii 参数与 KeyDown 事件过程中的 KeyCode 参数的值也相同

D）在 KeyPress 事件过程中，KeyAscii 参数可以省略

(9) VB中有3个键盘事件：KeyPress、KeyDown、KeyUp，若光标在Text1文本框中，则每输入一个字母（　）。

A）这 3 个事件都会触发　　B）只触发 KeyPress 事件

C）只触发 KeyDown、KeyUp 事件　　D）不触发其中任何一个事件

(10) 窗体上有两个名称分别为Text1、Text2的文本框。Text1的KeyUp事件过程如下：

```
Private Sub Text1_KeyUp(KeyCode As Integer,Shift As Integer)
  Dim c As String
  c = UCase(Chr(KeyCode))
  Text2.Text = Chr(Asc(C)+ 2)
End Sub
```

当向文本框 Text1 中输入小写字母 a 时，文本框 Text2 中显示的是（　）。

A）A　　B）a　　C）C　　D）c

(11) 窗体上有一个名称为Text1、内容为空的文本框。编写如下事件过程：

```
Private Sub Text1_KeyUp(KeyCode As Integer，Shift As Integer)
  Print Text1.Text;
End Sub
```

运行程序，并在文本框中输入“123”，则在窗体上的输出结果为（　）。

A）123　　B）112　　C）12123　　D）112123

(12) 若看到程序中有以下事件过程，则可以肯定的是，当程序运行时

```
Private Sub Click_MouseDown(Button As Integer,_
  Shift As Integer,X As Single,Y As Single)
  Print "VB Program"
End Sub
```

（　）。

A）用鼠标左键单击名称为“Command1”的命令按钮时，执行此过程

B）用鼠标左键单击名称为“MouseDown”的命令按钮时，执行此过程

C）用鼠标右键单击名称为“MouseDown”的控件时，执行此过程

D）用鼠标左键或右键单击名称为“Click”的控件时，执行此过程

(13) 窗体的MouseUp事件过程如下：

```
Private Sub Form_MouseUp(Button As Integer,Shift As Integer,X As Single,Y As Single)
  ……
End Sub
```

关于以上定义，以下叙述中错误的是（　）。

A）根据 Shift 参数，能够确定使用转换键的情况

B）根据 X、Y 参数可以确定触发此事件时鼠标的位置

C）Button 参数的值是在 MouseUp 事件发生时，系统自动产生的

D）MouseUp 是鼠标向上移动时触发的事件

(14) 编写如下程序：

```
Private Sub Form_Click()
    Print "Welcome!"
End Sub
Private Sub Form_MouseDown(Button As Integer,Shift As Integer,X As Single,Y As Single)
    Print " 欢迎 !"
End Sub
Private Sub Form_MouseUp(Button As Integer,Shift As Integer,X As Single,Y As Single)
    Print " 热烈欢迎 !"
End Sub
```

程序运行后，单击窗体，输出结果为（　）。

A）欢迎！
热烈欢迎！
Welcome!

B）欢迎！
Welcome!
热烈欢迎！

C）Welcome!
欢迎！
热烈欢迎！

D）Welcome!
热烈欢迎！
欢迎！

（15）设有窗体的Form_MouseMove事件过程如下：

```
Private Sub Form_MouseMove(Button As Integer,Shift As Integer,X As Single,Y As Single)
    If (Button And 3) = 3 Then
        Print " 检查按键 "
    End If
End Sub
```

关于上述过程，以下叙述中正确的是（　）。

A）按下鼠标左键时，在窗体上显示“检查按键”

B）按下鼠标右键时，在窗体上显示“检查按键”

C）同时按下鼠标左、右键时，在窗体上显示“检查按键”

D）不论做何种操作，窗体上都不会显示

（16）要求在程序运行时，如果按住鼠标左键不放而移动鼠标，鼠标的位置坐标同步显示在窗体右上角的标签（名称为Label1）中，如图所示，放开鼠标左键后，停止同步显示，下面可以实现此功能的程序是（　）。

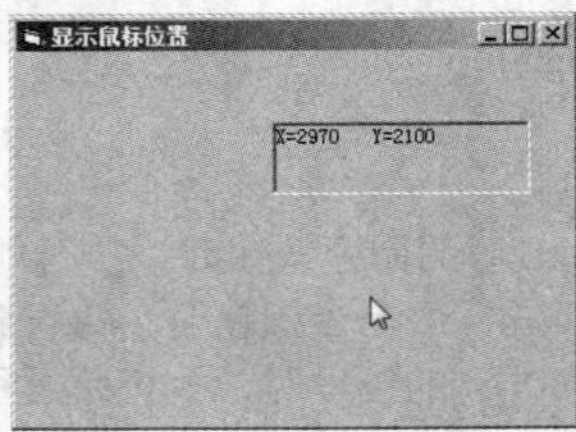

A）
```
Private Sub Form_MouseDown(Button As Integer,Shift As Integer,X As Single,Y As Single)
    If Button = 1 Then
        Label1 = "X = " & X & "   Y = " & Y
    End If
End Sub
```

B）
```
Private Sub Form_MouseUp(Button As Integer,Shift As Integer,X As Single,Y As Single)
    If Button = 1 Then
        Label1 = "X = " & X & "   Y = " & Y
    End If
End Sub
```

C）
```
Private Sub Form_MouseMove(Button As Integer,Shift As Integer,X As Single,Y As Single)
```

```
    If Button = 1 Then
       Label1 = "X = " & X & "   Y = " & Y
    End If
  End Sub
```

D）Private Sub Form_MouseMove(Button As Integer,Shift As Integer,X As Single,Y As Single)

```
      Label1 = "X = " & X & "   Y = " & Y
  End Sub
```

(17) 下列操作说明中，错误的是（　）。

A）在具有焦点的对象上进行一次按下字母键操作，会引发 KeyPress 事件
B）可以通过 MousePointer 属性设置鼠标光标的形状
C）不可以在属性窗口设置 MousePointer 属性
D）可以在程序代码中设置 MousePointer 属性

(18) 用鼠标拖放控件要触发两个事件，这两个事件是（　）。

A）DragOver 事件和 DragDrop 事件　　B）Drag 事件和 DragDrop 事件
C）MouseDown 事件和 KeyDown 事件　　D）MouseUp 事件和 KeyUp 事件

考点15 菜单程序设计

(1) 以下打开Visual Basic菜单编辑器的操作中，错误的是（　）。

A）执行“编辑”菜单中的“菜单编辑器”命令
B）执行“工具”菜单中的“菜单编辑器”命令
C）单击工具栏中的“菜单编辑器”按钮
D）右键单击窗体，在弹出的快捷菜单中选择“菜单编辑器”命令

(2) 如果一个菜单项的Enabled属性被设置为False，则程序运行时，该菜单项（　）。

A）不显示　　B）显示但无效　　C）有效可用　　D）不显示但有效可用

(3) 在菜单编辑器中建立如下图所示的菜单，并为每个菜单项编写了鼠标单击事件过程。

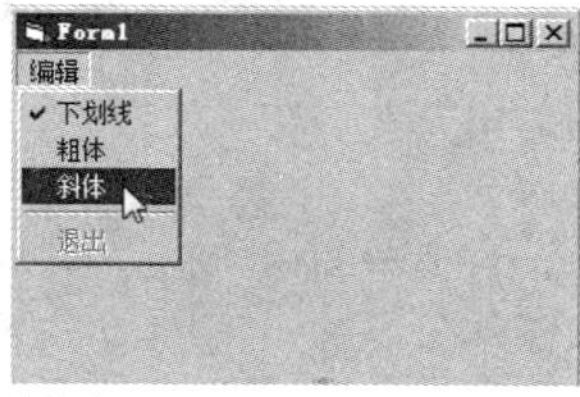

关于此菜单，以下叙述中错误的是（　）。

A）针对此菜单进行操作，单击“斜体”菜单项时，将执行它的鼠标单击事件过程
B）针对此菜单进行操作，单击“下划线”菜单项时，“√”被去掉
C）针对此菜单进行操作，单击“退出”菜单项时，不能执行对应的单击事件过程
D）针对此菜单进行操作，单击“编辑”菜单项时，打开下拉菜单，但不执行相应的单击事件过程

(4) 在利用菜单编辑器设计菜单时，为了把组合键“Alt+X”设置为“退出(X)”菜单项的访问键，可以将该菜单项的标题设置为（　）。

A）退出 (X&)　　B）退出 (&X)　　C）退出 (X#)　　D）退出 (#X)

(5) 以下关于菜单的叙述中，错误的是（　）。

A）当窗体为活动窗体时，用 Ctrl + E 键可以打开菜单编辑器
B）把菜单项的 Enabled 属性设置为 False，则可删除该菜单项

C）弹出式菜单在菜单编辑器中设计

D）程序运行时，利用控件数组可以实现菜单项的增加或减少

(6) 设工程文件中包名称分别为Form1、Form2的两个窗体，且Form1的菜单属性设置如下：

标题(p)	名称(m)	内缩符号	Index
窗体	Mnu()	无	
显示窗体2	Mnu 1	1	1
退出	Mnu 1	1	2

窗体 Form1 中的程序如下：

```
Dim Flag As Boolean
Private Sub Form_Load()
   Flag = True
End Sub
Private Sub mnu1_Click(index As Integer)
  If Index = 1 Then
     If Flag = True Then
        Form2.show
        mnu1(1).Caption = " 隐藏窗体 2"
        Flag = False
     Else
        Form2.Hide
        mnu1(1).Caption = " 显示窗体 2"
        Flag = True
     End If
  End If
  If Index = 2 Then End
End Sub
```

关于上述程序，以下叙述中错误的是（　）。

A）Index 属性的值可以用来区分控件数组元素

B）Index 为 1 的菜单项的标题可能会改变

C）两个名称均为 Mnu1 的菜单项构成一个控件数组

D）语句 Form2.Hide 将 Form2 卸载

(7) 窗体上有一个菜单编辑器设计的菜单。运行程序，并在窗体上单击鼠标右键，则弹出一个快捷菜单，如下图所示。下列说法错误的是（　）。

A）在设计“粘贴”菜单项时，在菜单编辑器窗口中设置了“有效”属性（有“√”）

B）菜单中的横线是在该菜单项的标题输入框中输入了一个“-”（减号）字符

C）在设计“选中”菜单项时，在菜单编辑器窗口中设置了“复选”属性（有“√”）

D）在设计该弹出菜单的主菜单项时，在菜单编辑器窗口中去掉了“可见”前面的“√”

(8) 设运行程序时弹出的菜单如图所示。关于该菜单，以下叙述中错误的是（　）。

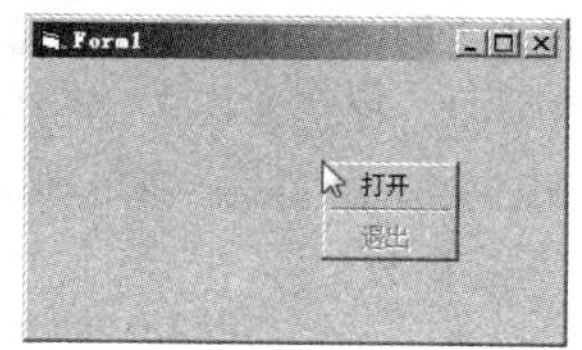

A）菜单中能够显示分隔线是因为该菜单项的标题为“-”
B）分隔线对应的菜单项的 Name 属性可以为空
C）“退出”菜单项的有效性属性被设为 False
D）使用 PopupMenu 方法能够显示如图所示的菜单

考点16 对话框程序设计

(1) 窗体上有一个名称为CD1的通用对话框控件和由四个命令按钮组成的控件数组Command1，其下标从左到右分别为0、1、2、3，窗体外观如图所示。

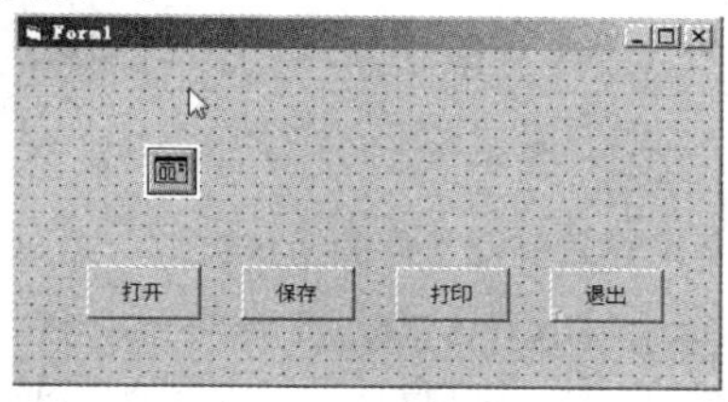

命令按钮的事件过程如下：

```
Private Sub Command1_Click(Index As Integer)
   Select Case Index
      Case 0
         CD1.Action = 1
      Case 1
         CD1.ShowSave
      Case 2
         CD1.Action = 5
      Case 3
      End
   End Select
End Sub
```

对上述程序，下列叙述中错误的是（　）。
A）单击“打开”按钮，显示打开文件的对话框
B）单击“保存”按钮，显示保存文件的对话框
C）单击“打印”按钮，能够设置打印选项，并执行打印操作
D）单击“退出”按钮，结束程序的运行

(2) 以下叙述中错误的是（　）。
A）在程序运行时，通用对话框控件是不可见的
B）调用同一个通用对话框控件的不同方法（如 ShowOpen 或 ShowSave）可以打开不同的对话框窗口
C）调用通用对话框控件的 ShowOpen 方法，能够直接打开在该通用对话框中指定的文件
D）调用通用对话框控件的 ShowColor 方法，可以打开颜色对话框窗口

(3) 以下关于通用对话框的叙述中，错误的是（　）。
A）在程序运行状态下，通用对话框控件是不显示的
B）通用对话框控件是 Visual Basic 的标准控件

C）设计时，通用对话框控件的大小是固定的，不能改变

D）在同一个程序中，一个通用对话框控件可以作为打开、保存等多种对话框

(4) 在窗体上画一个通用对话框，其名称为CommonDialog1，则下列与CommonDialog1.ShowOpen方法等效的语句是（　）。

A）CommonDialog1.Action = 1　　B）CommonDialog1.Action = 2

C）CommonDialog1.Action = 3　　D）CommonDialog1.Action = 4

(5) 窗体上有一个名称为CD1的通用对话框，一个名称为Command1的命令按钮，相应的事件过程如下：

```
Private Sub Command1_Click()
    CD1.Filter = "All File|*.*|Text File|*.txt|Word|*.Doc"
    CD1.FilterIndex = 2
    CD1.FileName = "E:\Test.ppt"
    CD1.InitDir = "E:\"
    CD1.ShowOpen
End Sub
```

关于上述程序，以下叙述中正确的是（　）。

A）初始过滤器为“*.*”

B）指定的初始目录为“E:\”

C）以上程序代码实现打开文件的操作

D）由于指定文件类型是 .ppt，所以导致打开文件的操作失败

(6) 在窗体上画一个通用对话框，程序运行中用ShowOpen方法显示“打开”对话框时，希望在该对话框的“文件类型”栏中只显示扩展名为DOC的文件，则在设计阶段应把通用对话框的Filter属性设置为（　）。

A）"(*.DOC)*.DOC"　　B）"(*.DOC)|(.DOC)"　　C）"(*.DOC)||*.DOC"　　D）"(*.DOC)|*.DOC"

(7) 窗体上有一个名称为CD1的通用对话框，一个名称为Command1的命令按钮，相应的事件过程如下：

```
Private Sub Command1_Click()
    CD1.Filter = "All File|*.*|Text File|*.txt|PPT|*.ppt"
    CD1.FilterIndex = 2
    CD1.InitDir = "C:\"
    CD1.FileName = "default"
    CD1.ShowSave
End Sub
```

关于上述过程，以下叙述中正确的是（　）。

A）默认过滤器为“*.ppt”　　B）指定的初始目录为“C:\”

C）打开的文件对话框的标题为“default”　　D）上面事件过程实现保存文件的操作

(8) 下列关于利用通用对话框产生的文件对话框的相关属性的描述中，错误的是（　）。

A）InitDir 属性用于设置对话框中显示的起始目录

B）Filter 属性用于设置对话框默认的过滤器

C）DefaultExt 属性用于设置对话框中默认的文件类型

D）FileTitle 属性用于存放对话框中所选择的文件名

(9) 在设窗体上有一个通用对话框控件CD1，希望在执行下面程序时，打开如图所示的文件对话框：

```
Private Sub Command1_Click()
    CD1.DialogTitle = " 打开文件 "
    CD1.InitDir = "C ："
    CD1.Filter = " 所有文件 |*.*|Word 文档 |*.doc| 文本文件 |*.txt"
    CD1.FileName = ""
    CD1.Action = 1
```

```
    If CD1.FileName = ""Then
      Print" 未打开文件 "
    Else
      Print" 要打开文件 "& CD1.FileName
    End If
End Sub
```

但实际显示的对话框中列出了 C 目录下的所有文件和文件夹,"文件类型"一栏中显示的是"所有文件"。下面的修改方案中正确的是（　）。

A）把 CD1.Action = 1 改为 CD1.Action = 2

B）把"CD1.Filter ="后面字符串中的"所有文件"改为"文本文件"

C）在语句 CD1.Action = 1 的前面添加：CD1.FilterIndex = 3

D）把 CD1.FileName = "" 改为 CD1.FileName = " 文本文件 "

(10) 下列关于通用对话框CommonDialog1的叙述中，错误的是（　）。

A）只要在"打开"对话框中选择了文件，并单击"打开"按钮，就可以将选中的文件打开

B）使用 CommonDialog1.ShowColor 方法，可以显示"颜色"对话框

C）CancelError 属性用于控制用户单击"取消"按钮关闭对话框时，是否显示出错警告

D）在显示"字体"对话框前，必须先设置 CommonDialog1 的 Flags 属性，否则会出错

考点17 多重窗体程序设计与环境应用

(1) 以下关于多重窗体程序的叙述中，错误的是（　）。

A）对于多重窗体程序，需要单独保存每个窗体

B）在多重窗体程序中，可以根据需要指定启动窗体

C）在多重窗体程序中，各窗体的菜单是彼此独立的

D）用 Hide 方法不仅可以隐藏窗体，而且还可以清除内存中的窗体

(2) 下面有关标准模块的叙述中，错误的是（　）。

A）标准模块不完全由代码组成，还可以有窗体

B）标准模块中的 Private 过程不能被工程中的其他模块调用

C）标准模块的文件扩展名为 .bas

D）标准模块中的全局变量可以被工程中的任何模块引用

(3) 在标准模块中用Public关键字定义的变量，其作用域为（　）。

A）本模块所有过程　　B）整个工程　　C）所有窗体　　D）所有标准模块

(4) 以下关于变量作用域的叙述中错误的是（　）。

A）在窗体模块的声明部分声明的 Private 变量，其作用域是窗体内的所有过程

B）在标准模块的声明部分声明的 Private 变量，其作用域是模块内的所有过程

C）在窗体模块的声明部分声明的 Pubilc 变量，其作用域是本窗体的所有过程
D）在标准模块的声明部分声明的 Pubilc 变量，其作用域是应用程序的所有过程

（5）设有如下程序。

```
Option Base 1
Dim a(3,4) As Integer,b(4,3) As Integer
Private Sub Command1_Click()
  '循环 1
  For i = 1 To 3
    For j = 1 To 4
      b(j,i)=a(i,j)
    Next j
  Next i
  '循环 2
  x = b(1,1)
  For i = 1 To 4
    For j = 1 To 3
      Print b(i,j);
      If x < b(i,j) Then x = b(i,j)
    Next j
    Print
  Next i
End Sub
```

程序中的数组 a 已被赋值。以下关于上述程序的叙述中，正确的是（　）。
A）窗体模块中，不能使用 Dim 声明 a、b 数组
B）“循环 1”可以正常运行
C）“循环 2”中循环变量 i、j 的终值不对，所以不能正常运行
D）程序可以正常运行，x 中保存的是数组 b 中所有元素中最小的数

（6）下面关于标准模块的叙述中，错误的是（　）。
A）标准模块中可以声明全局变量
B）标准模块中可以包含一个 Sub Main 过程，但此过程不能被设置为启动过程
C）标准模块中可以包含一些 Public 过程
D）一个工程中可以含有多个标准模块

（7）以下叙述中错误的是（　）。
A）Sub Main 是定义在标准模块中的特定过程
B）一个工程中只能有一个 Sub Main 过程
C）Sub Main 过程不能有返回值
D）当工程中含有 Sub Main 过程时，工程执行时一定最先执行该过程

（8）Visual Basic中的“启动对象”是指启动Visual Basic应用程序时，被自动加载并首先执行的对象。下列关于Visual Basic“启动对象”的描述中，错误的是（　）。
A）“启动对象”可以是指定的标准模块
B）“启动对象”可以是指定的窗体
C）“启动对象”可以是 Sub Main 过程
D）若没有经过设置，则默认的“启动对象”是第一个被创建的窗体

考点18 数据文件

(1) 设有语句

```
Open "c:\Test.Dat" For Output  As #1
```

则以下叙述中错误的是（　　）。

A）该语句打开 C 盘根目录下的一个文件 Test.Dat，如果该文件不存在则出错

B）该语句打开 C 盘根目录下一个名为 Test.Dat 的文件，如果该文件不存在则创建该文件

C）该语句打开文件的文件号为 1

D）执行该语句后，就可以通过 Print # 语句向文件 Test.Dat 中写入信息

(2) 在窗体上画一个名称为Command1的命令按钮，并编写如下程序：

```
Private Type Record
  ID As Integer
  Name As String * 20
End Type
Private Sub Command1_Click()
  Dim MaxSize,NextChar,MyChar
  Open "d:\temp\female.txt" For Input As #1
  MaxSize = LOF(1)
  For NextChar = MaxSize To 1 Step -1
    MyChar = Input(1,#1)
  Next NextChar
  Print EOF(1)
  Close #1
End Sub
```

运行程序，单击命令按钮，其输出结果为（　　）。

A）True　　B）False　　C）0　　D）Null

(3) 顺序文件在一次打开期间（　　）。

A）只能读，不能写　　B）只能写，不能读　　C）既可读，又可写　　D）或者只读，或者只写

(4) 某人编写了下面的程序，希望能把Text1文本框中的内容写到out.txt文件中。

```
Private Sub Command1_Click()
  Open "out.txt" For Output As #2
  Print "Text1"
  Close #2
End Sub
```

调试时发现没有达到目的，为实现上述目的，应做的修改是（　　）。

A）把 Print "Text1" 改为 Print #2,Text1　　B）把 Print "Text1" 改为 Print Text1

C）把 Print "Text1" 改为 Write "Text1"　　D）把所有 #2 改为 #1

(5) 以下叙述中错误的是（　　）。

A）Print # 语句和 Write # 语句都可以向文件中写入数据

B）用 Print # 语句和 Write # 语句所建立的顺序文件格式总是一样的

C）如果用 Print # 语句把数据输出到文件，则各数据项之间没有逗号分隔，字符串也不加双引号

D）如果用 Write # 语句把数据输出到文件，则各数据项之间自动插入逗号，并且把字符串加上双引号

(6) 设在工程文件中有一个标准模块，其中定义了如下记录类型：

```
Type Books
```

```
    Name As String * 10
    TelNum As String * 20
  End Type
```

在窗体上画一个名为 Command1 的命令按钮，要求当执行事件过程 Command1_Click 时，在顺序文件 Person.txt 中写入一条 Books 类型的记录。下列能够完成该操作的事件过程是（　）。

A）
```
Private Sub Command1_Click()
    Dim B As Books
    Open "Person.txt" For Output As #1
    B.Name = InputBox(" 输入姓名 ")
    B.TelNum = InputBox(" 输入电话号码 ")
    Write #1,B.Name,B.TelNum
    Close #1
End Sub
```

B）
```
Private Sub Command1_Click()
    Dim B As Books
    Open "Person.txt" For Input As #1
    B.Name = InputBox(" 输入姓名 ")
    B.TelNum = InputBox(" 输入电话号码 ")
    Print #1,B.Name,B.TelNum
    Close #1
End Sub
```

C）
```
Private Sub Command1_Click()
    Dim B As Books
    Open "Person.txt" For Output As #1
    B.Name = InputBox(" 输入姓名 ")
    B.TelNum = InputBox(" 输入电话号码 ")
    Write #1,B
    Close #1
End Sub
```

D）
```
Private Sub Command1_Click()
    Open "Person.txt" For Input As #1
    Name = InputBox(" 输入姓名 ")
    TelNum = InputBox(" 输入电话号码 ")
    Print #1,Name,TelNum
    Close #1
End Sub
```

(7) 设在工程文件中有一个标准模块，其中定义了如下记录类型：

```
  Type Books
    Name As String * 10
    TelNum As String * 20
  End Type
```

在窗体上画一个名为 Command1 的命令按钮，要求当执行事件过程 Command1_Click 时，在顺序文件 Person.txt 中写入一条记录。下列能够完成该操作的事件过程是（　）。

A）
```
Private Sub Command1_Click()
    Dim B As Books
    Open "c:\Person.txt" For Output As #1
    B.Name = InputBox(" 输入姓名 ")
    B.TelNum = InputBox(" 输入电话号码 ")
    Write #1,B.Name,B.TelNum
    Close #1
End Sub
```

B）
```
Private Sub Command1_Click()
    Dim B As Books
    Open "c:\Person.txt" For Input As #1
    B.Name = InputBox(" 输入姓名 ")
    B.TelNum = InputBox(" 输入电话号码 ")
    Print #1,B.Name,B.TelNum
    Close #1
End Sub
```

C）
```
Private Sub Command1_Click()
    Dim B As Books
    Open "c:\Person.txt" For Output As #1
    B.Name = InputBox(" 输入姓名 ")
    B.TelNum = InputBox(" 输入电话号码 ")
    Write #1,B
    Close #1
End Sub
```

D）
```
Private Sub Command1_Click()
    Open "c:\Person.txt" For Input As #1
    Name = InputBox(" 输入姓名 ")
    TelNum = InputBox(" 输入电话号码 ")
    Print  #1,Name,TelNum
    Close #1
End Sub
```

(8) 某人编写了下面的程序，希望能把Text1文本框中的内容写到out.txt文件中。

```
Private Sub Command1_Click()
  Open "out.txt" For Output As #2
```

```
  Print "Text1"
  Close #2
End Sub
```

调试时发现没有达到目的，为实现上述目的，应做的修改是（　　）。

A）把 Print "Text1" 改为 Print #2,Text1　　B）把 Print "Text1" 改为 Print Text1

C）把 Print "Text1" 改为 Write "Text1"　　D）把所有 #2 改为 #1

(9) 以下叙述中错误的是（　　）。

A）Print # 语句和 Write # 语句都可以向文件中写入数据

B）用 Print # 语句和 Write # 语句所建立的顺序文件格式总是一样的

C）如果用 Print # 语句把数据输出到文件，则各数据项之间没有逗号分隔，字符串也不加双引号

D）如果用 Write # 语句把数据输出到文件，则各数据项之间自动插入逗号，并且把字符串加上双引号

(10) 设在工程文件中有一个标准模块，其中定义了如下记录类型：

```
Type Books
  Name As String * 10
  TelNum As String * 20
End Type
```

在窗体上画一个名为 Command1 的命令按钮，要求当执行事件过程 Command1_Click 时，在顺序文件 Person.txt 中写入一条 Books 类型的记录。下列能够完成该操作的事件过程是（　　）。

A）
```
Private Sub Command1_Click()
    Dim B As Books
    Open "Person.txt" For Output As #1
    B.Name = InputBox(" 输入姓名 ")
    B.TelNum = InputBox(" 输入电话号码 ")
    Write #1,B.Name,B.TelNum
    Close #1
  End Sub
```

B）
```
Private Sub Command1_Click()
    Dim B As Books
    Open "Person.txt" For Input As #1
    B.Name = InputBox(" 输入姓名 ")
    B.TelNum = InputBox(" 输入电话号码 ")
    Print #1,B.Name,B.TelNum
    Close #1
  End Sub
```

C）
```
Private Sub Command1_Click()
    Dim B As Books
    Open "Person.txt" For Output As #1
    B.Name = InputBox(" 输入姓名 ")
    B.TelNum = InputBox(" 输入电话号码 ")
    Write #1,B
    Close #1
  End Sub
```

D）
```
Private Sub Command1_Click()
    Open "Person.txt" For Input As #1
    Name = InputBox(" 输入姓名 ")
    TelNum = InputBox(" 输入电话号码 ")
    Print #1,Name,TelNum
    Close #1
  End Sub
```

(11) 设在工程文件中有一个标准模块，其中定义了如下记录类型：

```
Type Books
  Name As String * 10
  TelNum As String * 20
End Type
```

在窗体上画一个名为 Command1 的命令按钮，要求当执行事件过程 Command1_Click 时，在顺序文件 Person.txt 中写入一条记录。下列能够完成该操作的事件过程是（　　）。

A）
```
Private Sub Command1_Click()
    Dim B As Books
    Open "c:\Person.txt" For Output As #1
    B.Name = InputBox(" 输入姓名 ")
    B.TelNum = InputBox(" 输入电话号码 ")
```

B）
```
Private Sub Command1_Click()
    Dim B As Books
    Open "c:\Person.txt" For Input As #1
    B.Name = InputBox(" 输入姓名 ")
    B.TelNum = InputBox(" 输入电话号码 ")
```

```
    Write #1,B.Name,B.TelNum
    Close #1
  End Sub
```

C）
```
Private Sub Command1_Click()
    Dim B As Books
    Open "c:\Person.txt" For Output As #1
    B.Name = InputBox(" 输入姓名 ")
    B.TelNum = InputBox(" 输入电话号码 ")
    Write #1,B
    Close #1
  End Sub
```

```
    Print #1,B.Name,B.TelNum
    Close #1
  End Sub
```

D）
```
Private Sub Command1_Click()
    Open "c:\Person.txt" For Input As #1
    Name = InputBox(" 输入姓名 ")
    TelNum = InputBox(" 输入电话号码 ")
    Print  #1,Name,TelNum
    Close #1
  End Sub
```

(12) 窗体上有一个名称为Text1的文本框，一个名称为CD1的通用对话框，一个标题为“打开文件”的命令按钮，如图所示。

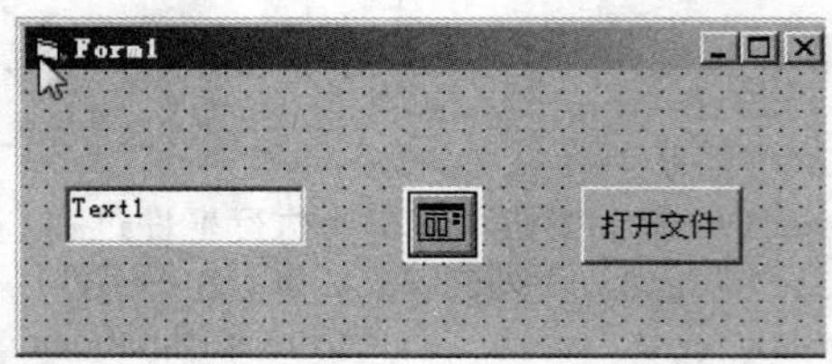

命令按钮的单击事件过程如下：

```
Private Sub Command1_Click()
  CD1.ShowOpen
  Open CD1.FileName For Input As#1
  MsgBox CD1.FileName
  Line Input#1,s
  Text1.Text = s
  Close#1
End Sub
```

单击命令按钮，执行以上事件过程，打开选定的文件，读取文件的内容并显示在文本框中。以下叙述中正确的是（　）。

A）程序没有错误，可以正确完成打开文件、读取文件中内容的操作

B）执行 Open 命令时出错，因为没有指定文件的路径

C）Open 语句是错误的，应把语句中的 For Input 改为 For Output

D）Line Input 命令格式错误

(13) 窗体上有一个名称为Text1的文本框，一个名称为Command1的命令按钮。以下程序的功能是从顺序文件中读取数据。

```
Private Sub Command1_Click()
  Dim s1 As String,s2 As String
  Open "c:\d4.dat" For Append As #3
  Line Input #3,s1
  Line Input #3,s2
  Text1.Text = s1 + s2
  Close
End Sub
```

该程序运行时有错误，应该进行的修改是（　　）。

A）将 Open 语句中的 For Append 改为 For Input

B）将 Line Input 改为 Line

C）将两条 Line Input 语句合并为 Line Input #3,s1,s2
D）将 Close 语句改为 Close #3

(14) 下列有关文件的叙述中, 正确的是（　）。
A）以 Output 方式打开一个不存在的文件时，系统将显示出错信息
B）以 Append 方式打开的文件，既可以进行读操作，也可以进行写操作
C）在随机文件中，每个记录的长度是固定的
D）无论是顺序文件还是随机文件，其打开的语句和打开方式都是完全相同的

(15) 关于随机文件, 以下叙述中错误的是（　）。
A）使用随机文件能节约空间
B）随机文件记录中，每个字段的长度是固定的
C）随机文件中，每个记录的长度相等
D）随机文件的每个记录都有一个记录号

(16) 以下关于文件的叙述中, 错误的是（　）。
A）顺序文件中的记录是一个接一个地顺序存放
B）随机文件中记录的长度是随机的
C）文件被打开后，自动生成一个文件指针
D）EOF 函数用来测试是否到达文件尾

(17) 下列关于顺序文件的描述中, 正确的是（　）。
A）文件的组织与数据写入的顺序无关
B）主要的优点是占空间少，且容易实现记录的增减操作
C）每条记录的长度是固定的
D）不能像随机文件一样灵活地存取数据

(18) 下面关于文件叙述中错误的是（　）。
A）VB 数据文件需要先打开，再进行处理
B）随机文件每个记录的长度是固定的
C）不论是顺序文件还是随机文件，都是数据文件
D）顺序文件的记录是顺序存放的，可以按记录号直接访问某个记录

(19) 某人编写了向随机文件中写一条记录的程序, 代码如下:

```
Type RType
    Name As String * 10
    Tel  As String * 20
End Type
Private Sub Command1_Click()
    Dim p As RType
    p.Name = InputBox(" 姓名 ")
    p.Tel = InputBox(" 电话号 ")
    Open "Books.dat" For Random As #1
    Put #1,,p
    Close #1
End Sub
```

该程序运行时有错误，修改的方法是（　）。
A）在类型定义“Type RType”之前加上“Private”
B）Dim p As RType 必须置于窗体模块的声明部分
C）应把 Open 语句中的 For Random 改为 For Output
D）Put 语句应该写为 Put #1,p.Name,p.Tel

(20) 在窗体上有两个名称分别为Text1、Text2的文本框，一个名称为Command1的命令按钮。运行后的窗体外观如图所示。

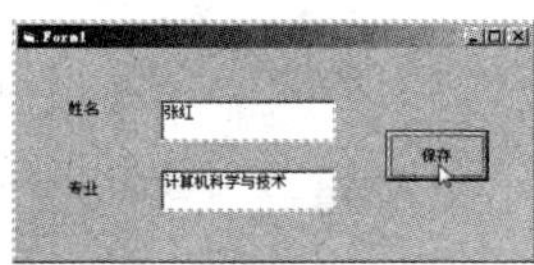

设有如下的类型和变量声明：

```
Private Type Person
  name As String*8
  major As String*20
End Type
Dim p As Person
```

设文本框中的数据已正确地赋值给 Person 类型的变量 p，当单击“保存”按钮时，能够正确地把变量中的数据写入随机文件 Test2.dat 中的程序段是（　）。

A）Open "c:\Test2.dat" For Output As #1
   Put #1,1,p
   Close #1

B）Open "c:\Test2.dat" For Random As #1
   Get #1,1,p
   Close #1

C）Open "c:\Test2.dat" For Random As #1 Len = Len(p)
   Put #1,1,p
   Close #1

D）Open "c:\Test2.dat" For Random As #1 Len = Len(p)
   Get #1,1,p
   Close #1

(21) 如果改变驱动器列表框的Drive属性，则将触发的事件是（　）。

A）Change　　B）Scroll　　C）KeyDown　　D）KeyUp

(22) 设在当前目录下有一个名为“file.txt”的文本文件，其中有若干行文本。编写如下程序：

```
Private Sub Command1_Click()
  Dim ch$,ascii As Integer
  Open "file.txt" For Input As #1
  While Not EOF(1)
    Line Input #1,ch
    ascii = toascii(ch)
    Print ascii
  Wend
  Close #1
End Sub
Private Function toascii(mystr As String) As Integer
  n = 0
  For k = 1 To Len(mystr)
    n = n + Asc(Mid(mystr,k,1))
  Next k
  toascii = n
End Function
```

程序的功能是（　）。

A）按行计算文件中每行字符的 ASCII 码之和，并显示在窗体上

B）计算文件中所有字符的 ASCII 码之和，并显示在窗体上

C）把文件中的所有文本行按行显示在窗体上

D）在窗体上显示文件中所有字符的 ASCII 码值

参考答案及解析

选择题答案及解析在图书配套软件中，先安装二级 Visual Basic 软件，启动软件后单击主界面中的“配书答案”按钮，即可查看。

第 3 部分

上机操作题

第1套 上机操作题

一、基本操作题

请根据以下各小题的要求设计 Visual Basic 应用程序（包括界面和代码）。

（1）在名称为 Form1 的窗体上画一个名称为 Label1 的标签，标签的长和高分别为 2 000、300，有边框，并利用属性窗口设置适当的属性，使其居中显示“等级考试”，并使标签的外观如下图中所示。

注意：存盘时必须存放在考生文件夹下，工程文件名为 sjt1.vbp，窗体文件名为 sjt1.frm。

（2）在名称为 Form1 的窗体上画一个名称为 Image1 的图像框，有边框，并可以自动调整装入图片的大小以适应图像框的尺寸；再画三个命令按钮，名称分别为 Command1、Command2、Command3，标题分别为“红桃”、“黑桃”、“清除”。在考生目录下有两个图标文件，其名称分别为“Misc34.ico”和“Misc37.ico”。程序运行时，单击“红桃”按钮，则在图像框中显示红桃图案（即 Misc34.ico 文件，如图所示）；单击“黑桃”按钮，则在图像框中显示黑桃图案（即 Misc37.ico 文件）；单击“清除”按钮则清除图像框中的图案。请编写相应控件的 Click 事件过程，实现上述功能。

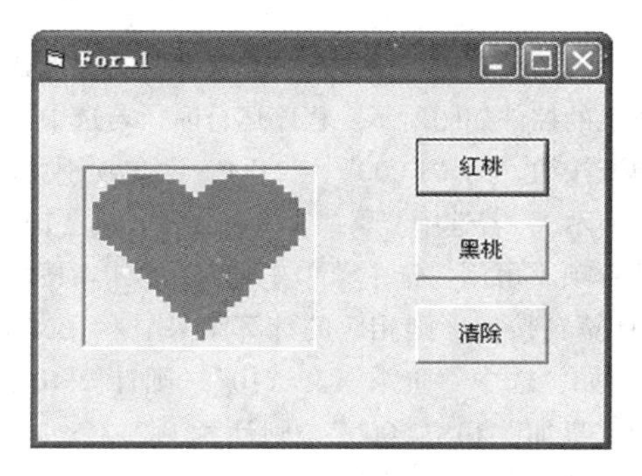

注意：要求程序中不得使用变量，每个事件过程中只能写一条语句。存盘时必须存放在考生文件夹下，工程文件名为 sjt2.vbp，窗体文件名为 sjt2.frm。

二、简单应用题

（1）在考生文件夹下有一个工程文件 sjt3.vbp。窗体上有一个标题为“得分”的框架，在框架中有一个名称为 Text1 的文本框数组，含 6 个元素；文本框 Text2 用来输入难度系数。程序运行时，在左边的 6 个文本框中输入 6 个得分，输入难度系数后，单击“计算分数”按钮，则可计算出最后得分并在文本框 Text3 中显示（如图所示）。

计算方法：去掉一个最高得分和一个最低得分，求剩下得分的平均分，再乘以 3，再乘以难度系数。最后结果保留到第 2 位小数，不四舍五入。

注意：文件中已经给出了所有控件和程序，但程序不完整，请去掉程序中的注释符，把程序中的“？”改为正确的内容。考生不能修改程序中的其他部分和各控件的属性，最后把修改后的文件按原文件名存盘。

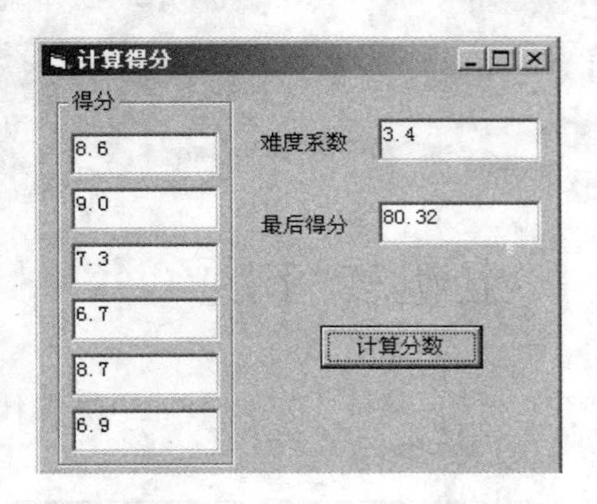

（2）在考生目录下有一个工程文件 sjt4.vbp。窗体上的控件如图所示。程序运行时，若选中“阶乘”单选按钮，则“1 000”、“2 000”菜单项不可用（如图所示），若选中“累加”单选按钮，则“10”、“12”菜单项不可用。选中菜单中的一个菜单项后，单击“计算”按钮，则相应的计算结果显示在文本框中（例如：选中“阶乘”和“10”，则计算 10！，选中“累加”和“2 000”，则计算 1+2+3+…+2 000）。单击“存盘”按钮则把文本框中的结果保存到考生目录下的 out4.dat 文件中。

要求：编写“计算”按钮的 Click 事件过程。

注意：不得修改已经存在的程序，在结束程序运行之前，必须用“存盘”按钮存储计算结果，否则无成绩。最后，程序按原文件名存盘。

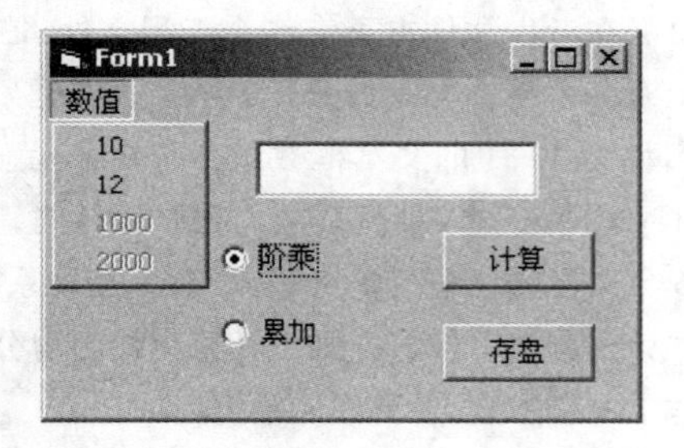

三、综合应用题

在考生目录下有一个工程文件 sjt5.vbp。其功能是产生并显示一个数列的前 n 项。数列产生的规律是：数列的前 2 项是小于 10 的正整数，将此 2 数相乘，若乘积 <10，则以此乘积作为数列的第 3 项；若乘积 >=10，则以乘积的十位数为数列的第 3 项，以乘积的个位数为数列的第 4 项。再用数列的最后 2 项相乘，用上述规则形成后面的项，直至产生了第 n 项。窗体上部从左到右 3 个文本框的名称分别为：Text1、Text2、Text3，窗体下部的文本框名称为 Text4。程序运行时，在 Text1、Text2 中输入数列的前两项，Text3 中输入要产生的项数 n，单击“计算”按钮则产生此数列的前 n 项，并显示在 Text4 中。如图所示。已经给出了全部控件，但程序不完整，请去掉程序中的注释符，把程序中的“？”改为正确的内容。

注意：不得修改原有程序和控件的属性。最后把修改后的文件按原文件名存盘。

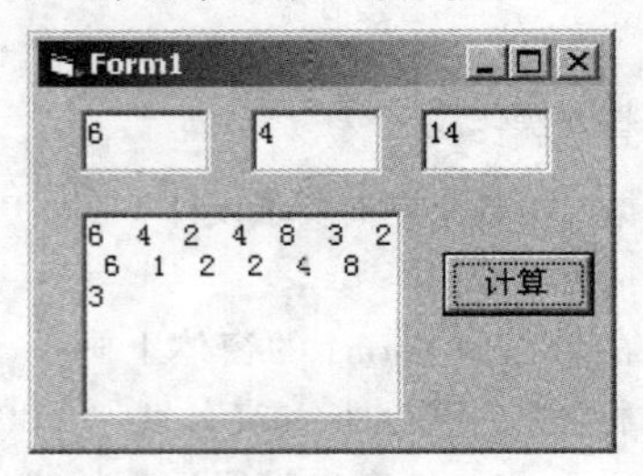

第2套 上机操作题

一、基本操作题

请根据以下各小题的要求设计 Visual Basic 应用程序（包括界面和代码）。

（1）在名称为 Form1 的窗体上画一个名称为 Picture1 的图片框（PictureBox），高、宽均为 1 000。在图片框内再画一个有边框的名称为 Image1 的图像框（Image）。并通过属性窗口把考生目录下的图标文件 Point11（香蕉图标）装入图像框 Image1 中，如图所示。

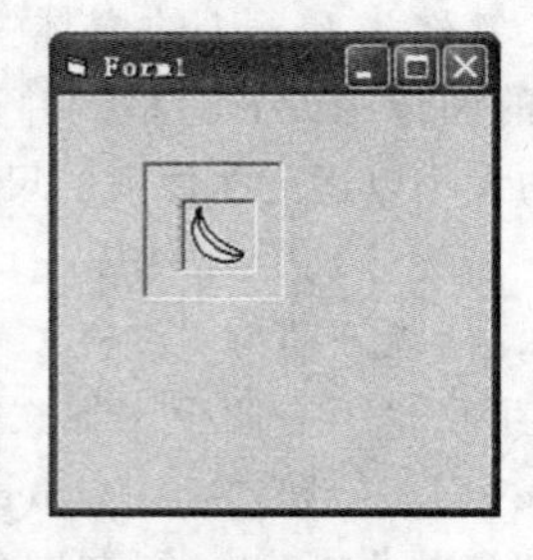

注意：存盘时必须存放在考生文件夹下，工程文件名为 sjt1.vbp，窗体文件名为 sjt1.frm。

（2）在名称为 Form1 的窗体上画一个名称为

Command1、标题为“保存文件”的命令按钮，再画一个名称为 CommonDialog1 的通用对话框。

要求：① 通过属性窗口设置适当的属性，使得运行时对话框的标题为“保存文件”，且默认文件名为 out2；② 运行时单击“保存文件”命令按钮，则以“保存对话框”方式打开该通用对话框，如图所示。

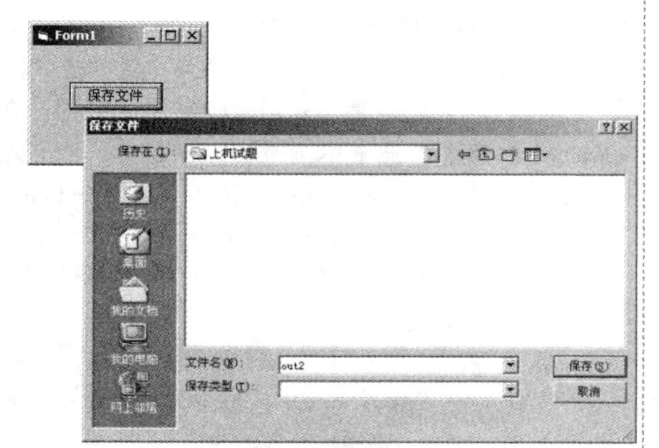

注意：要求程序中不能使用变量，每个事件过程中只能写一条语句。保存时必须存放在考生文件夹下，工程文件名为 sjt2.vbp，窗体文件名为 sjt2.frm。

二、简单应用题

（1）在考生目录下有一个工程文件 sjt3.vbp。窗体上有个钟表图案，其中代表指针的直线的名称是 Line1，还有一个名称为 Label1 的标签，和其他一些控件（如图 1 所示）。在运行时，若用鼠标左键单击圆的边线，则指针指向鼠标单击的位置（如图 2 所示）；若用鼠标右键单击圆的边线，则指针恢复到起始位置（如图 1 所示）；若鼠标左键或右键单击其他位置，则在标签上显示“鼠标位置不对”。文件中已经给出了所有控件和程序，但程序不完整，请去掉程序中的注释符，把程序中的“？”改为正确的内容。程序中的 oncircle 函数的作用是判断鼠标单击的位置是否在圆的边线上（判断结果略有误差），是则返回 True，否则返回 False。符号常量 x0、y0 是圆心距窗体左上角的距离；符号常量 radius 是圆的半径。

注意：不能修改程序中的其他部分和各控件的属性。最后把修改后的文件按原文件名存盘。

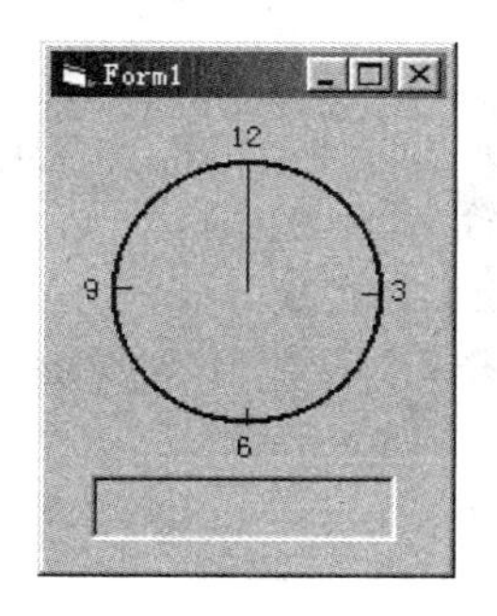

图 1

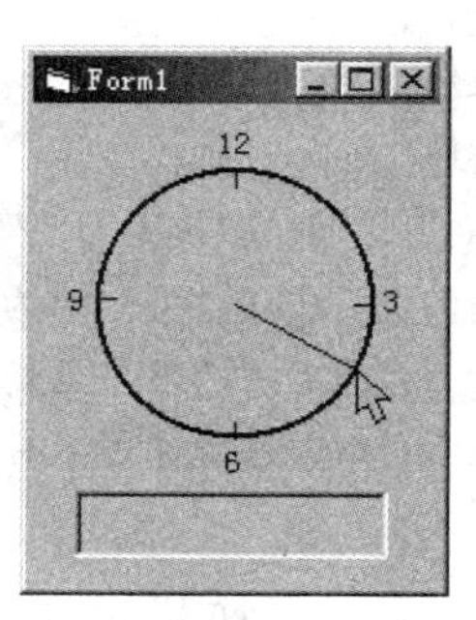

图 2

（2）在考生目录下有一个工程文件 sjt4.vbp，窗体如图所示。其功能是单击“输入数据”按钮，则可输入一个整数 n（要求：8<=n<=12）；单击“计算”按钮，则计算 1!+2!+3!+…+n!，并将计算结果显示在文本框中；单击“存盘”按钮，则把文本框中的结果保存到考生目录下的 out4.dat 文件中。文件中已经给出了所有控件和程序，但程序不完整，请去掉程序中的注释符，把程序中的“？”改为正确的内容，并编写“计算”按钮的 Click 事件过程。

注意：不得修改已经存在的内容和控件属性，在结束程序运行之前，必须用“存盘”按钮存储计算结果，否则无成绩。最后把修改后的文件按原文件名存盘。

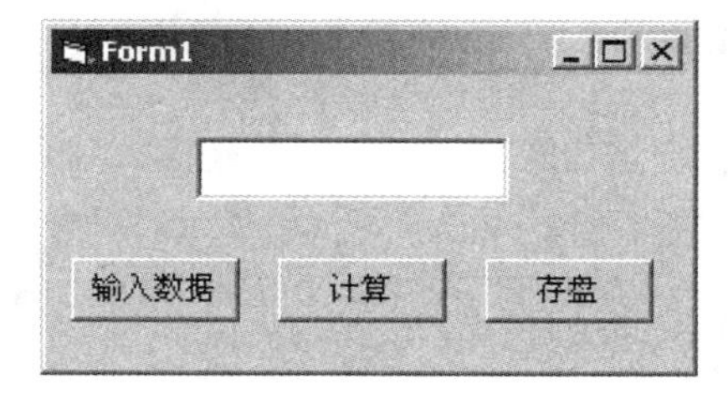

三、综合应用题

在考生文件夹下有一个工程文件 sjt5.vbp，含三个窗体，标题分别为“启动”、“注册”、“登录”，运行时显示“启动”窗体，单击其上按钮时弹出对应窗体进行注册或登录。注册信息放在全局数组 users 中，注册用户数（最多 10 个）放在全局变量 n 中（均已在标准模块中定义）。注册时用户名不能重复，且“口令”与“验证口令”须相同，注册成功则在“启动”窗体的标签中显示“注册成功”，否则显示相应错误信息。登录时，检验用户名和口令，若正确，则在“启动”窗体的标签上显示“登录成功”，否则显示相应错误信息。标准模块中函数finduser的功能是：在users数组中搜索用户名（即参数ch），找到则返回回该用户名在users中的位置，否则返回0。已经给出了所有控件和程序，但程序不完整，请去掉程序中的注释符，把Form2、Form3窗体文件中的“？”改为正确的内容。

注意：不得修改已经存在的程序和控件的属性；最后，程序按原文件名存盘。

第3套 上机操作题

一、基本操作题

请根据以下各小题的要求设计 Visual Basic 应用程序（包括界面和代码）。

（1）在标题为“文本框”、名称为Form1的窗体上画一个名称为Text1的文本框，无初始内容，其高、宽分别为2 000、1 800，可显示多行，有水平滚动条，并通过属性窗口把文本框的字体样式设置为“斜体”（如图所示）。

注意：存盘时必须存放在考生文件夹下，工程文件名为sjt1.vbp，窗体文件名为sjt1.frm。

（2）在名称为Form1的窗体上画一个名称为List1的列表框，通过属性窗口输入4个列表项：“数学”、“物理”、“化学”、“语文”，如图所示。请编写适当的事件过程使得在装入窗体时，把最后一个列表项自动改为“英语”；单击窗体时，则删除最后一个列表项。

注意：要求程序中不得使用变量，每个事件过程中只能写一条语句。存盘时必须存放在考生文件夹下，工程文件名为sjt2.vbp，窗体文件名为sjt2.frm。

二、简单应用题

（1）在名称为Form1的窗体上画一个名称为Text1的文本框；画二个标题分别为“对齐方式”、“字体”，名称分别为Frame1、Frame2的框架；在Frame1框架中画三个单选按钮，标题分别为“左对齐”、“居中”、“右对齐”，名称分别为Option1、Option2、Option3；在Frame2框架中画二个单选按钮，标题分别为“宋体”、“黑体”，名称分别为Option4、Option5。

要求：编写五个单选按钮的Click事件过程，使程序运行时，单击这些单选按钮，可以对文本框中的文字实现相应的操作（如图所示）。

注意：要求程序中不得使用变量，每个事件过程中只能写一条语句。存盘时必须存放在考生文件夹下，工程文件名为sjt3.vbp，窗体文件名为sjt3.frm。

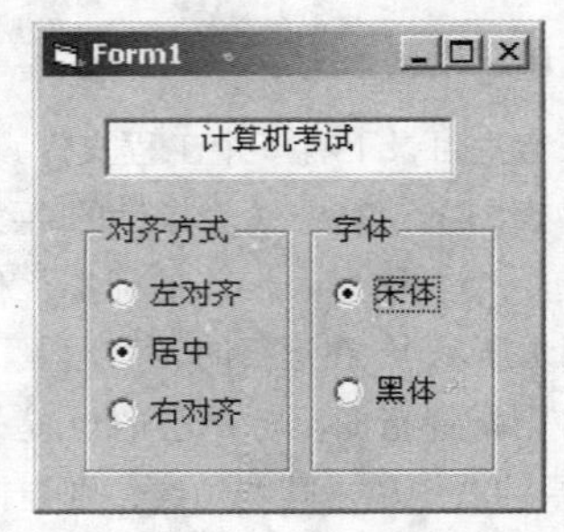

（2）在考生文件夹下有一个工程文件sjt4.vbp。其窗体上有一个圆，相当于一个时钟，当程序运行时通过窗体的Activate事件过程在圆上产生12个刻度点，并完成其他初始化工作；另有长、短2条（红色、蓝色）直线，名称分别为Line1和Line2，表示两个指针。程序运行时，单击“开始”按钮，则每隔0.5秒Line1（长指针）顺时针转动一个刻度，Line2（短指针）顺时针转动1/12个刻度（即长指针转动一圈，短指针转动一个刻度），单击“停止”按钮，两个指针停止转动，如图所示。在窗体文件中已经给出了全部控件，但程序不完整，要求去掉程序中的注释符，把程序中的“？”改为正确的内容。

提示：程序中的符号常量 x0、y0 是圆心到窗体左上角的距离，radius 是圆的半径。

注意：不能修改程序中的其他部分和控件的属性。最后把修改后的文件按原文件名存盘。

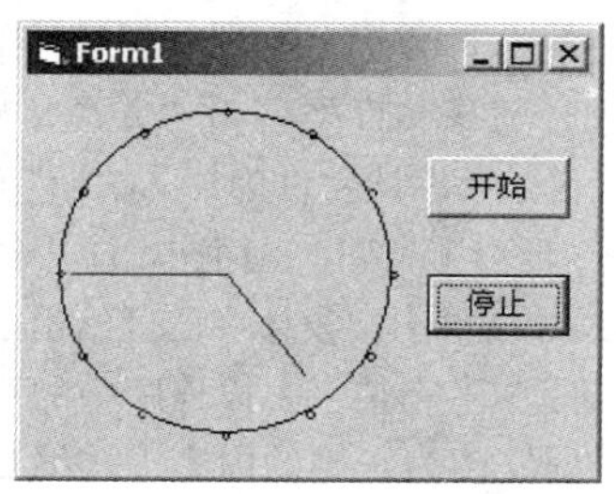

三、综合应用题

在考生目录下有一个工程文件 sjt5.vbp，其窗体如图所示。考生目录下有一个 in5.dat 文件，文件中有 5 个运动员的姓名、7 个裁判的打分和动作的难度系数。每人的数据占一行，顺序是：姓名、7 个分数、难度系数。程序运行时，单击“输入”按钮，可把 in5.dat 文件中的 5 个姓名读入数组 athlete 中，把 5 组得分（每组 7 个）和难度系数读入二维数组 a 中（每行的最后一个元素是难度系数），并把这些数据显示在 Text1 文本框中；单击“选出冠军”按钮，则把冠军的姓名和成绩分别显示在文本框 Text2、Text3 中。成绩的计算方法是：去掉一个最高分和一个最低分，求剩下得分的平均分，再乘以 3，再乘以难度系数；单击“存盘”按钮，则把冠军姓名和成绩存入考生目录下的 out5.dat 文件中。

要求：去掉程序中的注释符，把程序中的“？”改为正确的内容（程序中 getmark 函数的功能是计算并返回第 n 个运动员的最后得分），并编写“选出冠军”按钮的 Click 事件过程。

注意：不得修改已经存在的程序和控件的属性，在结束程序运行前，必须用“存盘”按钮存储计算结果，否则无成绩。最后，程序按原文件名存盘。

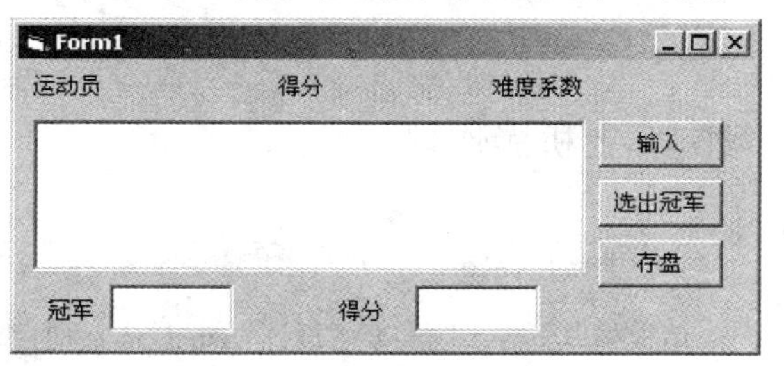

第4套　上机操作题

一、基本操作题

请根据以下各小题的要求设计 Visual Basic 应用程序（包括界面和代码）。

（1）在标题为“列表框”、名称为 Form1 的窗体上画一个名称为 List1 列表框，通过属性窗口输入四个列表项：“数学”、“语文”、“历史”、“地理”，列表项采用“复选框形式”，如图所示。列表框的宽为 1100，高不限。

注意：存盘时必须存放在考生文件夹下，工程文件名为 sjt1.vbp，窗体文件名为 sjt1.frm。

（2）在名称为 Form1 的窗体上建立一个名称为“menu1”、标题为“文件”的弹出式菜单，含有三个菜单项，它们的标题分别为：“打开”、“关闭”、“保存”，名称分别为“m1”、“m2”、“m3”。再画一个命令按钮，名称为“Command1”、标题为“弹出菜单”。要求：编写命令按钮的 Click 事件过程，使程序运行时，单击“弹出菜单”按钮可弹出“文件”菜单（如图所示）。

注意：程序中不得使用变量，事件过程中只能写一条语句。存盘时必须存放在考生文件夹下，工程文件名为 sjt2.vbp，窗体文件名为 sjt2.frm。

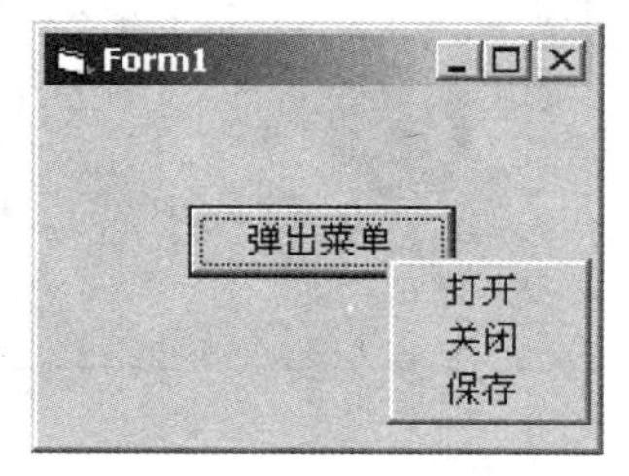

二、简单应用题

（1）在考生目录下有一个工程文件 sjt3.vbp，包含了所有控件和部分程序。程序运行时，在文本框中每输入一个字符，则立即判断：若是小写字母，则把它的大写形式显示在标签 Label1 中，若是大写字母，则把它的小写形式显示在 Label1 中，若是其他字符，则把该字符直接显示在 Label1 中。输入的字母总数则显示在标签 Label2 中，如图所示。

要求：去掉程序中的注释符，把程序中的“？”改为正确的内容。

注意：不得修改已经存在的程序，最后把修改后的文件按原文件名存盘。

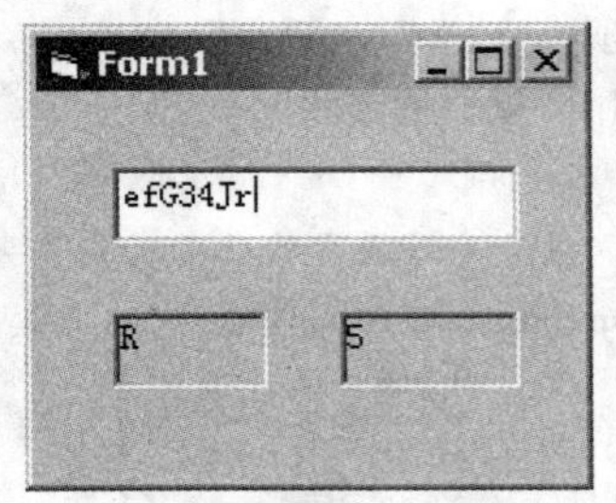

（2）在考生文件夹下有一个工程文件 sjt4.vbp。窗体中有一个图片框，图片框中有一个名称为 Shape1 的蓝色圆，如图所示。程序运行时，单击“开始”按钮，圆逐渐变大（圆心位置不变），当圆充满图片框时则变为红色，并开始逐渐缩小，当缩小到初始大小时又变为蓝色，并再次逐渐变大，如此往复。单击“停止”按钮，则停止变化。文件中已经给出了所有控件和程序，但程序不完整，请去掉程序中的注释符，把程序中的“？”改为正确的内容。

提示：程序中的符号常量 bule_color 表示蓝色的值，red_color 表示红色的值。

注意：不能修改程序的其他部分和各控件的属性。最后把修改后的文件按原文件名存盘。

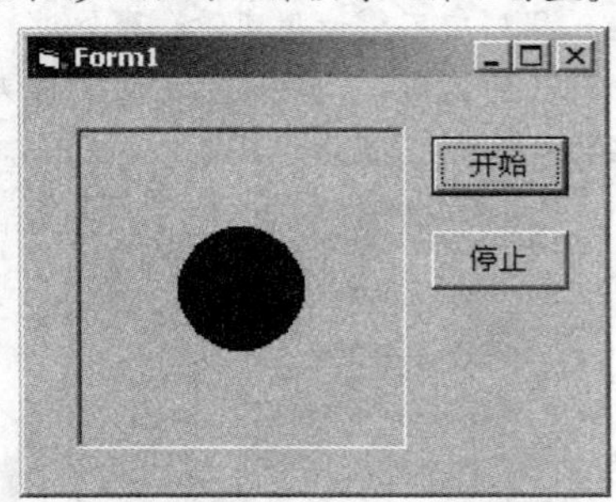

三、综合应用题

在考生目录下有一个工程文件 sjt5.vbp，包含了所有控件和部分程序。程序运行时，单击“打开文件”按钮，则弹出“打开”对话框，默认文件类型为“文本文件”，默认目录为考生目录。选中 in5.txt 文件（如图 1 所示），单击“打开”按钮，则把文件中的内容读入并显示在文本框（Text1）中；单击“修改内容”按钮，则可把 Text1 中的大写字母“E”、“N”、“T”改为小写，把小写字母“e”、“n”、“t”改为大写；单击“保存文件”按钮，则弹出“另存为”对话框，默认文件类型为“文本文件”，默认目录为考生目录，默认文件为“out5.txt”（如图 2 所示），单击“保存”按钮，则把 Text1 中修改后的内容存到 out5.txt 文件中。窗体中已经给出了所有控件和程序，但程序不完整，去掉程序中的注释符，把程序中的“？”改为正确的内容，并编写“修改内容”按钮的 Click 事件过程。

注意：考生不得修改已经存在的程序。必须把 Text1 中修改后的内容用“保存文件”按钮存储结果，否则无成绩。最后，按原文件名把程序存盘。

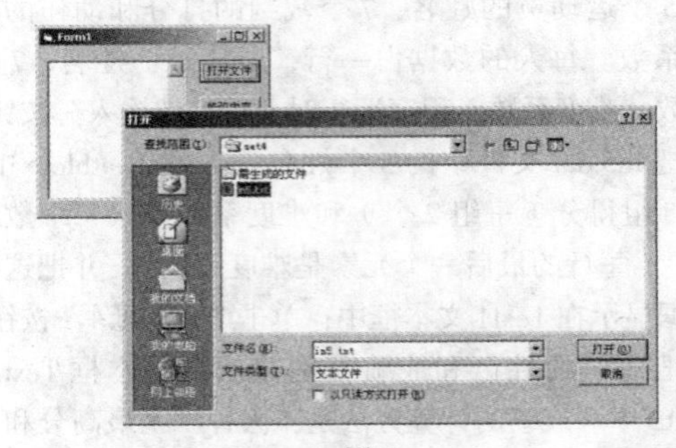

图1

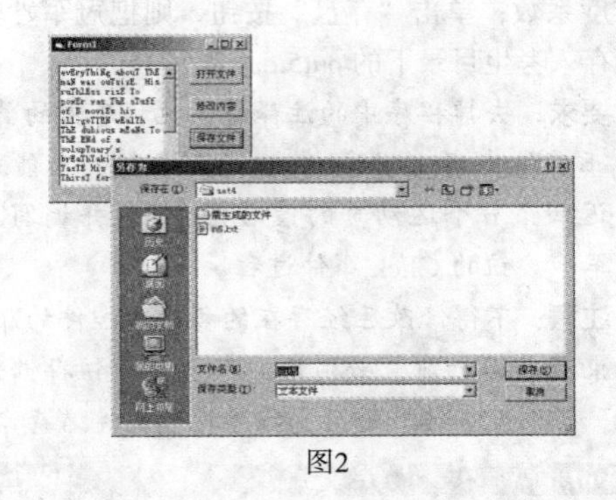

图2

第5套 上机操作题

一、基本操作题

请根据以下各小题的要求设计 Visual Basic 应用

程序（包括界面和代码）。

（1）在名称为Form1的窗体上画一个名称为Frame1、标题为“框架”的框架，在框架内添加两个名称分别为Option1、Option2的单选按钮，其标题分别为“第一项”、“第二项”。要求通过设置控件的属性将“第二项”设置为被选中，框架为不可用。运行程序后的窗体如图所示。

注意：存盘时必须存放在考生文件夹下，工程文件名为sjt1.vbp，窗体文件名为sjt1.frm。

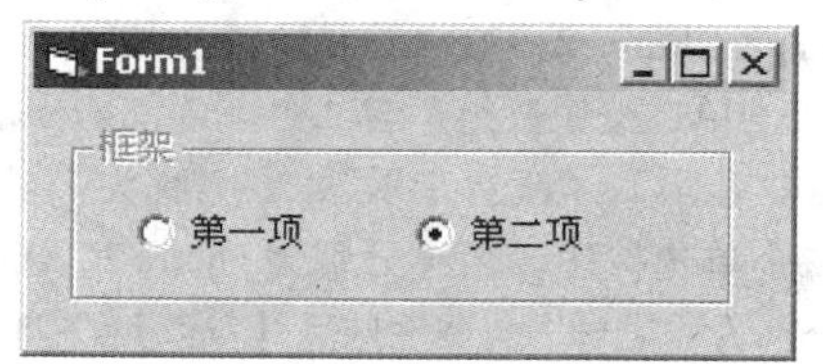

（2）在名称为Form1的窗体上画一个名称为Drive1的驱动器列表框，一个名称为Dir1的目录列表框，一个名称为File1的文件列表框，名称为Label1、标题为“文件名”的标签和名称为Label2、BorderStyle为1的标签。窗体的标题设置为“文件系统控件”，如图所示。请编写适当的程序，使得这三个文件系统控件可以同步变化，即当驱动器列表框中显示的内容发生变化时，目录列表框和文件列表框中显示的内容同时发生变化。单击文件列表框时，将选中的文件名显示在Label2中。

注意：要求程序中不得使用变量，事件过程中只能写一条语句。存盘时必须存放在考生文件夹下，工程文件名为sjt2.vbp，窗体文件名为sjt2.frm。

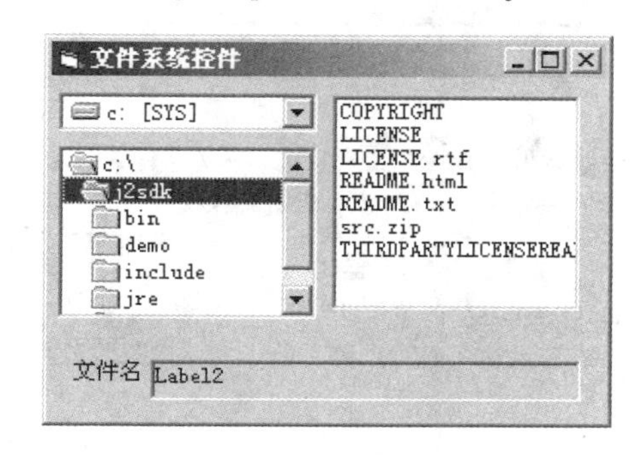

二、简单应用题

（1）在考生目录下有一个工程文件sjt3.vbp。程序的功能是：通过键盘向文本框中输入数字，如果输入的是非数字字符，则提示输入错误，且文本框中不显示输入的字符。单击名称为Command1、标题为“添加”的命令按钮，则将文本框中的数字添加到名称为Combo1的组合框中。在给出的窗体文件中已经添加了全部控件，但程序不完整。要求去掉程序中的注释符，把程序中的“？”改为正确的内容。

注意：不能修改程序中的其他部分和其他控件的属性。最后把修改后的文件按原文件名存盘。

（2）在考生目录下有一个工程文件sjt4.vbp。该程序的功能是计算M!+(M+1)!+(M+2)!+…+N!之和。窗体上有名称分别为Text1、Text2的两个文本框，用于接收输入的M和N（要求M<N）。单击名称为Command1、标题为“计算”的命令按钮，计算M!+(M+1)!+(M+2)!+…+N!之和，并将计算结果显示在标签lblResult中。在给出的窗体文件中已经有了全部控件，但程序不完整，要求去掉程序中的注释符，把程序中的“？”改为正确的内容。

注意：不能修改程序的其他部分和控件属性。最后把修改后的文件按原文件名存盘。

三、综合应用题

在考生目录下有一个工程文件sjt5.vbp，用来计算勾股定理整数组合的个数。勾股定理中3个数的关系式是：$a^2+b^2=c^2$。例如，3、4、5就是一个满足条件的整数组合（注意：a,b,c分别为4,3,5与分别为3,4,5被视为同一个组合，不应该重复计算）。编写程序，统计三个数均在60以内满足上述关系的整数组合的个数，并显示在标签Label1中。

注意：不得修改原有程序的控件的属性。在结束程序运行之前，必须至少正确运行一次程序，将统计的结果显示在标签中，否则无成绩。最后把修改后的文件按源文件名存盘。

第6套　上机操作题

一、基本操作题

请根据以下各小题的要求设计Visual Basic应用程序（包括界面和代码）。

（1）在名称为Form1的窗体上画一个名称为Label1、标题为“设置速度”的标签，通过属性窗口把标签的大小设置为自动调整。画一个名称为HScroll1的水平滚动条，通过属性窗口设置适当属性使滚动条的最大值为80，最小值为1，单击滚动条两端的箭头时，滚动框移动 2，滚动框的初始值为 30。程序运行后的窗体如图所示。

注意：*存盘时必须存放在考生文件夹下，工程文件名为 sjt1.vbp，窗体文件名为 sjt1.frm。*

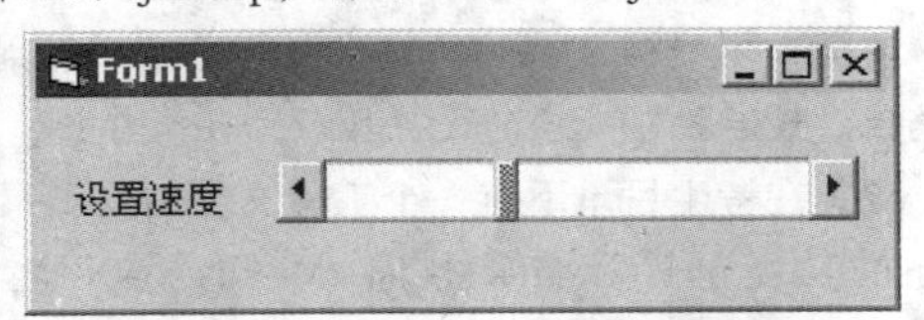

（2）在名称为 Form1 的窗体上画一个名称为 Shape1 的形状控件，画两个名称分别为 Command1、Command2，标题分别为"圆形"、"红色边框"的命令按钮。将窗体的标题设置为"图形控件"，如图 1 所示。请编写适当的事件过程使得在运行时，单击"圆形"按钮将形状控件设为圆形。单击"红色边框"按钮，将形状控件的边框颜色设为红色（&HFF&），如图 2 所示。

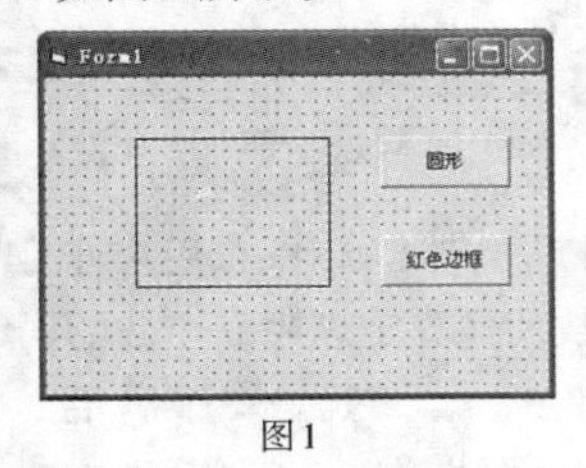

图1

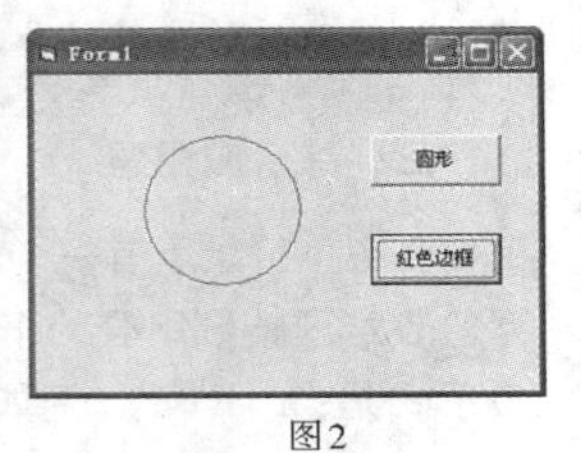

图2

注意：*要求程序中不得使用变量，每个事件过程中只能写一条语句。存盘时必须存放在考生文件夹下，工程文件名为 sjt2.vbp，窗体文件名为 sjt2.frm。*

二、简单应用题

（1）在考生文件夹下有一个工程文件 sjt3.vbp，含有名称分别为 Form1、Form2 的两个窗体。其中 Form1 上有两个控件（图像框和计时器）和一个菜单项"操作"，含有三个菜单命令（如图 1 所示）。Form2 上有一个名称为 Command1、标题为"返回"的命令按钮（如图 2 所示）。要求当单击"窗体 2"菜单命令时，隐藏 Form1，显示 Form2。单击"动画"菜单命令时，使小汽车开始移动，一旦移到窗口的右边界时自动跳到窗体的左边界重新移动。单击"退出"菜单命令时，结束程序运行。请去掉程序中的注释符，把程序中的"？"改为正确的内容。

注意：*考生不得修改窗体文件中已经存在的程序。最后程序按原文件名存盘。*

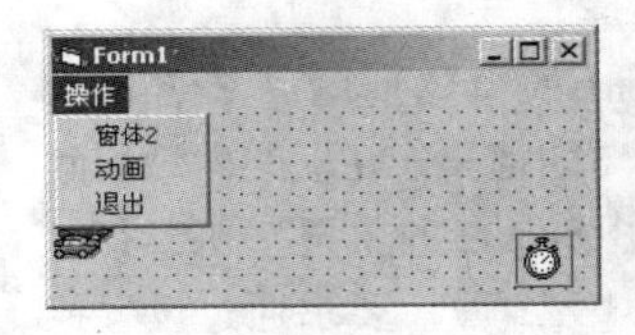

图 1

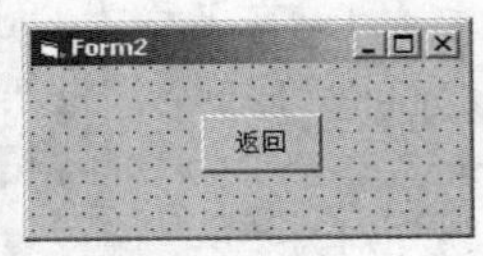

图 2

（2）在考生文件夹下有一个工程文件 sjt4.vbp。其窗体上已有部分控件，请按照如图 1 所示添加框架和单选按钮。要求：画二个框架，名称分别为 Frame1、Frame2，在 Frame1 中添加一个名为 Option1 的单选按钮数组，含二个单选钮，标题分别为"古典音乐"、"流行音乐"，在名称为 Frame2 中添加二个单选按钮，名称分别为 Option2、Option3，标题分别为"篮球"、"羽毛球"。刚运行程序时，"古典音乐"和"篮球"单选钮为选中状态。单击"选择"按钮，将把选中的单选钮的标题显示在标签 Label2 中，如图 2 所示。如果"音乐"或"体育"未被选中，相应的单选钮不可选。

要求：*按照题目要求添加控件，去掉程序中的注释符，把程序中的"？"改为正确的内容。*

注意：*不能修改程序的其他部分和控件属性。最后把修改后的文件按原文件名存盘。*

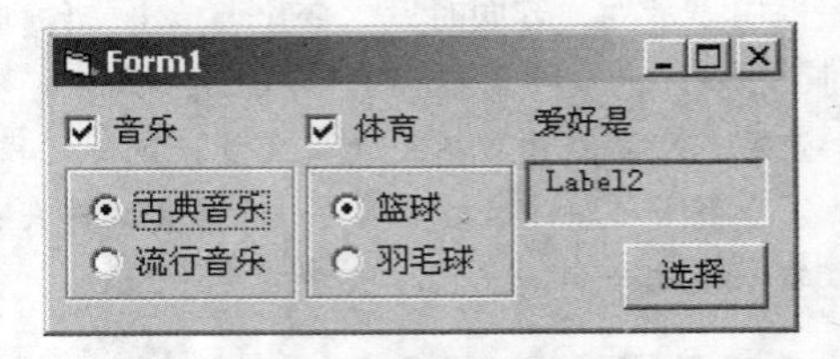

图 1

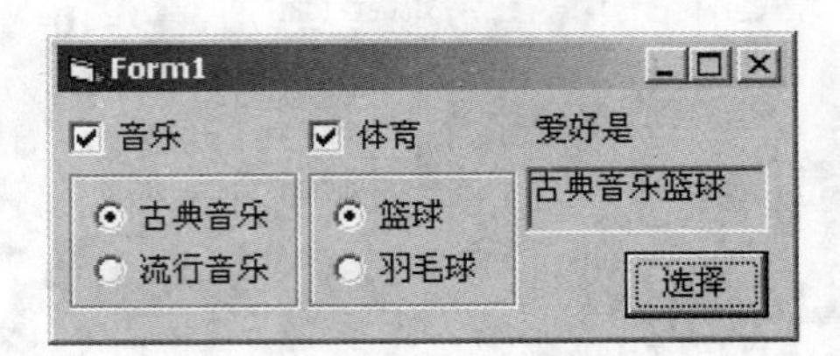

图 2

三、综合应用题

在考生文件夹中有一个工程文件 sjt5.vbp，其功能是：找出矩阵元素的最大值，并求出矩阵对角线元素之和，窗体外观如图所示。程序运行时，矩阵数据被放入二维数组 a 中。当单击"找矩阵元素最大值”命令按钮时，找出矩阵中最大的数，并显示在标签 Label3 中。当单击“对角线元素之和”命令按钮时，计算矩阵主对角线元素之和，并显示在标签 Label4 中。文件中已给出部分程序，请编写“找矩阵元素最大值”及“对角线元素之和”两个命令按钮的事件过程中的部分程序代码。

注意：不得修改程序的其他部分和控件属性。最后把修改后的文件按原文件名存盘。程序调试通过后，两个命令按钮的事件过程必须至少各执行一次。

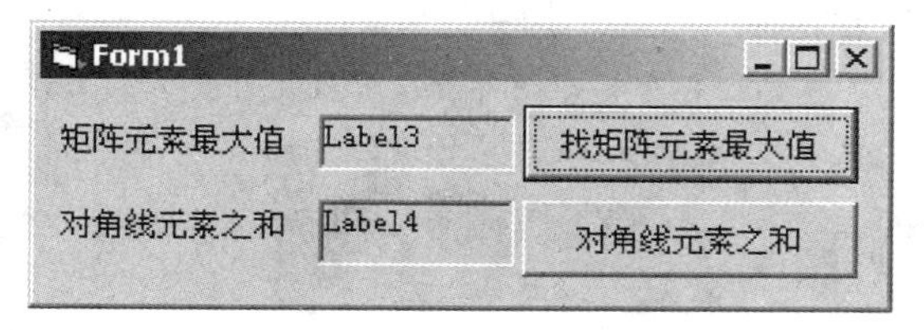

第7套 上机操作题

一、基本操作题

请根据以下各小题的要求设计 Visual Basic 应用程序（包括界面和代码）。

（1）在名称为 Form1、标题为“标签”的窗体上画一个名称为 Label1 的标签，并设置适当属性以满足以下要求：①标签的内容为“计算机等级考试”；②标签可根据显示内容自动调整其大小；③标签带有边框，且标签内容显示为三号字。运行后的窗体如图所示。

注意：存盘时必须存放在考生文件夹下，工程文件名为 sjt1.vbp，窗体文件名为 sjt1.frm。

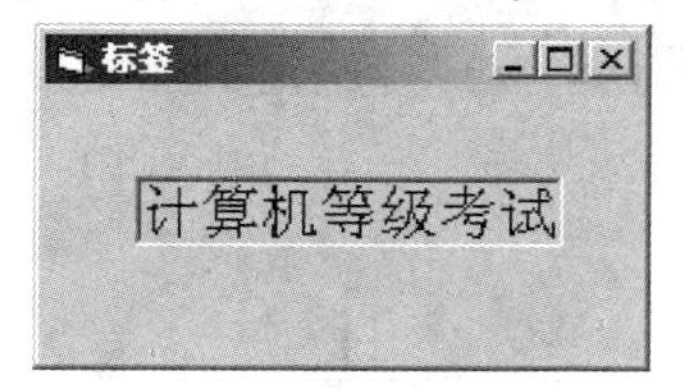

（2）在名称为 Form1 的窗体上画一个名称为 Hscroll1 的水平滚动条，其刻度范围为 1~100；再画一个名称为 Text1 的文本框，初始内容为 1。程序开始运行时，焦点在滚动条上。请编写适当的事件过程，使得程序运行时，文本框中实时显示滚动框的当前位置。运行情况如图所示。

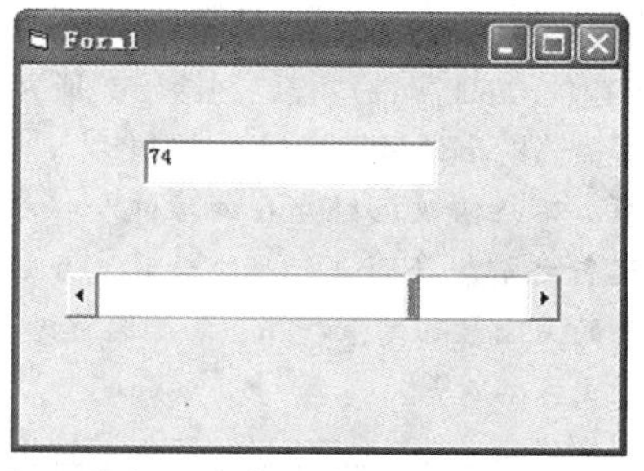

注意：要求程序中不得使用变量，每个事件过程中只能写一条语句。存盘时必须存放在考生文件夹下，工程文件名为 sjt2.vbp，窗体文件名为 sjt2.frm。

二、简单应用题

（1）在考生文件夹下有一个工程文件 sjt3.vbp。窗体上有名称为 Timer1 的定时器，以及名称为 Line1 和 Line2 的两条水平直线。请用名称为 Shape1 的形状控件，在两条直线之间画一个宽和高都相等的形状，其显示形式为圆，并设置适当属性使其满足以下要求：①圆的顶端距窗体 Form1 顶端的距离为 360；②圆的颜色为红色（红色对应的值为：&H000000FF& 或 &HFF&），如图所示。程序运行时，Shape1 将在 Line1 和 Line2 之间运动。当 Shape1 的顶端到达 Line1 时，会自动改变方向而向下运动；当 Shape1 的底部到达 Line2 时，会改变方向而向上运动。文件中给出的程序不完整，请去掉程序中的注释符，把程序中的“？”改为正确内容，使其实现上述功能。

注意：不能修改程序的其他部分和已给出控件的属性。最后将修改后的文件按原文件名存盘。

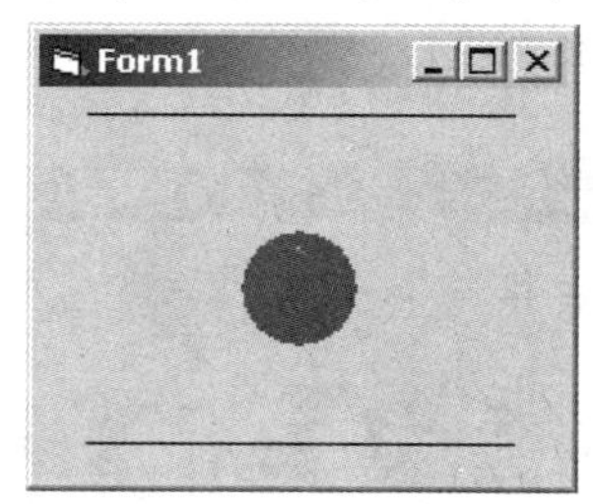

（2）在考生文件夹下有一个工程文件 sjt4.vbp，包含了所有控件和部分程序，如图所示。程序功能如下。①单击“读数据”按钮，可将考生文件夹下 in4.dat 文件中的 100 个整数读到数组 a 中；②单击“计算”按钮，则根据从名称为 Combo1 的组合框中选中的项目，对数组 a 中的数据计算平均值，并将计算结果四舍五入取整后显示在文本框Text1中。"读数据"按钮的Click事件过程已经给出，请为"计算"按钮编写适当的事件过程实现上述功能。

注意：不得修改已经存在的控件和程序，在结束程序运行之前，必须进行一次计算，且必须用窗体右上角的关闭按钮结束程序，否则无成绩。最后，程序按原文件名存盘。

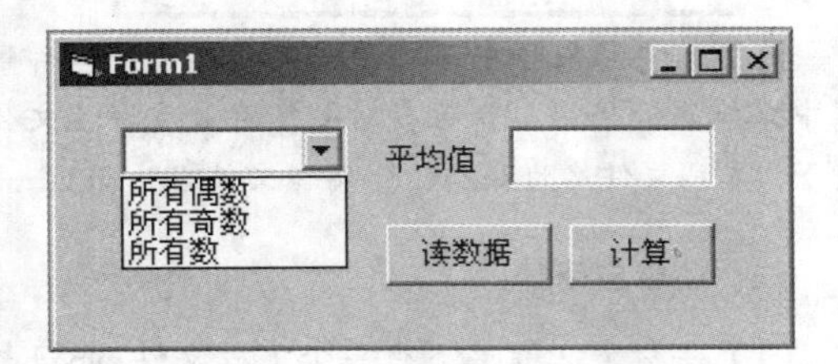

三、综合应用题

在考生文件夹下有一个工程文件sjt5.vbp，相应的窗体文件为sjt5.frm，此外还有一个名为datain.txt的文本文件，其内容如下：32 43 76 58 28 12 98 57 31 42 53 64 75 86 97 13 24 35 46 57 68 79 80 59 37 程序运行后单击窗体，将把文件datain.txt中的数据输入到二维数组Mat中，在窗体上按5行、5列的矩阵形式显示出来，然后交换矩阵第二列和第四列的数据，并在窗体上输出交换后的矩阵，如图所示。在窗体的代码窗口中，已给出了部分程序，这个程序不完整，请把它补充完整，并能正确运行。

要求：去掉程序中的注释符，把程序中的"?"改为正确的内容（可以是多行），使其实现上述功能，但不能修改程序中的其他部分。最后把修改后的文件按原文件名存盘。

第8套 上机操作题

一、基本操作题

请根据以下各小题的要求设计Visual Basic应用程序（包括界面和代码）。

（1）在名称为Form1，标题为"框架"的窗体上画一个名称为Frame1，且没有标题的框架。框架内含有二个单选按钮，名称分别为Opt1和Opt2、标题分别为"字体"、"大小"。

注意：存盘时必须存放在考生文件夹下，工程文件名为sjt1.vbp，窗体文件名为sjt1.frm。

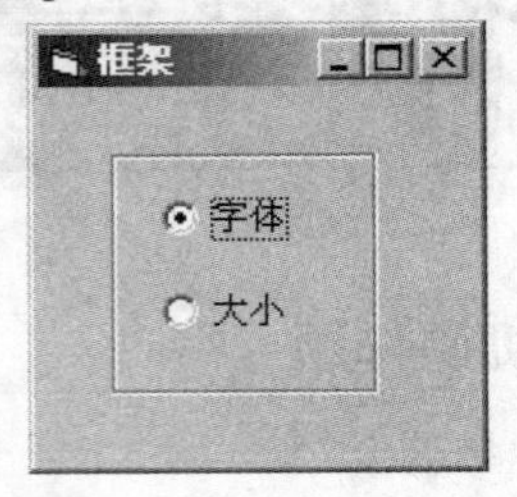

（2）考生文件夹下的工程文件sjt2.vbp中有一个由直线Line1、Line2和Line3组成的三角形，直线Line1、Line2和Line3的坐标值如下所示：

名称	X1	Y1	X2	Y2
Line1	600	1200	1600	300
Line2	600	1200	2600	1200
Line3	1600	300	2600	1200

要求画一条直线Line4以构成三角形的高，且该直线的初始状态为不可见。再画二个命令按钮，名称分别是Cmd1、Cmd2，标题分别为"显示高"、"隐藏高"，如图所示。

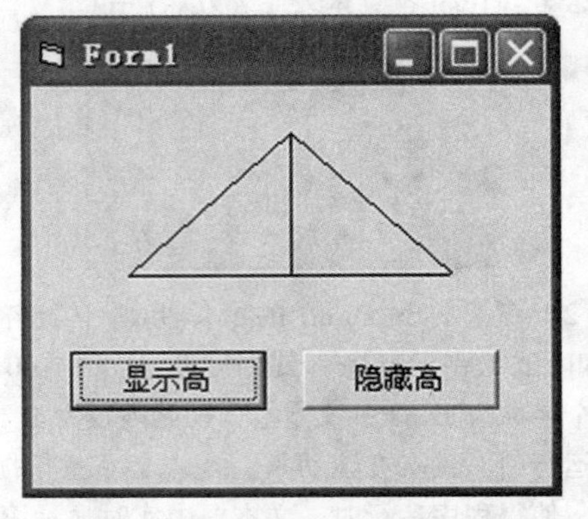

请编写适当的事件过程使得在运行时，单击"显

示高”按钮，则显示三角形的高；单击“隐藏高”按钮，则隐藏三角形的高。注意：要求程序中不得使用变量，每个事件过程只能写一条语句。不得修改已经存在的控件，最后将修改后的文件按原文件名存盘。

二、简单应用题

（1）在考生文件夹下有一个工程文件 sjt3.vbp，在 Form1 的窗体中有一个文本框，两个命令按钮和一个计时器。程序的功能是在运行时，单击“开始计数”按钮，就开始计数，每隔 1 秒，文本框中的数加 1；单击“停止计数”按钮，则停止计数（如图所示）。

要求：修改适当的控件的属性，并去掉程序中的注释符，把程序中的“？”改为正确的内容，使其实现上述功能，但不能修改程序中的其他部分。最后把修改后的文件以原来的文件名存盘。

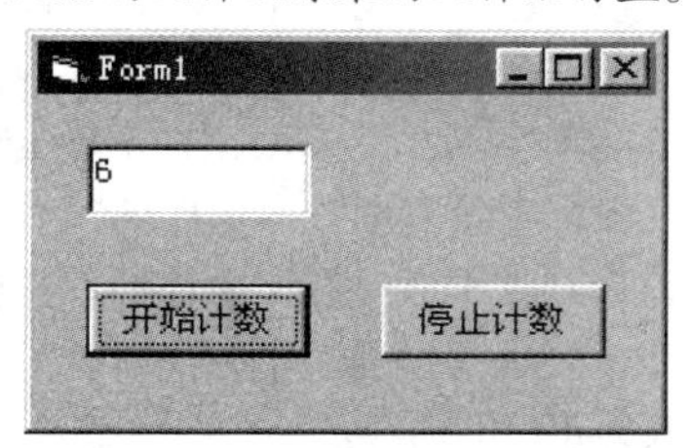

（2）已知出租车行驶不超过 4 公里时一律收费 10 元。超过 4 公里时分段处理，具体处理方式为：15 公里以内每公里加收 1.2 元，15 公里以上每公里收 1.8 元。

在考生文件夹下有一个工程文件 sjt4.vbp。程序的功能是单击“输入”按钮，将弹出一个输入对话框，接收出租车行驶的里程数；单击“计算”按钮，则可根据输入的里程数计算应付的出租车费，并将计算结果显示在名称为 Text1 的文本框内。在窗体文件中已经给出了全部控件（如图所示），但程序不完整，要求去掉程序中的注释符，把程序中的“？”改为正确的内容。

注意：不得修改已经存在的内容和控件属性，最后将修改后的文件按原文件名存盘。

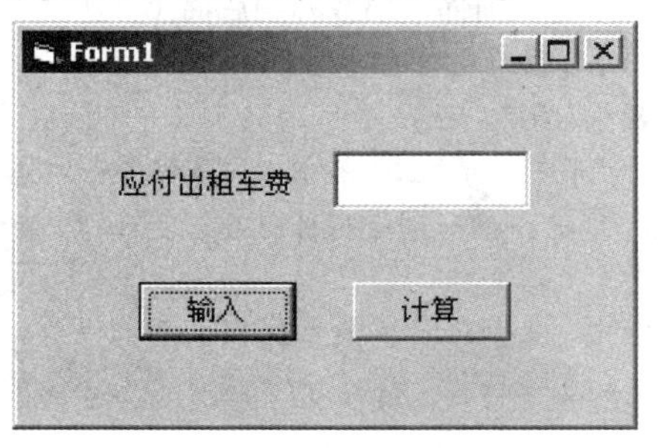

三、综合应用题

在考生文件夹下有一个工程文件 sjt5.vbp，窗体上有两个标题分别是“读数据”和“统计”的命令按钮。请画两个标签，名称分别为 Label1 和 Label2，标题分别为“出现次数最多的字母是”和“它出现的次数为”；再画二个名称分别为 Text1 和 Text2，初始值为空的文本框，如图所示。

程序功能如下：

① 单击“读数据”按钮，则将考生文件夹下 in5.dat 文件的内容读到变量 s 中（此过程已给出）；

② 单击“统计”按钮，则自动统计 in5.dat 文件中所含各字母（不区分大小写）出现的次数，并将出现次数最多的字母显示在 Text1 文本框内，它所出现的次数显示在 Text2 文本框内。“读数据”按钮的 Click 事件过程已经给出，请为“统计”按钮编写适当的事件过程实现上述功能。

注意：考生不得修改窗体文件中已经存在的控件和程序，在结束程序运行之前，必须进行统计，且必须用窗体右上角的关闭按钮结束程序，否则无成绩。最后，程序按原文件名存盘。

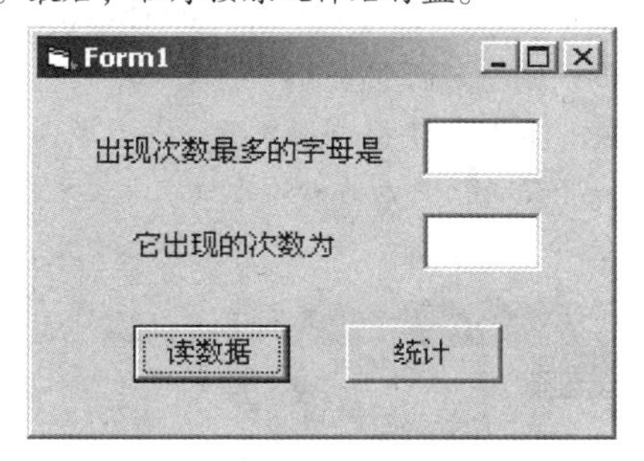

第9套　上机操作题

一、基本操作题

请根据以下各小题的要求设计 Visual Basic 应用程序（包括界面和代码）。

（1）在名称为 Form1 的窗体上画一个名称为 Pic 的图片框，通过属性窗口将考生文件夹下的文件 Tu1-1.jpg 添加到图片框，然后编写适当的事件过程。运行程序时，单击窗体，在图片框中显示“VB 等级考试”，如图所示。

注意：要求程序中不得使用变量，事件过程中只能写一条语句。存盘时必须存放在考生文件夹下，工程文件名为 sjt1.vbp，窗体文件名为 sjt1.frm。

（2）在名称为 Form1 的窗体上画一个名称为 command1 的命令按钮，标题为“命令按钮”。然后建立一个菜单，标题为“控件”，名称为 menu，包含两个子菜单项，一个是“显示命令按钮”，名称为 subMenu1；另一个是“隐藏命令按钮”，名称为 subMenu2，如图所示。编写适当的事件过程，使得程序运行时，如果选择“显示命令按钮”菜单命令，则显示命令按钮控件；而如果选择“隐藏命令按钮”菜单命令，则隐藏命令按钮控件。

注意：程序中不得使用变量，每个事件过程中只能写一条语句。存盘时必须存放在考生文件夹下，工程文件名为 sjt2.vbp，窗体文件名为 sjt2.frm。

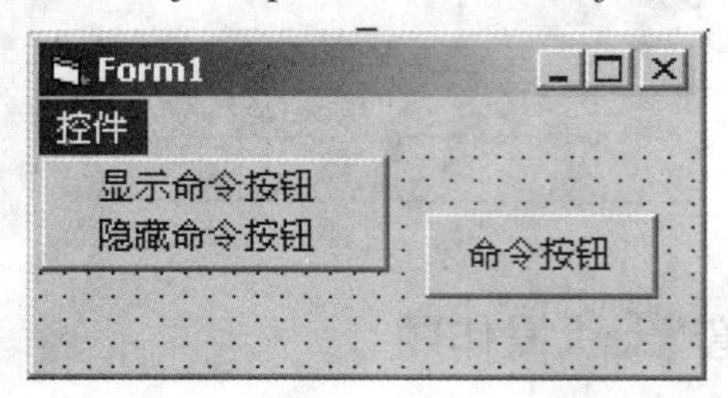

二、简单应用题

（1）在考生文件夹下有一个工程文件 sjt3.vbp，运行情况如图所示。程序的功能是计算表达式 z=(x−2)!+(x−3)!+(x−4)!+⋯+(x−N)! 的值，其中 N 和 x 的值通过键盘分别输入到两个文本框 Text1、Text2 中。单击名称为 command1、标题为“计算”的命令按钮，则计算表达式的值，并将计算结果显示在名称为 Label1 的标签中。在窗体文件中已经给出了全部控件和程序，但程序不完整，请去掉程序中的注释符，把程序中的“？”改为正确的内容。

要求：程序调试通过后，必须按照如图所示输入 N=5，x=12，然后计算 z 的值，并将计算结果显示在标签 Label1 中，否则没有成绩。

注意：不能修改程序的其他部分和控件属性。最后把修改后的文件按原文件名存盘。

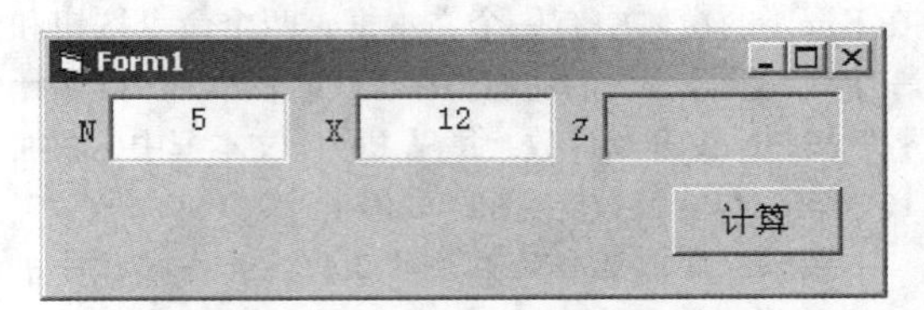

（2）在考生文件夹下有一个工程文件 sjt4.vbp。窗体上有名称为 Label1 的标签和名称为 Timer1 的计时器控件。该程序的功能是在名称为 Label1 的标签中循环显示不同的字符串。程序开始运行，在标签中显示“第一项”（如图所示），且每隔 1 秒钟依次显示“第二项”、“第三项”、“第四项”，如此循环。在给出的窗体文件中已经有了全部控件和程序，但程序不完整，要求去掉程序中的注释符，把程序中的“？”改为正确的内容。

注意：不能修改程序的其他部分和控件属性。最后把修改后的文件按原文件名存盘。

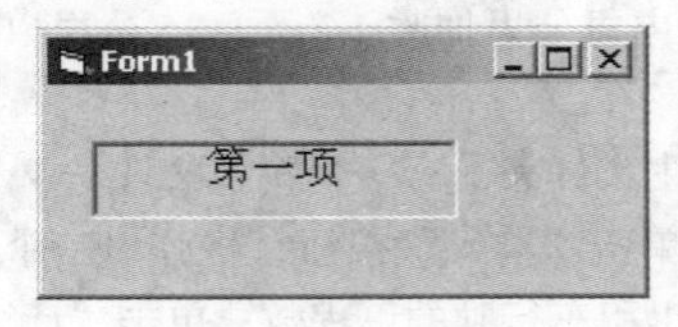

三、综合应用题

在考生文件夹下有一个工程文件 sjt5.vbp。其窗体中有一个名称为 Text1 的文本框数组，下标从 0 开始。程序运行时，单击“产生随机数”按钮，就会产生 10 个 3 位数的随机数，并放入 Text1 数组中（如图 1 所示）；单击“重排数据”按钮，将把 Text1 中的奇数移到前面，偶数移到后面（如图 2 所示）。已经给出了所有控件和部分程序。

要求：请去掉程序中的注释符，把程序中的“？”改为正确的内容，使其能正确运行，不能修改程序的其他部分和控件属性。最后把修改后的文件按原文件名存盘。

提示：在“重排数据”按钮的事件过程中有对其算法的文字描述，请仔细阅读。

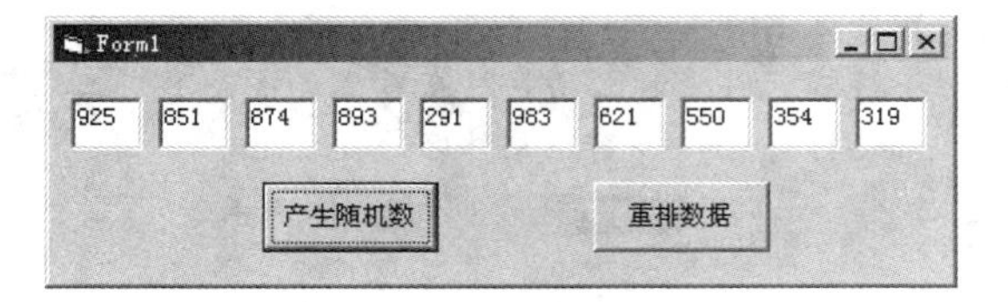

图 1

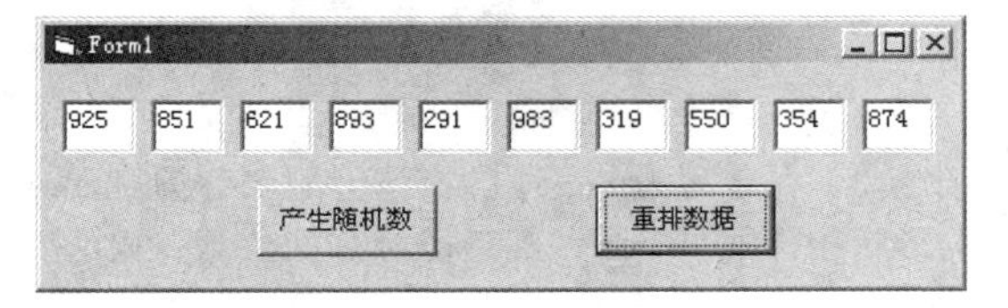

图 2

第10套　上机操作题

一、基本操作题

请根据以下各小题的要求设计 Visual Basic 应用程序（包括界面和代码）。

（1）在名称为 Form1 的窗体上建立一个名称为 Command1 的命令按钮数组，含三个命令按钮，它们的 Index 属性分别为 0、1、2，标题依次为“是”、“否”、“取消”，每个按钮的高、宽均为 300、800。窗体的标题为“按钮窗口”。运行后的窗体如图所示。

注意：存盘时必须存放在考生文件夹下，工程文件名为 sjt1.vbp，窗体文件名为 sjt1.frm。

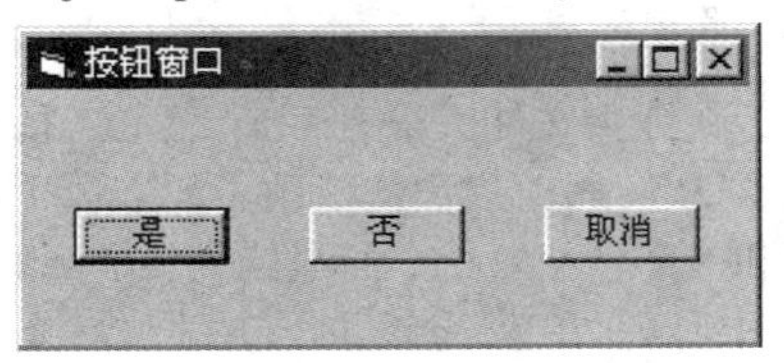

（2）在名称为 Form1 的窗体上画一个名称为 Sha1 的形状控件，然后建立一个菜单，标题为“形状”，名称为 shape0，该菜单有两个子菜单，其标题分别为“正方形”和“圆形”，其名称分别为 shape1 和 shape2，如图所示，然后编写适当的程序。程序运行后，如果选择“正方形”菜单项，则形状控件显示为正方形；如果选择“圆形”菜单项，则窗体上的形状控件显示为圆形。

注意：程序中不能使用变量，每个事件过程中只能写一条语句。保存时必须存放在考生文件夹下，工程文件名为 sjt2.vbp，窗体文件名为 sjt2.frm。

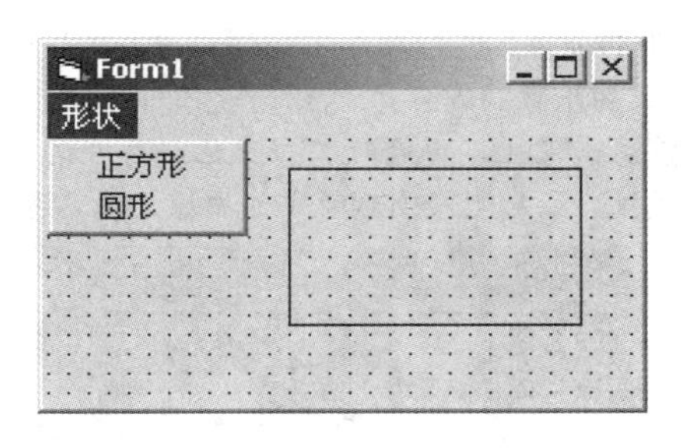

二、简单应用题

（1）在考生文件夹下有一个工程文件 sjt3.vbp，窗体上已经有两个文本框，名称分别为 Text1、Text2；和一个命令按钮，名称为 C1，标题为“确定”；请画两个单选按钮，名称分别为 Op1、Op2，标题分别为“男生”、“女生”；再画两个复选框，名称分别为 Ch1、Ch2，标题分别为“体育”、“音乐”。请编写适当的事件过程，使得在运行时，单击“确定”按钮后实现下面的操作：

① 根据选中的单选按钮，在 Text1 中显示“我是男生”或“我是女生”。

② 根据选中的复选框，在 Text2 中显示“我的爱好是体育”或“我的爱好是音乐”或“我的爱好是体育音乐”。如图所示。

注意：不得修改已经给出的程序和已有控件的属性。在结束程序运行之前，必须选中一个单选按钮和至少一个复选框，并单击“确定”按钮。必须使用窗体右上角的关闭按钮结束程序，否则无成绩。

（2）在考生文件夹下有一个工程文件 sjt4.vbp。窗体上有一个名称为 List1 的列表框，名称为 Timer1 的计时器，名称为 Label1 的标签，如图所示。请通过属性窗口向列表框添加四个项目，分别是：“第一项”、“第二项”、“第三项”、“第四项”。程序运行后，将计时器的时间间隔设置为 1 秒钟，每一秒钟从列表框中取出一个项目显示在 Label1 的标签中，首先显示“第一项”，然后，依次显示“第二项”、“第三项”、“第四项”，如此循环。在给出的窗体文件中已经有了全部控件和程序，但不完整，请添加

List1 中的项目，去掉程序中的注释符，把程序中的“？”改为正确的内容。

注意：考生不得修改工程中已经存在的内容和控件属性，最后把修改后的文件按原文件名存盘。

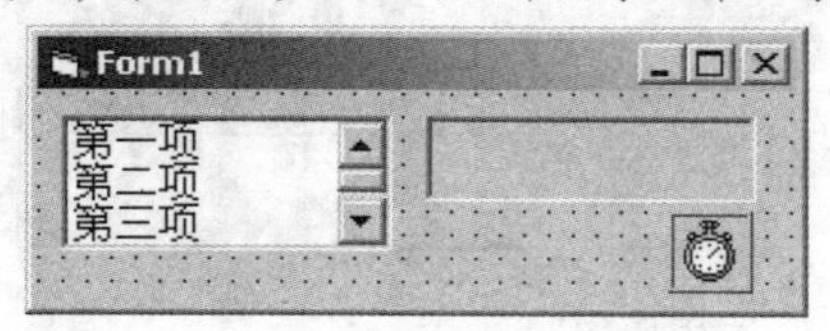

三、综合应用题

在窗体上画一个文本框，名称为 Text1（可显示多行），然后再画三个命令按钮，名称分别为 Command1，Command2 和 Command3，标题分别为“读数”，“统计”和“存盘”，如图所示。程序的其功能是：单击“读数”按钮，则把考生目录下的 in5.txt 文件中的所有英文字符放入 Text1（可多行显示）；单击“统计”按钮，找出并统计英文字母 i，j，k，l，m，n（不区分大小写）各自出现的次数；单击“存盘”按钮，将字母 i 到 n 出现次数的统计结果依次存到考生目录下的顺序文件 out5.txt 中。

注意：存盘时必须存放在考生文件夹下，工程文件名为 sjt5.vbp，窗体文件名为 sjt5.frm。

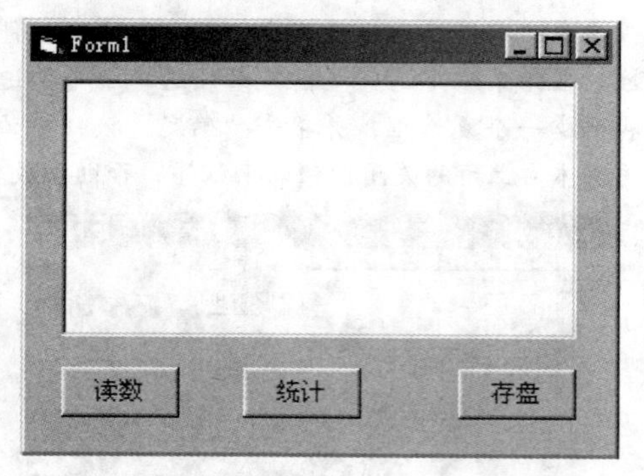

第11套 上机操作题

一、基本操作题

请根据以下各小题的要求设计 Visual Basic 应用程序（包括界面和代码）。

（1）在名称为 Form1，标题为“测试”的窗体上画一个名称为 Frame1、标题为“字体”的框架。在框架内画二个单选按钮，其名称分别为 Opt1 和 Opt2、标题分别为“隶书”和“宋体”。程序运行后的窗体如图所示。

注意：存盘时必须存放在考生文件夹下，工程文件名为 sjt1.vbp，窗体文件名为 sjt1.frm。

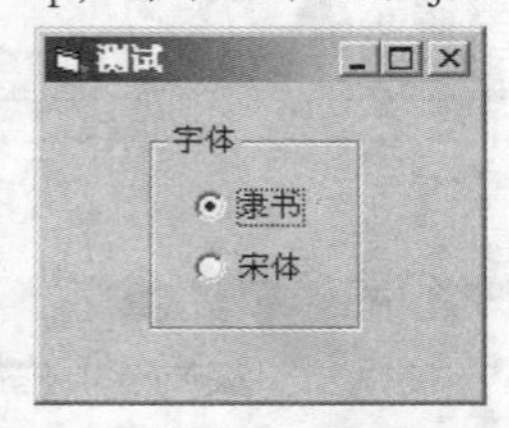

（2）在名称为 Form1 的窗体上用名称为 shape1 的形状控件画一个圆，其直径为 1000（高、宽均为 1000）；再画二个命令按钮，标题分别是“垂直线”和“水平线”，名称分别为 Command1、Command2，如图所示。然后编写两个命令按钮的 Click 事件过程。程序运行后，如果单击“垂直线”命令按钮，则圆的内部用垂直线填充；如果单击“水平线”命令按钮，则圆的内部用水平线填充。

注意：程序中不得使用变量，每个事件过程中只能写一条语句。存盘时必须存放在考生文件夹下，工程文件名为 sjt2.vbp，窗体文件名为 sjt2.frm。

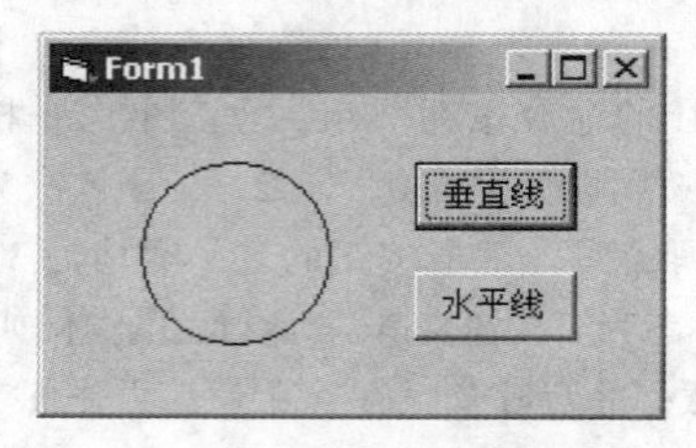

二、简单应用题

（1）在考生文件夹下有一个工程文件 sjt3.vbp，请在名称为 Form1 的窗体上画一个名称为 Text1 的文本框和一个名称为 C1，标题为“转换”的命令按钮，如图所示。在程序运行时，单击“转换”按钮，可以把 Text1 中的大写字母转换为小写，把小写字母转换为大写。窗体文件中已经给出了“转换”按钮的 Click 事件过程，但不完整，请去掉程序中的注释符，把程序中的“？”改为正确的内容。

注意：不能修改程序中的其他部分。最后把修改后的文件按原文件名存盘。

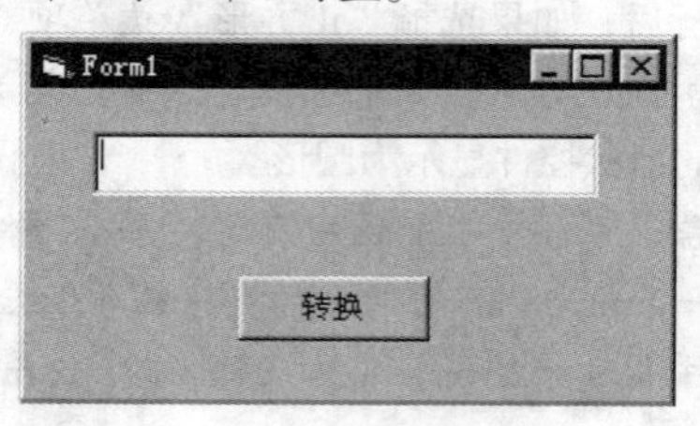

（2）在考生文件夹下有一个工程文件 sjt4.vbp，其功能是：①单击“读数据”命令按钮，把考生文件夹下 in4.dat 文件中已按升序方式排列的 60 个数读入数组 A，并显示在 Text1 中；②单击“输入”按钮，弹出一个输入对话框，接收用户输入的任意一个整数；③单击“插入”按钮，将输入的数插入 A 数组中合适的位置，使其仍保持 A 数组的升序排列，最后将 A 数组的内容重新显示在 Text1 中。在窗体文件中已经给出了全部控件（如图所示）和程序，但程序不完整，要求去掉程序中的注释符，把程序中的“？”改为正确的内容。本程序只考虑插入一个整数的情况。

注意：不得修改已经存在的内容和控件属性，最后将修改后的文件按原文件名存盘。

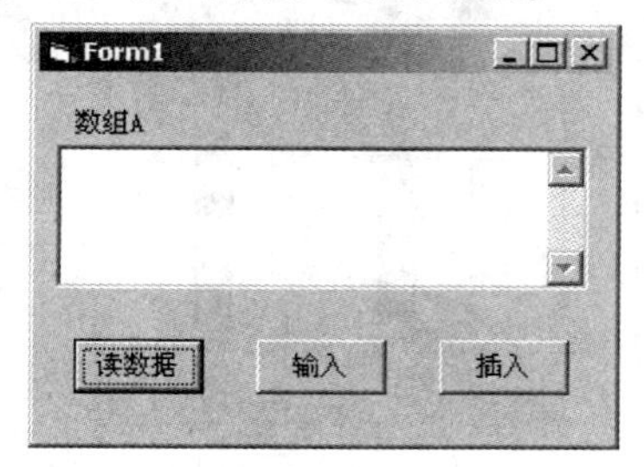

三、综合应用题

在考生文件夹下有一个工程文件 sjt5.vbp，其窗体上有二个标题分别为“读数据”和“统计”的命令按钮。请画二个标签，其名称分别是 Label1 和 Label2，标题分别为“单词的平均长度为”和“最长单词的长度为”；再画二个名称分别为 Text1 和 Text2，初始内容为空的文本框，如图所示。程序功能如下：

①如果单击“读数据”命令按钮，则将考生文件夹下 in5.dat 文件的内容读到变量 s 中（此过程已给出）；②如果单击“统计”按钮，则自动统计变量 s（s 中仅含有字母和空格，而空格是用来分隔不同单词的）中每个单词的长度，并将所有单词的平均长度（四舍五入取整）显示在 Text1 文本框内，将最长单词的长度显示在 Text2 文本框内。“读数据”命令按钮的 Click 事件过程已经给出，请为“统计”命令按钮编写适当的事件过程，实现上述功能。

注意：考生不得修改窗体文件中已经存在的控件和程序，在结束程序之前，必须进行统计，且必须通过单击窗体右上角的“关闭”按钮结束程序，否则无成绩。最后，程序按原文件名存盘。

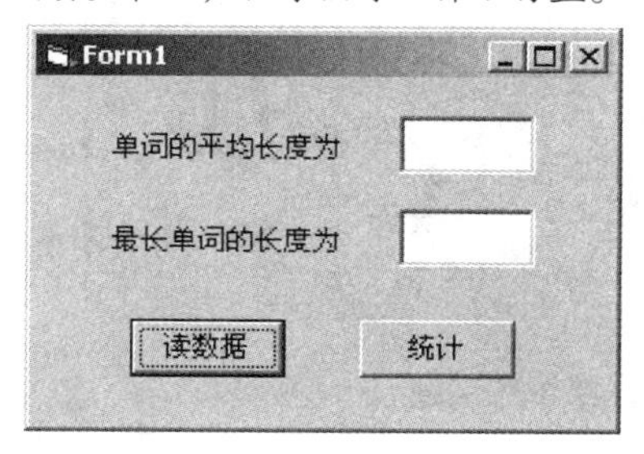

第12套 上机操作题

一、基本操作题

请根据以下各小题的要求设计 Visual Basic 应用程序（包括界面和代码）。

（1）在名称为 Form1 的窗体上用名称为 shape1 的形状控件画一个长、宽都为 1 200 的正方形。请设置适当的属性满足以下要求。

① 窗体的标题为“正方形”，窗体的最小化按钮不可用；

② 正方形的边框为虚线（线型不限）。运行后的窗体如图所示。

注意：存盘时必须存放在考生文件夹下，工程文件名为 sjt1.vbp，窗体文件名为 sjt1.frm。

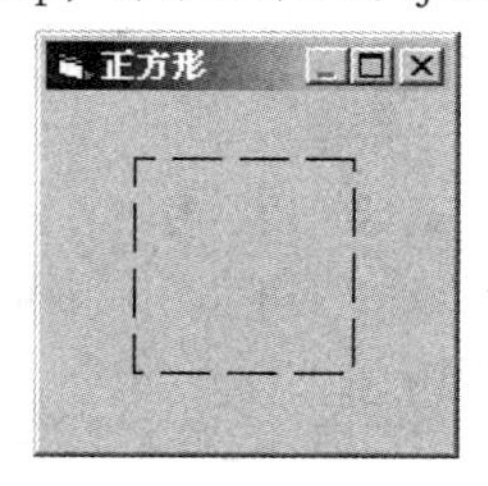

（2）在名称为 Form1、标题为“标签”的窗体上，画一个名称为 Label1，并可自动调整大小的标签，其标题为“计算机等级考试”，字体大小为三号字；再画二个命令按钮，标题分别是“宋体”和“黑体”，名称分别为 Command1、Command2。如图所示。

要求：编写两个命令按钮的 Click 事件过程。程序运行后，如果单击“宋体”命令按钮，则标签内容显示为宋体字体；如果单击“黑体”按钮，则标签内容显示为黑体字体。

注意：程序中不得使用变量，事件过程中只能写一条语句。存盘时必须存放在考生文件夹下，工程文件名为 sjt2.vbp，窗体文件名为 sjt2.frm。

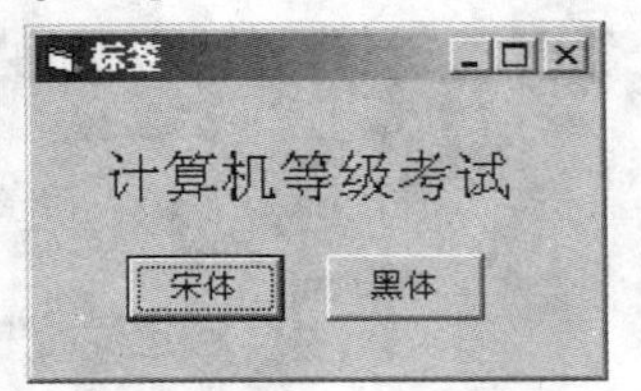

二、简单应用题

（1）在考生文件夹下有一个工程文件 sjt3.vbp，其窗体上有一个名称为 Label1 的控件数组，含三个标签，标题分别是“开始时间”、“结束时间”和“通话费用”；有一个名称为 Text1 的控件数组，含三个初始值为空的文本框；此外还有二个名称分别为 Cmd1 和 Cmd2 的命令按钮，标题分别是“通话开始”和“通话结束”。其中通过属性窗口对“通话结束”命令按钮的初始状态设置为禁用，如图所示。该程序的功能是计算公用电话计时收费。计时收费标准为：通话时间在 3 分钟以内时，收费 0.5 元；3 分钟以上时，每超过 1 分钟加收 0.15 元，不足 1 分钟按 1 分钟计算。程序执行的操作如下。

① 如果单击“通话开始”按钮，则在“开始时间”右侧的文本框中显示开始时间，且“通话结束”命令按钮变为可用状态，“通话开始”命令按钮不可用；

② 如果单击“通话结束”按钮，则“结束时间”右侧的文本框中显示结束时间，同时计算通话费用，并将其显示在“通话费用”右侧的文本框中，“通话开始”命令按钮变为可用状态，“通话结束”命令按钮不可用。在窗体文件中已经给出了全部控件（如图所示）和程序，但程序不完整，要求去掉程序中的注释符，把“？”改为正确的内容，以实现上述功能。

注意：*不得修改已经存在的内容和控件属性，最后将修改后的文件按原文件名存盘。*

（2）在考生文件夹下有一个工程文件 sjt4.vbp，文件 in4.txt 中有 5 组数据，每组 10 个，依次代表语文、英语、数学、物理、化学这 5 门课程 10 个人的成绩。程序运行时，单击“读入数据”按钮，可从文件 in4.txt 中读入数据放到数组 a 中。单击“计算”按钮，则计算 5 门课程的平均分（平均分取整），并依次放入 Text1 文本框数组中。单击“显示图形”按钮，则显示平均分的直方图，如图所示。窗体文件中已经有了全部控件，但程序不完整，要求去掉程序中的注释符，把程序中的“？”改为正确的内容。

注意：*不能修改程序的其他部分和控件属性。最后把修改后的文件按原文件名存盘。*

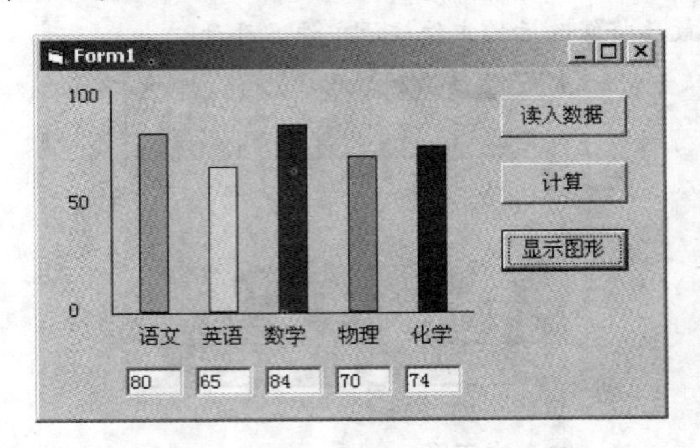

三、综合应用题

在考生文件夹下有一个工程文件 sjt5.vbp，其窗体上有二个标题分别是“读数据”和“统计”的命令按钮。请画二个标签，其名称分别是 Label1 和 Label2，标题分别为“最长单词的长度为”和“以该长度最后一次出现的单词是”；再画二个名称分别为 Text1 和 Text2，初始值为空的文本框，如图所示。程序功能如下。

① 如果单击“读数据”按钮，则将考生文件夹下 in5.dat 文件的内容读到变量 s 中（此过程已给出）；

② 如果单击“统计”按钮，则自动统计 in5.dat 文件（该文件中仅含有字母和空格，而空格是用来分隔不同单词的）中最长单词的长度，以及 in5.dat 中最后一个以该长度出现的单词，并将该单词的长度显示在 Text1 文本框内，将该单词显示在 Text2 文本框内。“读数据”命令按钮的 Click 事件过程已经给出，请为“统计”命令按钮编写适当的事件过程，实现上述功能。

注意：考生不得修改窗体文件中已经存在的控件和程序，在结束程序运行之前，必须进行统计，且必须通过单击窗体右上角的“关闭”按钮结束程序，否则无成绩。最后，程序按原文件名存盘。

Form1

最长单词的长度为

以该长度最后一次出现的单词是

读数据　统计

第13套 上机操作题

一、基本操作题

请根据以下各小题的要求设计 Visual Basic 应用程序（包括界面和代码）。

（1）在名称为 Form1、标题为“鼠标光标形状”的窗体上画 1 个名称为 Text1 的文本框。请通过属性窗口设置适当属性，使得程序运行时，鼠标在文本框中时，鼠标光标为箭头（Arrow）形状；在窗体中其他位置处，鼠标光标为十字（Cross）形状。

注意：存盘时必须存放在考生文件夹下，工程文件名为 sjt1.vbp，窗体文件名为 sjt1.frm。

（2）在名称为 Form1 的窗体上画二个名称分别为 Label1、Label2，标题分别为“开始位置”、“选中的字符数”的标签；画三个文本框，名称分别为 Text1、Text2、Text3，再画一个名称为 Command1，标题为“显示选中信息”的命令按钮。程序运行时，在 Text1 中输入若干字符，并用鼠标选中一些字符后，单击“显示选中信息”按钮，则把选中的第一个字符的顺序号显示在 Text2 中，选中的字符个数显示在 Text3 中，如图所示。

要求：画出所有控件，编写命令按钮的 Click 事件过程。

注意：要求程序中不得使用变量，事件过程中只能写两条语句，分别用于显示第一个字符的顺序号和显示选中的字符个数。存盘时必须存放在考生文件夹下，工程文件名为 sjt2.vbp，窗体文件名为 sjt2.frm。

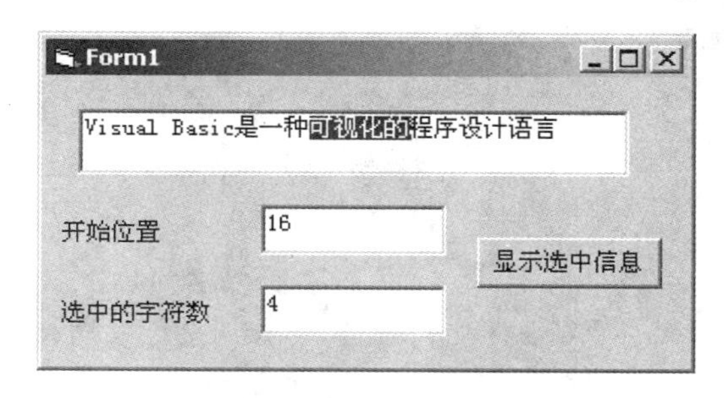

二、简单应用题

（1）在考生文件夹下有一个工程文件 sjt3.vbp，窗体上有一个矩形和一个圆，还有垂直和水平滚动条各一个。程序运行时，移动某个滚动条的滚动块，可使圆做相应方向的移动。滚动条刻度值的范围是圆可以在矩形中移动的范围。以水平滚动条为例，滚动块在最左边时，圆靠在矩形的左边线上，见图 1；滚动块在最右边时，圆靠在矩形的右边线上，见图 2。垂直滚动条的情况与此类似。已经给出了全部控件和程序，但程序不完整，请去掉程序中的注释符，把程序中的“？”改为正确的内容。

注意：不能修改程序的其他部分和控件属性。最后把修改后的文件按原文件名存盘。

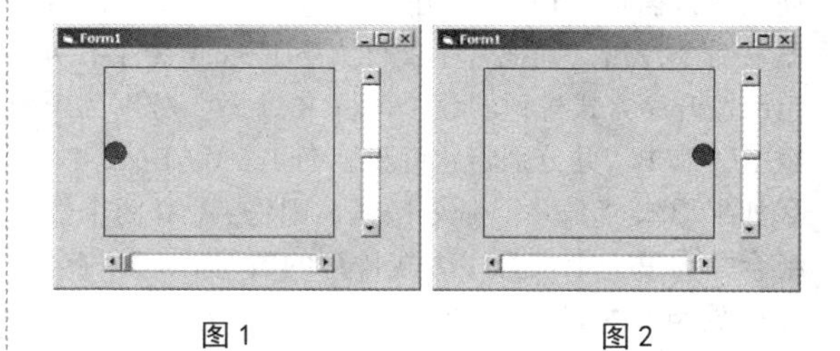

图 1　　　　图 2

（2）在考生文件夹下有一个工程文件 sjt4.vbp。窗体中已经给出了所有控件，如图所示。运行时，单击“发射”按钮，航天飞机图标将向上运动，速度逐渐加快，全部进入云中后则停止，并把飞行距离（用坐标值表示）、所用时间（单位为秒）分别显示在标签 Label1 和 Label2 中；单击“保存”按钮，则把飞行距离、所用时间存入考生文件夹下的 out4.txt 文件中。已经给出了程序，但不完整，请去掉程序中的注释符，把程序中的“？”改为正确的内容。

注意：不能修改程序的其他部分和控件属性。最后把修改后的文件按原文件名存盘。

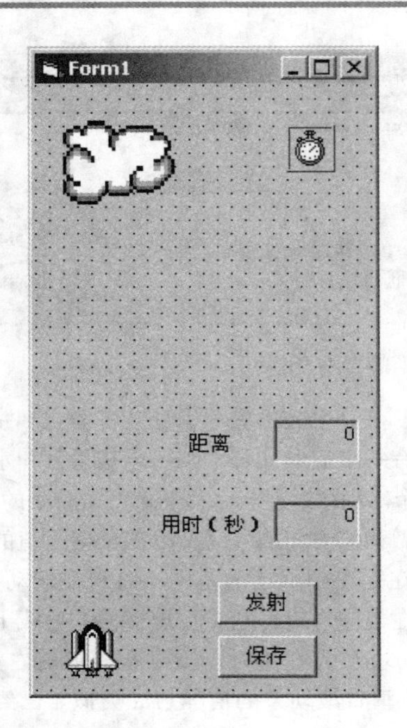

三、综合应用题

在考生文件夹下有一个工程文件 sjt5.vbp，其窗体上有三个标签、三个文本框和两个命令按钮，均使用默认名称。程序的功能是：①如果单击“读数据”命令按钮，则把考生文件夹下 in5.dat 文件中两组已按升序方式排列的数（每组 30 个数）分别读入数组 A 和 B，并分别将它们显示在 Text1、Text2 中；②如果单击“合并”命令按钮，则将 A、B 两个数组合并为另一个按升序方式排列的数组 C，并将合并后数组 C 中的数据依升序方式显示在 Text3 中。窗体中给出了所有控件（如图所示）以及“读数据”命令按钮的 Click 事件过程，请完善“合并”命令按钮的 Click 事件过程，使其实现上述功能。

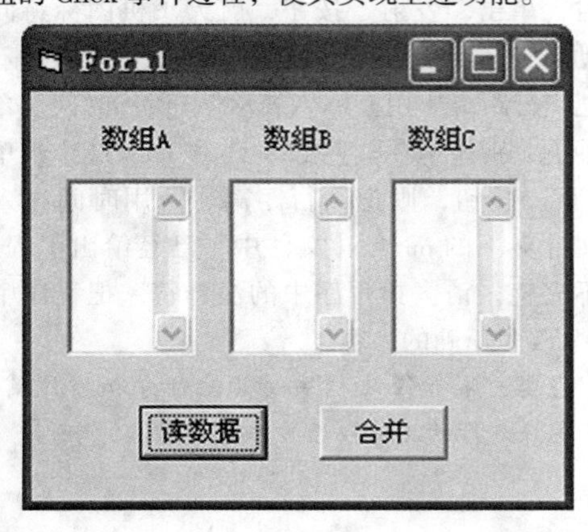

注意： 不得修改已经存在的控件和程序，在结束程序运行之前，必须进行合并操作，且必须通过窗体右上角的“关闭”按钮结束程序，否则无成绩。最后，程序按原文件名存盘。

第14套 上机操作题

一、基本操作题

请根据以下各小题的要求设计 Visual Basic 应用程序（包括界面和代码）。

（1）在名称为 Form1 的窗体上画一个名称为 Shape1 的圆角矩形，高、宽分别为 1000、2000。请利用属性窗口设置适当的属性满足以下要求：

① 圆角矩形中填满绿色（颜色值为 &H0000FF00& 或 &HFF00&）；

② 窗体的标题为“圆角矩形”。

运行后的窗体如图所示。

注意： 存盘时必须存放在考生文件夹下，工程文件名为 sjt1.vbp，窗体文件名为 sjt1.frm。

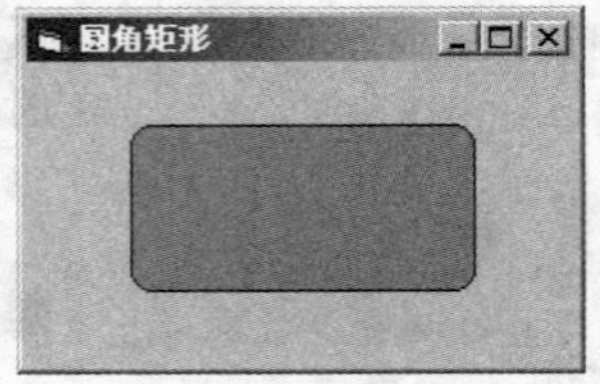

（2）在考生文件夹下有一个工程文件 sjt2.vbp。窗体中已含有除计时器外的其他控件，还有一个过程 sub1，其功能是按照 Text1 中的通话时间计算通话费，并将其显示在 Text2 中。程序运行时，单击“通话开始”按钮，则在 Text1 中累加通话时间（每秒加 1），单击“通话结束”按钮，则停止通话时间的累加；单击“计算通话费”按钮，则调用过程 sub1。

要求： ①在窗体上画一个计时器（见图），并通过属性窗口设置适当属性。②编写三个按钮的 Click 事件过程。③编写计时器的事件过程。

注意： 要求程序中不得使用变量，每个事件过程中只能写一条语句，“计算通话费”按钮的事件过程中只允许调用过程 sub1。不得修改已经存在的内容和控件属性，最后把文件按原文件名存盘。

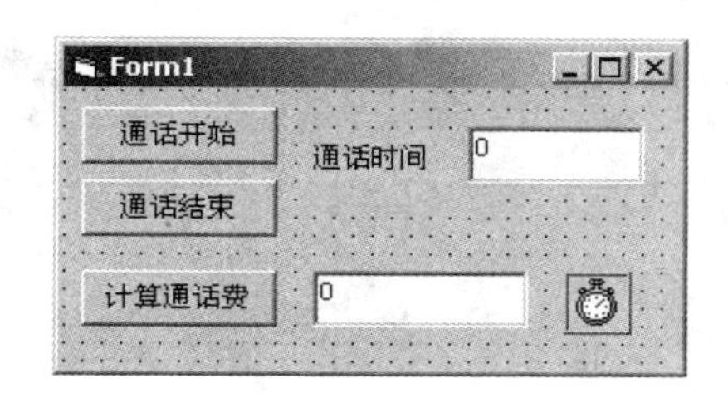

二、简单应用题

（1）在考生文件夹下有一个工程文件 sjt3.vbp。程序运行时，单击窗体则显示如图所示的图案。请去掉程序中的注释符，把程序中的“？”改为正确的内容。

注意：不能修改程序的其他部分和控件属性。最后把修改后的文件按原文件名存盘。

（2）在考生文件夹下有一个工程文件 sjt4.vbp，窗体中有一个矩形和一个圆，程序运行时，单击“开始”按钮，圆可以纵向或横向运动（通过选择单选按钮来决定），碰到矩形的边时，则向相反方向运动，单击“停止”按钮，则停止运动，如图所示。可以选择单选按钮随时改变运动方向。已经给出了所有控件和程序，但程序不完整，请去掉程序中的注释符，把程序中的“？”改为正确的内容。

注意：不得修改已经存在的内容和控件属性，最后把修改后的文件按原文件名存盘。

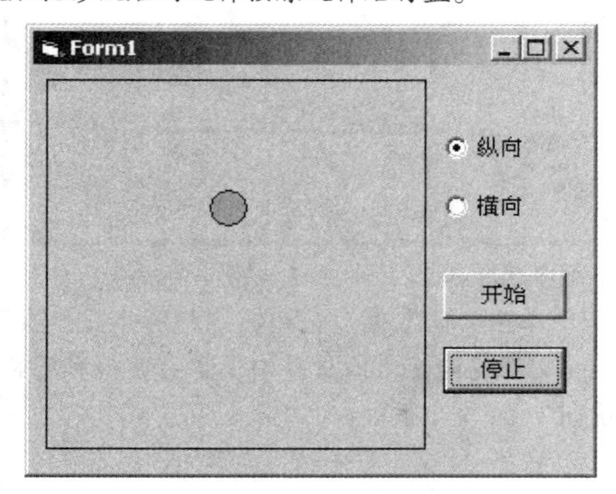

三、综合应用题

在考生文件夹下有一个工程文件 sjt5.vbp。程序运行时，单击“装入数据”按钮，则从考生目录下的 in5.txt 文件中读入所有城市名称和距离，城市名称按顺序添加到列表框 List1 中，距离放到数组 a 中；当选中列表框中的一个城市时，它的距离就显示在 Text1 中，如图所示；此时，单击“计算运费”按钮，则计算到该城市的每吨运费（结果取整，不四舍五入），并显示在 Text2 中。

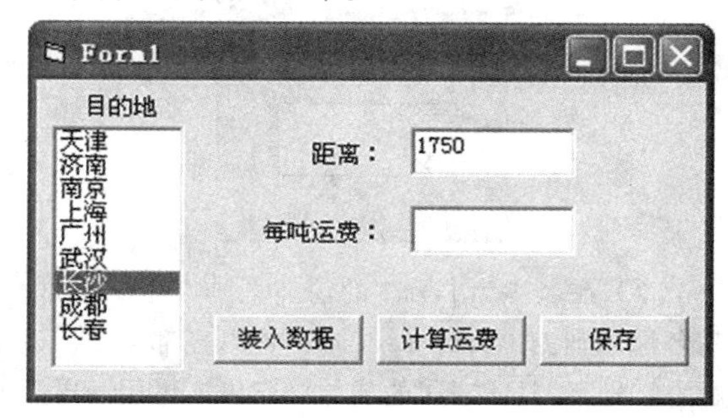

每吨运费的计算方法是：距离 × 折扣 × 单价。其中，单价为 0.3。

距离 <500	折扣为 1
500 ≤距离 <1 000	折扣为 0.98
1 000 ≤距离 <1 500	折扣为 0.95
1 500 ≤距离 <2 000	折扣为 0.92
2 000 ≤距离	折扣为 0.9

单击“保存”按钮，则把距离和每吨运费存到文件 out5.txt 中。

已经给出了所有控件和部分程序。

要求：①去掉程序中的注释符，把程序中的“？”改为正确的内容；

②编写列表框的 Click 事件过程；

③编写“计算运费”按钮的 Click 事件过程。

注意：不得修改已经存在的程序；在退出程序之前，必须至少计算一次运费，且必须用“保存”按钮存储计算结果，否则无成绩。最后，程序按原文件名存盘。

第15套　上机操作题

一、基本操作题

请根据以下各小题的要求设计 Visual Basic 应用程序（包括界面和代码）。

（1）在名称为 Form1，标题为“考试”的窗体上画一个名称为 Combo1、初始内容为空的下拉式组合框。下拉列表中有“隶书”、“宋体”和“楷体”三个项目。运行后的窗体如图所示。

注意：存盘时必须存放在考生文件夹下，工程文件名为 sjt1.vbp，窗体文件名为 sjt1.frm。

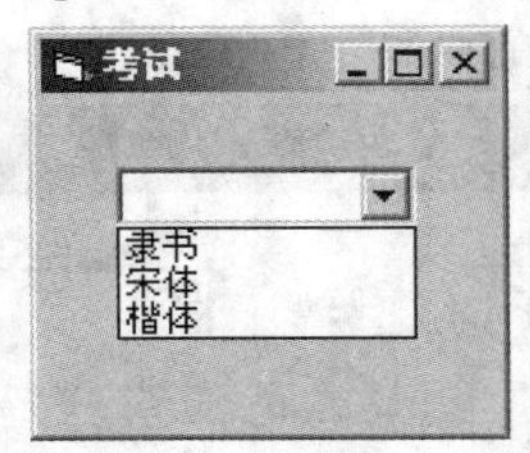

（2）在名称为 Form1 的窗体上画二个文本框，其名称分别为 Text1、Text2，初始内容都为空，显示为三号字，且 Text1 的初始状态为不可用。再画一个名称为 Command1、标题为“开始”的命令按钮。如图所示。

要求：编写适当的事件过程，使得单击“开始”按钮后，Text1 文本框变为可用状态，且在 Text1 文本框中输入字母串时，Text2 文本框中用大写字母形式显示 Text1 文本框中的内容。程序中不得使用变量，每个事件过程中只能写一条语句。

注意：存盘时必须存放在考生文件夹下，工程文件名为 sjt2.vbp，窗体文件名为 sjt2.frm。

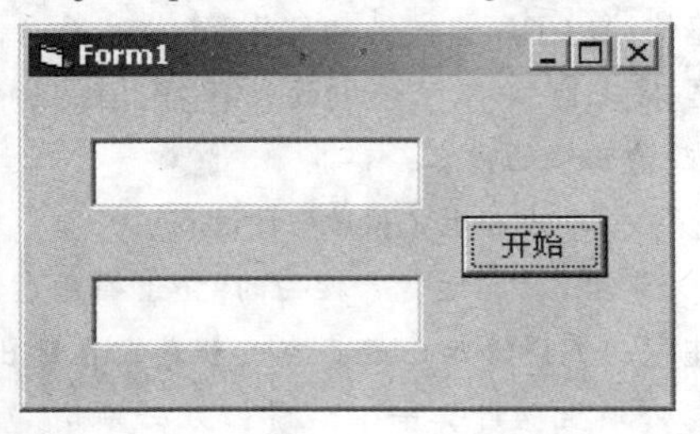

二、简单应用题

（1）在考生文件夹下有一个工程文件 sjt3.vbp，其功能是：①单击“读数据”按钮，则把考生文件夹下 in3.dat 文件中的 20 个整数读入数组 a 中，同时显示在 Text1 文本框中；②单击“变换”按钮，则数组 a 中元素的位置自动对调（即第一个数组元素与最后一个数组元素对调，第二个数组元素与倒数第二个数组元素对调……），并将位置调整后的数组显示在文本框 Text2 中。在窗体文件中已经给出了全部控件（如图所示），但程序不完整。

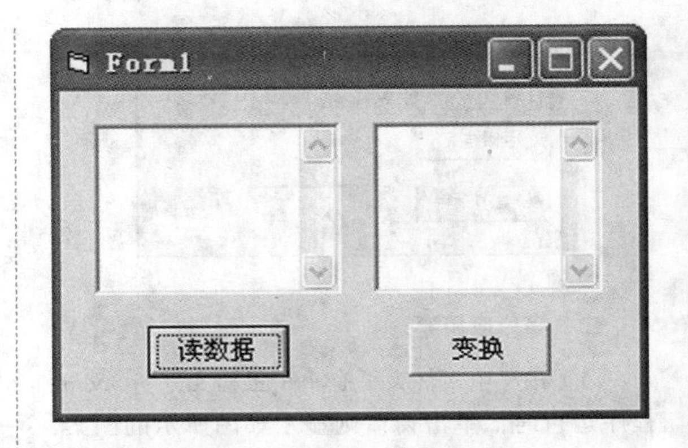

要求：完善程序使其实现上述功能。

注意：考生不得修改窗体文件中已经存在的控件和程序，在结束程序运行前，必须执行“变换”操作，且必须用窗体右上角的“关闭”按钮结束程序，否则无成绩。最后，程序按原文件名存盘。

（2）在考生文件夹下有一个工程文件 sjt4.vbp，窗体上有二个标题分别为“读数据”和“统计”的命令按钮；二个名称分别为 Text1 和 Text2，初始值为空的文本框，如图所示。

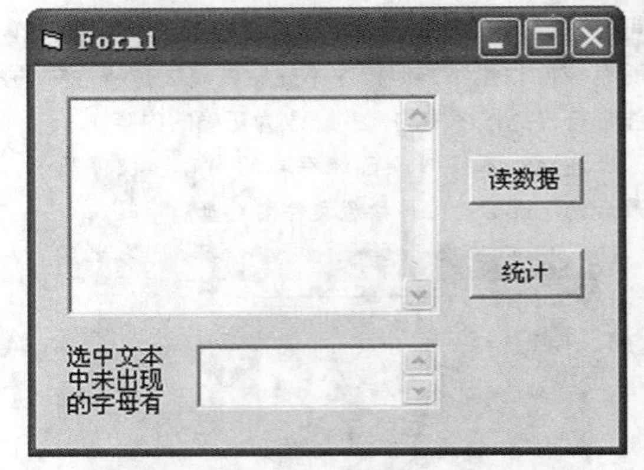

程序功能如下。

① 单击“读数据”按钮，则将考生文件夹下 in4.dat 文件的内容（该文件中仅含有字母和空格）显示在 Text1 文本框中；

② 在 Text1 文本框中选中内容后，单击“统计”按钮，则自动统计选中文本中从未出现过的字母（统计过程中不区分大小写），并将这些字母以大写形式显示在 Text2 文本框内。请将“统计”按钮 Click 事件过程中的注释符去掉，把“？”改为正确内容，以实现上述程序功能。

注意：考生不得修改窗体文件中已经存在的控件和程序。最后把修改后的文件按原文件名存盘。

三、综合应用题

在考生文件夹下有一个工程文件 sjt5.vbp，在该工程文件中已经定义了一个学生记录类型数据 StudType。有三个标题分别为“学号”、“姓名”和“平均分”的标签；三个初始内容为空，用于接收学号、姓名和平均分的文本框 Text1、Text2 和 Text3；一个用于显示排序结果的图片框。还有两个标题分别是“添加”和“排序”的命令按钮。如图所示。

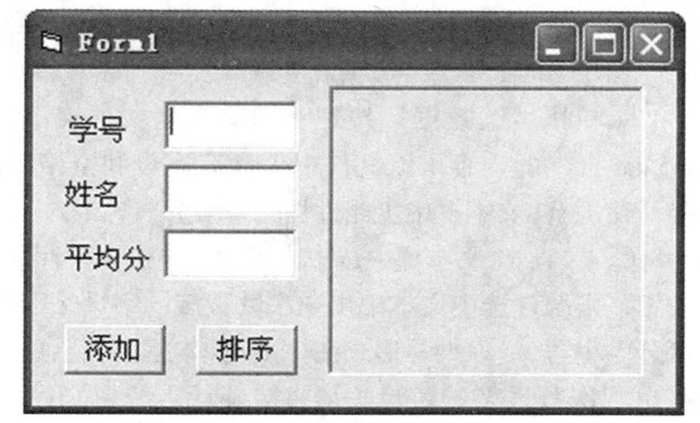

程序功能如下。

① 在 Text1、Text2 和 Text3 三个文本框中输入学号、姓名和平均分后，单击“添加”按钮，则将输入内容存入自定义的学生记录类型数组 stud 中（注：最多只能输入 10 个学生信息，且学号不能为空）。

② 单击“排序”按钮，则将学生记录类型数组 stud 中存放的学生信息，按平均分降序排列的方式显示在图片框中，每个学生一行，且显示三项信息。请将“添加”、“排序”按钮 Click 事件过程中的注释符去掉，把“？”改为正确的内容，以实现上述程序功能。

注意：考生不得修改窗体文件中已经存在的控件和程序，最后把修改后的文件按原文件名存盘。

第16套 上机操作题

一、基本操作题

请根据以下各小题的要求设计 Visual Basic 应用程序（包括界面和代码）。

（1）在名称为 Form1，标题为“标签”的窗体上，画一个名称为 Label1，内容为“计算机等级考试”，显示为四号字的标签。请设置适当的属性满足以下要求。

① 窗体不带有最大化、最小化及关闭按钮；

② 标签带有边框；

③ 标签可依据 Caption 属性指定的内容自动调整其大小。

运行后的窗体如图所示。

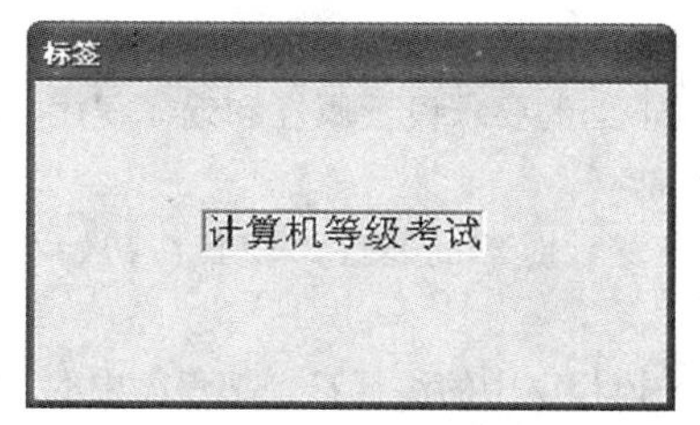

注意：存盘时必须存放在考生文件夹下，工程文件名为 sjt1.vbp，窗体文件名为 sjt1.frm。

（2）在名称为 Form1 的窗体上画一个名称为 Text1，内容为“程序设计”的文本框，且显示为三号字、居中；再画两个命令按钮，标题分别是“粗体”和“斜体”，名称分别为 Command1、Command2。如图所示。

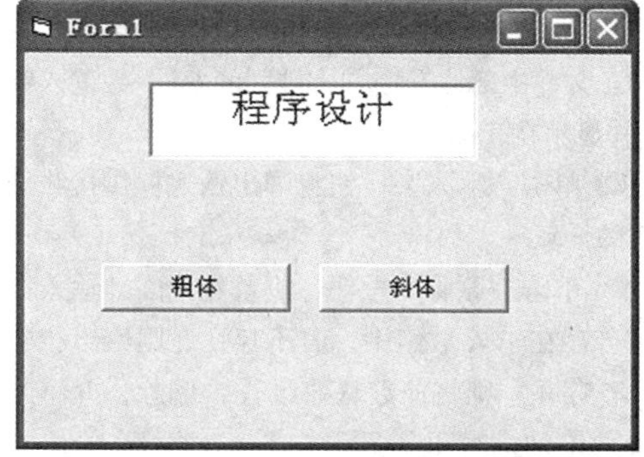

要求：编写两个命令按钮的 Click 事件过程，使得单击“粗体”按钮时，文本框的内容显示为粗体格式；单击“斜体”按钮时，文本框的内容显示为斜体格式。

注意：程序中不得使用变量，每个事件过程中只能写一条语句。存盘时必须存放在考生文件夹下，工程文件名为 sjt2.vbp，窗体文件名为 sjt2.frm。

二、简单应用题

（1）在考生目录下有一个工程文件 sjt3.vbp，其中的窗体中有一个名为 Text1 的文本框，初始内容为 0；一个标签；一个计时器；一个有两个元素的单选按钮数组，名称为 Op1，标题依次为“1 秒”、“3

秒”；两个命令按钮，名称分别为 C1、C2，标题分别为“开始计数”、“停止计数”，同时给出了两个事件过程，但并不完整。在运行时要完成下面的功能：单击一个单选按钮，可以设置计时间隔为 1 秒或 3 秒；单击“开始计数”，则 Text1 中的数按设定的计时间隔每次加 1；单击“停止计数”，则 Text1 中的数不再变化。

请按下面的要求设置属性和编写程序，以便实现上述功能。

① 设置计时器的属性，使其在初始状态下不计时。

② 去掉程序中的注释符，把程序中的“？”改为正确的内容。

③ 为两个命令按钮编写适当的事件过程，每个事件过程中只能有一条语句，不能使用变量。

注意：不能修改已有程序的其他部分和控件的其他属性。最后把修改后的文件按原文件名存盘。

（2）在考生文件夹下有一个工程文件 sjt4.vbp，其功能是。

① 单击“读数据”按钮，则把考生文件夹下 in4.dat 文件中已按升序方式排列的 60 个数读入数组 A，并显示在 Text1 中；

② 单击“输入”按钮将弹出输入框供接收用户输入的任意一个数；

③ 单击“删除”按钮，则首先判断“输入”的数是否存在于 A 数组中，若不存在，则给出相应提示，若存在，则将该数从数组 A 中删除，并将删除后 A 数组的内容重新显示在 Text1 中。在给出的窗体文件中已经有了全部控件（如图所示），但程序不完整。

要求：去掉“删除”按钮 Click 事件过程中的注释符，把“？”改为正确的内容，以实现上述程序功能。

注意：不得修改已经存在的内容和控件属性，最后将修改后的文件按原文件名存盘。

三、综合应用题

在考生文件夹下有一个工程文件 sjt5.vbp，窗体上有两个标题分别是“读数据”和“统计”的命令按钮和初始值为空、名称分别为 Text1 和 Text2 的两个文本框，如图所示。

程序功能如下。

①单击“读数据”按钮，则将考生文件夹下 in5.dat 文件的内容（该文件中仅含有字母和空格）显示在 Text1 文本框中（此过程已给出）；

② 在 Text1 文本框中选中内容后，单击“统计”按钮，则统计选中文本中出现次数最多的字母（不区分大小写），以大写形式在 Text2 文本框内显示这些出现次数最多的字母。请将“统计”按钮 Click 事件过程中的注释符去掉，把“？”改为正确的内容，以实现上述程序功能。

注意：考生不得修改窗体文件中已经存在的控件和程序，最后将程序按原文件名存盘。

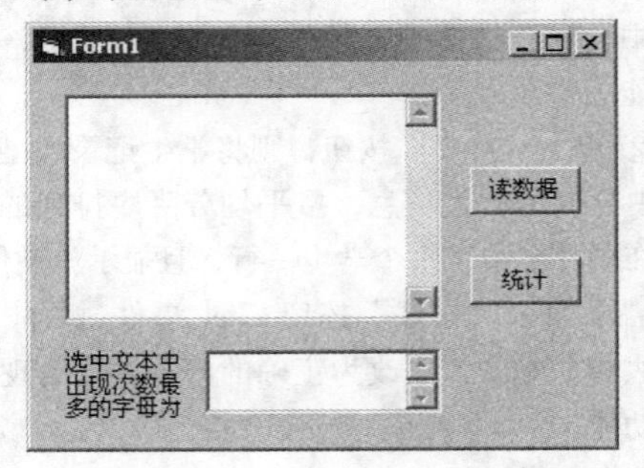

第17套 上机操作题

一、基本操作题

请根据以下各小题的要求设计 Visual Basic 应用程序（包括界面和代码）。

（1）在名称为 Form1，标题为“图片”的窗体上画一个名称为 Image1 的图像框，其高为 2500，宽为 2000。请通过属性窗口设置适当属性，装入考生目录下的图片文件 pic1.jpg，并使图片适应图像框的大小（如图所示）。

注意：存盘时必须存放在考生文件夹下，工程文件名为 sjt1.vbp，窗体文件名为 sjt1.frm。

（2）在名称为 Form1 的窗体上画一个名称为 Label1，标题为“口令”的标签；画一个名称为 Text1 的文本框；再画三个命令按钮，名称分别为 Command1、Command2、Command3，标题分别为“显示口令”、“隐藏口令”、“重新输入”。程序运行时，在 Text1 中输入若干字符，单击“隐藏口令”按钮，则只显示同样数量的“*”（如图 2 所示）；单击“显示口令”按钮，则显示输入的字符（如图 1 所示），单击“重新输入”按钮，则清除 Text1 中的内容，并把光标定位到 Text1 中。

要求：请画出所有控件，编写命令按钮的 Click 事件过程，程序中不得使用变量，在“显示口令”、“隐藏口令”按钮的事件过程中只能写一条语句。存盘时必须存放在考生文件夹下，工程文件名为 sjt2.vbp，窗体文件名为 sjt2.frm。

图 1

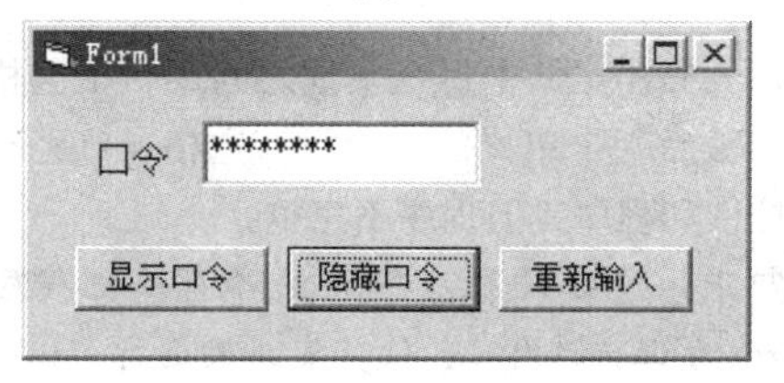

图 2

二、简单应用题

（1）在考生文件夹下有一个工程文件 sjt3.vbp，在程序运行时，单击“输入整数”按钮，可以从键盘输入一个整数，并在窗体上显示此整数的所有不同因子和因子个数。图 1 是输入 53 后的结果，图 2 是输入 100 的结果。已经给出了全部控件和程序，但程序不完整。

要求：请去掉程序中的注释符，把程序中的“？”改为正确的内容。不能修改程序中的其他部分，也不能修改控件的属性。最后用原来的文件名保存工程文件和窗体文件。

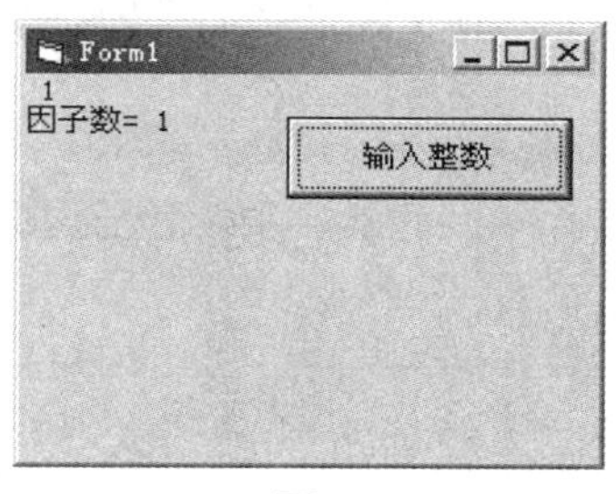

图 1

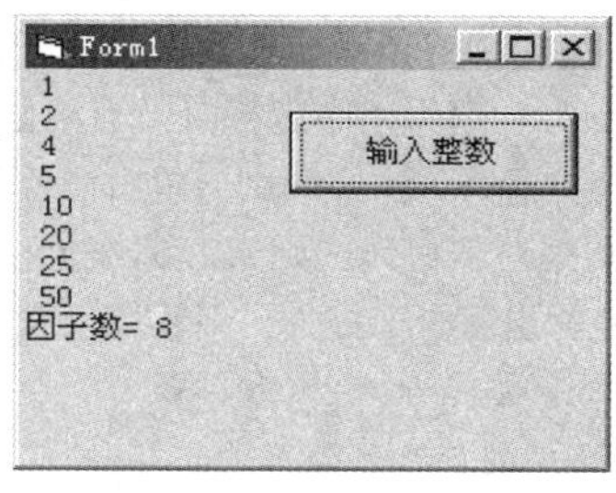

图 2

（2）在考生文件夹下有一个工程文件 sjt4.vbp。在其窗体中“待选城市”下的 List1 列表框中有若干个城市名称。程序运行时，选中 List1 中若干个列表项（如图 1 所示），单击“选中”按钮则把选中的项目移到 List2 中，单击“显示”，则在 Text1 文本框中显示这些选中的城市（如图 2 所示）。已经给出了所有控件和程序，但程序不完整。

要求：请去掉程序中的注释符，把程序中的“？”改为正确的内容，使其能正确运行，但不能修改程序中的其他部分和控件属性。最后用原来的文件名保存工程文件和窗体文件。

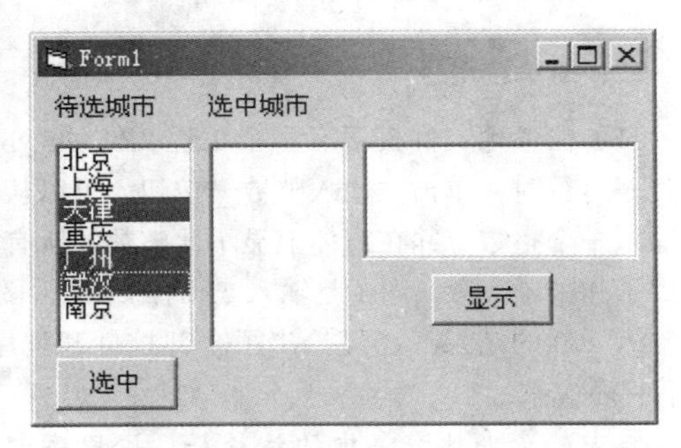

图 1

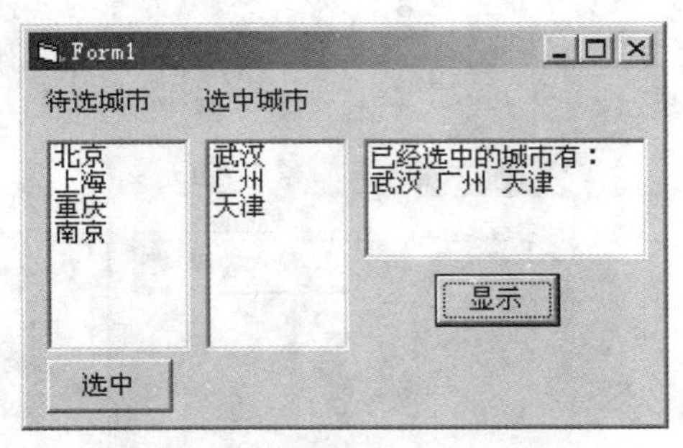

图 2

三、综合应用题

在考生文件夹下有一个工程文件 sjt5.vbp，其窗体中有一个实心圆。程序运行时，当用鼠标左键单击窗体任何位置时，实心圆则向单击位置直线移动；若用鼠标右键单击窗体，则实心圆停止移动。窗体文件中已经给出了全部控件，但程序不完整。

要求：请去掉程序中的注释符，把程序中的“？”改为正确的内容，使其能正确运行，不能修改程序的其他部分和控件属性。最后把修改后的文件按原文件名存盘。

第18套 上机操作题

一、基本操作题

请根据以下各小题的要求设计 Visual Basic 应用程序（包括界面和代码）。

（1）在名称为 Form1 的窗体上画两个名称分别为 Frame1、Frame2 的框架，标题分别为“字号”、“修饰”；在 Frame1 中画两个单选按钮，名称分别为 Option1、Option2，标题分别为“10 号字”、“20 号字”，且标题显示在单选按钮的左边；在 Frame2 中画一个名称为 Check1 的复选框，标题为“下划线”。运行后的窗体如图所示。

注意：存盘时必须存放在考生文件夹下，工程文件名为 sjt1.vbp，窗体文件名为 sjt1.frm。

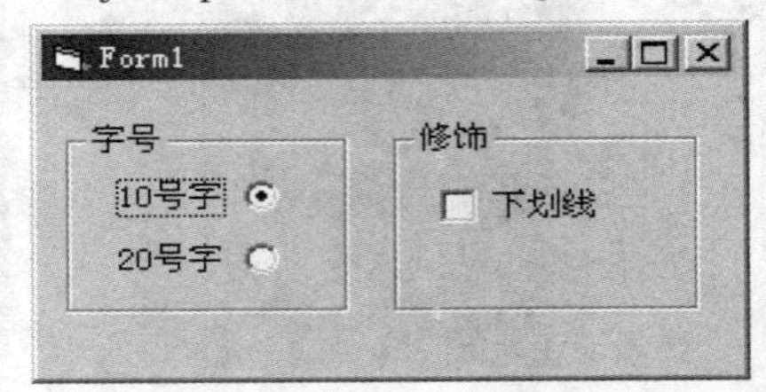

（2）在名称为 Form1 的窗体上从上到下画两个文本框，名称分别为 Text1、Text2；再画 1 个命令按钮，名称为 Command1，标题为“选中字符数是”。程序运行时，在 Text1 中输入若干字符，选中部分内容后，单击“选中字符数是”按钮，则在 Text2 中显示选中的字符个数（如图所示）。请编写按钮的 Click 事件过程。

要求：程序中不得使用变量，事件过程中只能写一条语句。

注意：存盘时必须存放在考生文件夹下，工程文件名为 sjt2.vbp，窗体文件名为 sjt2.frm。

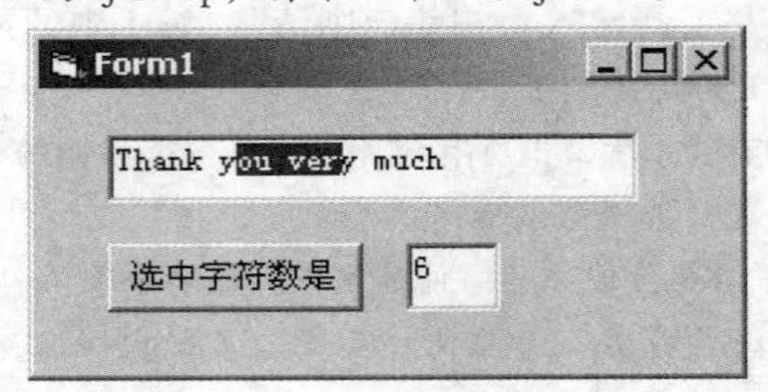

二、简单应用题

（1）在考生文件夹下有一个工程文件 sjt3.vbp。程序运行后，单击“读入数据”，可把考生文件夹下 in3.txt 文件中的所有英文单词读入，并显示在 Text1 文本框中；单击“插入列表框”按钮，则按顺序把每个单词作为一项添加到 List1 列表框中（如图所示）。

在 in3.txt 文件中每个单词之间用一个空格字符隔开，最后一个单词的后面没有空格。已经给出了所有控件和程序，但程序不完整。

要求：请去掉程序中的注释符，把程序中的“？”改为正确的内容，使其能正确运行，但不能修改程序中的其他部分和控件属性。最后用原来的文件名保存工程文件和窗体文件。

（2）在考生文件夹下有一个工程文件 sjt4.vbp，窗体上已经画出所有控件，如图所示。在运行时，如果单击“开始”按钮，则窗体上的汽车图标每 0.1 秒向右移动一次（初始状态下不移动）；如果单击“停止”按钮，则停止移动。

请完成以下工作：

① 设置适当控件的适当属性，使得汽车图标每 0.1 秒向右移动一次，而初始状态下不移动；

② 请去掉程序中的注释符，把程序中的“?”改为正确的内容；

③ 为两个命令按钮编写适当的事件过程。最后以原文件名存盘。

注意：不得修改已经给出的程序。编写的事件过程中不能使用变量，每个事件过程中只能有一条语句。

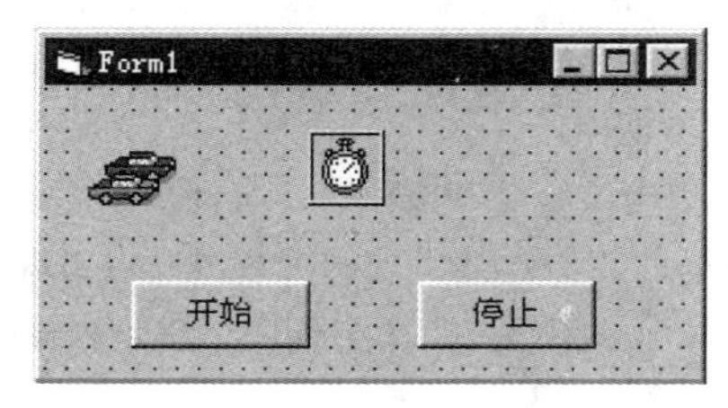

三、综合应用题

在考生文件夹下有一个工程文件 sjt5.vbp。在窗体文件中已经给出了全部控件及部分程序。程序运行时，在文本框 Text1 中输入一个大于 2 的偶数，并单击“分解为”命令按钮，则可以将该偶数分解为两个素数之和，且要求其中一个素数是所能够分解出的最小的素数（一个偶数有时可以分解为多种素数的组合，例如 24 可以分解为 5 和 19，也可以分解为 11 和 13，要求取含有最小素数的组合，如图所示）。要求编写“分解为”命令按钮事件过程中“考生编写程序开始”和“考生编写程序结束”之间的代码，以实现上述功能。过程 IsPrime 用来判断一个数是否为素数，如果是，返回值为 True，否则返回值为 False。

注意：不得修改原有程序和控件的属性。至少正确运行一次程序，且运行时在文本框中输入 23456，单击“分解为”按钮，将结果显示在标签中，否则无成绩。最后把修改后的文件按原文件名存盘。

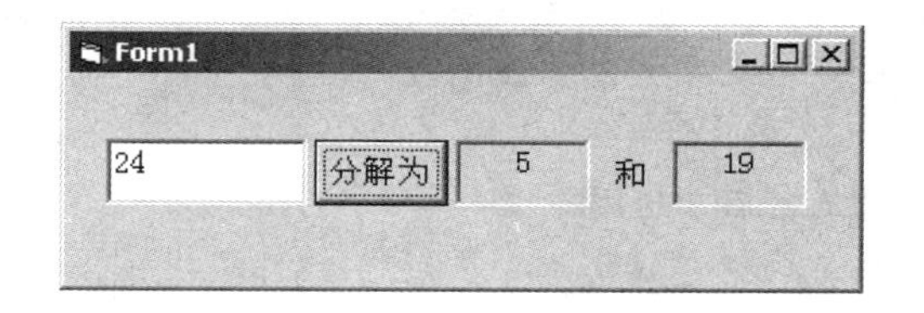

第19套　上机操作题

一、基本操作题

请根据以下各小题的要求设计 Visual Basic 应用程序（包括界面和代码）。

（1）在名称为 Form1，标题为“练习”的窗体上画一个名称为 Frame1、标题为“效果”的框架。框架内含有三个复选框，其名称分别为 Chk1、Chk2 和 Chk3，标题分别为“倾斜”、“加粗”和“下划线”。运行后的窗体如图所示。

要求：存盘时必须存放在考生文件夹下，工程文件名为 sjt1.vbp，窗体文件名为 sjt1.frm。

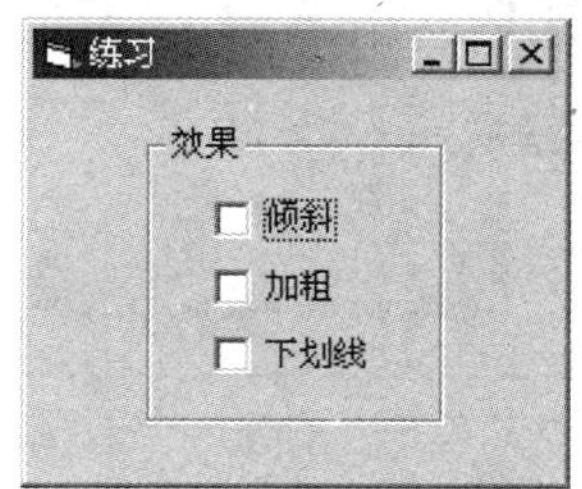

（2）在名称为 Form1 的窗体上画一个名称为 Label1 的标签，其初始内容为空，且能根据指定的标题内容自动调整标签的大小；再画两个命令按钮，标题分别是“日期”和“时间”，名称分别为 Command1、Command2。请编写两个命令按钮的 Click 事件过程，使得单击“日期”按钮时，标签内显示系统当前日期；单击“时间”按钮时，标签内显示系统当前时间。如图所示。

要求：程序中不得使用变量，每个事件过程中只能写一条语句。

注意： 存盘时必须存放在考生文件夹下，工程文件名为 sjt2.vbp，窗体文件名为 sjt2.frm。

二、简单应用题

（1）在考生文件夹下有一个工程文件 sjt3.vbp，其功能是：

① 单机“读数据”按钮，则把考生文件夹下 in3.dat 文件中的 100 个正整数读入数组 a 中；

② 单机“计算”按钮，则找出这 100 个正整数中的所有完全平方数（36 就是一个完全平方数），并计算这些完全平方数的平均值，最后将计算所得平均值截尾取整后显示在文本框 Text1 中。

在给出的窗体文件中已经有了全部控件（如图所示），但程序不完整。要求完善程序使其实现上述功能。

注意： 考生不得修改窗体文件中已经存在的控件和程序，在结束程序运行之前，必须进行“计算”，且必须用窗体右上角的关闭按钮结束程序，否则无成绩。最后把修改后的文件按原文件名存盘。

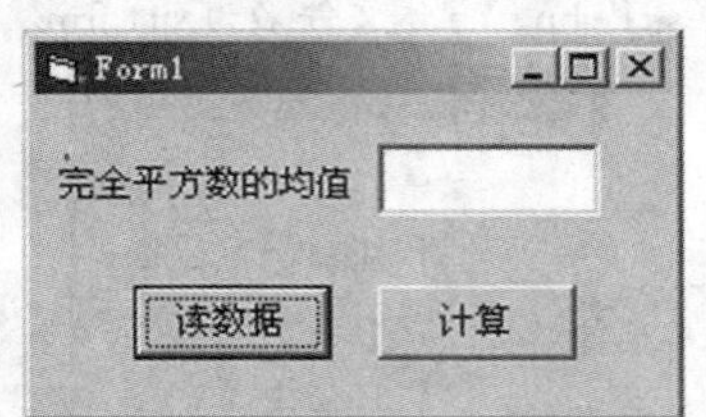

（2）在考生文件夹下有一个工程文件 sjt4.vbp，其窗体上有两个命令按钮和一个计时器。两个命令按钮的初始标题分别是“演示”和“退出”；计时器 Timer1 的初始状态为不可用。请画一个名称为 Label1，且能根据显示内容自动调整大小的标签，其标题为“Visual Basic 程序设计”，显示格式为黑体小四号字。如图所示。程序功能如下。

① 单击标题为“演示”的命令按钮时，则该按钮的标题自动变换为“暂停”，且标签在窗体上从左向右循环滚动，当完全滚动出窗体右侧时，从窗体左侧重新进入。

② 单击标题为“暂停”的命令按钮时，则该按钮的标题自动变换为“演示”，并暂停标签的滚动。

③ 单击“退出”按钮，则结束程序运行。

要求： 请去掉程序中的注释符，把程序中的“？”改为正确的内容，使其实现上述功能，但不能修改窗体文件中已经存在的控件和程序。最后把修改后的文件按原文件名存盘。

三、综合应用题

在考生文件夹下有一个工程文件 sjt5.vbp，窗体上有三个文本框，其名称分别为 Text1、Text2 和 Text3，其中 Text1、Text2 可多行显示。请画 3 个名称分别为 Cmd1、Cmd2 和 Cmd3，标题分别为“产生数组”、“统计”和“退出”的命令按钮。如图所示。程序功能如下。

① 单击“产生数组”按钮时，用随机函数生成 20 个 0 ~ 10 之间（不含 0 和 10）的数值，并将其保存到一维数组 a 中，同时也将这 20 个数值显示在 Text1 文本框内。

② 单击“统计”按钮时，统计出数组 a 中出现频率最高的数值及其出现的次数，并将出现频率最高的数值显示在 Text2 文本框内、出现频率最高的次数显示在 Text3 文本框内。

③ 单击“退出”按钮时，结束程序运行。请将程序中的注释符去掉，把“？”改为正确的内容，以实现上述程序功能。

注意： 不得修改窗体文件中已经存在的控件和程序，最后将修改后的文件按原文件名存盘。

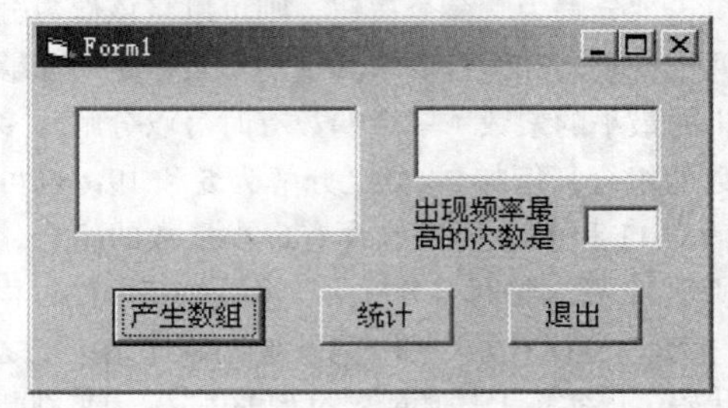

第20套 上机操作题

一、基本操作题

请根据以下各小题的要求设计 Visual Basic 应用程序（包括界面和代码）。

（1）在名称为 Form1 的窗体上画一个名称为 Label1、标题为“列表框的使用”的标签。再画一个名称为 List1 的列表框，列表中含有 5 个表项，表项内容分别为“北京”、“山西”、“辽宁”、“浙江”和“广东”，并且可以在列表中同时选择多个表项。运行后的窗体如图所示。

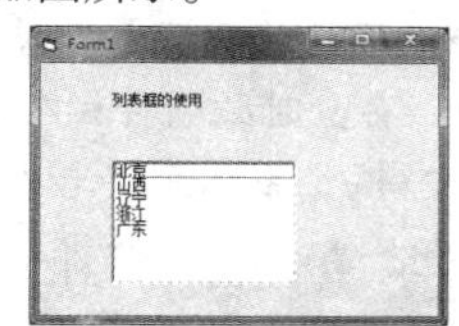

要求：存盘时必须存放在考生文件夹下，工程文件名为 sjt1.vbp，窗体文件名为 sjt1.frm。

（2）在名称为 Form1 的窗体上画一个名称为 Image1 的图像框，其高、宽分别为 2000、3000，且不随图片大小而变化；再画两个命令按钮，标题分别是“显示图片”和“隐藏图片”，名称分别为 Cmd1、Cmd2。如图所示。需编写两个命令按钮的 Click 事件过程，使得当单击“显示图片”按钮时，将当前文件夹下的图片文件“图片.jpg”显示在图像框中；而如果单击“隐藏图片”按钮，则清除图像框中的图片。

要求：程序中不得使用变量，每个事件过程中只能写一条语句。存盘时必须存放在考生文件夹下，工程文件名为 sjt2.vbp，窗体文件名为 sjt2.frm。

二、简单应用题

（1）在考生文件夹下有一个工程文件 sjt3.vbp，其功能是：

① 单击“读数据”按钮，则把考生文件夹下 in3.dat 文件中的 100 个正整数读入数组 a 中；

② 单击“统计”按钮，则找出这 100 个正整数中的所有完全平方数（一个整数若是另一个整数的平方，那么它就是完全平方数。如 36=62，所以 36 就是一个完全平方数），并将这些完全平方数的最大值与个数分别显示在文本框 Text1、Text2 中。

在给出的窗体文件中已经有了全部控件（如图所示），但程序不完整，请将程序中的注释符去掉，把“？”改为正确的内容，实现上述功能。

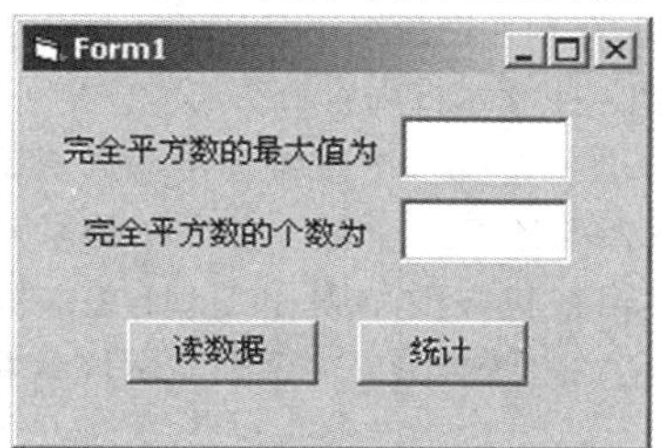

注意：考生不得修改窗体文件已存在的控件和程序，最后将程序按文件名存盘。

（2）在考生文件夹下有一个工程文件 sjt4.vbp，其窗体上有两个标题分别为“添加”和“退出”的命令按钮，一个内容为空的列表框 List1。请画一个标签，其名称为 Label1，标题为“请输入编号”；再画一个名称为 Text1，初始值为空的文本框，如图所示。程序功能如下：

① 系统启动时，自动向列表框添加一个编号信息“a0001”。

② 系统运行时，在文本框 Text1 中输入一个编号，并单击“添加”按钮时，如果该编号与已存在于列表框中的其他编号不重复，则将其添加到列表框 List1 已有项目之后；否则，将弹出“不允许重复输入，请重新输入！”对话框，单击该对话框中的“确定”按钮，可以重新输入。

③ 单击“退出”按钮，则结束程序运行。

要求：请去掉程序中的注释符，把程序中的“？”改为正确的内容，使其实现上述功能，但不能修改窗体文件中已经存在的控件和程序。最后把修改后的文件按原文件名存盘。

三、综合应用题

在考生文件夹下有一个工程文件 sjt5.vbp，其窗体上画有两个名称分别为 Text1、Text2 的文本框，其中 Text1 可多行显示。请画两个名称为 Command1、Command2，标题为“产生数组”、“查找”的命令按钮。如图所示。程序功能如下。

① 单击“产生数组”按钮，则用随机函数生成 10 个 0 ~ 100 之间（不含 0 和 100）互不相同的数值，并将它们保存到一维数组 a 中，同时也将这 10 个数值显示在 Text1 文本框内；

② 单击“查找”按钮将弹出输入对话框，接收用户输入的任意一个数，并在一维数组 a 中查找该数，若查找失败，则在 Text2 文本框内显示该数“不存在于数组中”；否则显示该数在数组中的位置。

要求：请去掉程序中的注释符，把程序中的“？”改为正确的内容，使其实现上述功能，但不能修改窗体文件中已经存在的控件和程序。最后把修改后的文件按原文件名存盘。

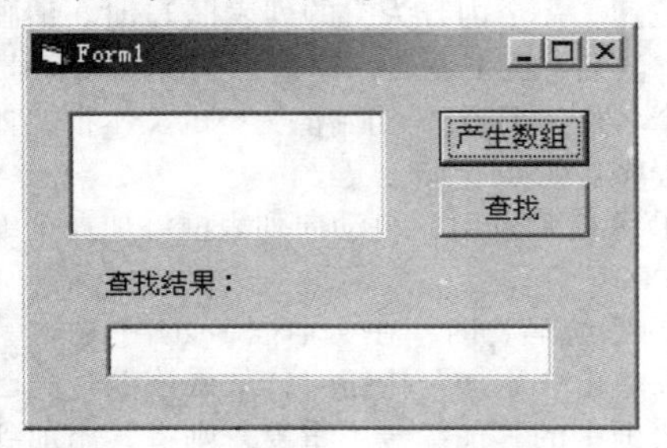

第21套 上机操作题

一、基本操作题

请根据以下各小题的要求设计 Visual Basic 应用程序（包括界面和代码）。

（1）在名称为 Form1 的窗体上画一个名称为 C1、标题为“改变颜色”的命令按钮，窗体标题为“改变窗体背景色”。编写程序，使得单击命令按钮时，将窗体的背景颜色改为红色（&HFF&）。运行程序后的窗体如图所示。

要求：程序中不得使用变量，每个事件过程中只能写一条语句。存盘时必须存放在考生文件夹下，工程文件名为 sjt1.vbp，窗体文件名为 sjt1.frm。

（2）在名称为 Form1 的窗体上画一个名称 Shape1 的形状控件，在属性窗口中将其设置为圆形。画一个名称为 List1 的列表框，并在属性窗口中设置列表项的值分别为 1、2、3、4、5。将窗体的标题设为“图形控件”。单击列表框中的某一项，则将所选的值作为形状控件的填充参数。例如，选择 3，则形状控件中被竖线填充。如图所示。

要求：程序中不得使用变量，每个事件过程中只能写一条语句。存盘时必须存放在考生文件夹下，工程文件名为 sjt2.vbp，窗体文件名为 sjt2.frm。

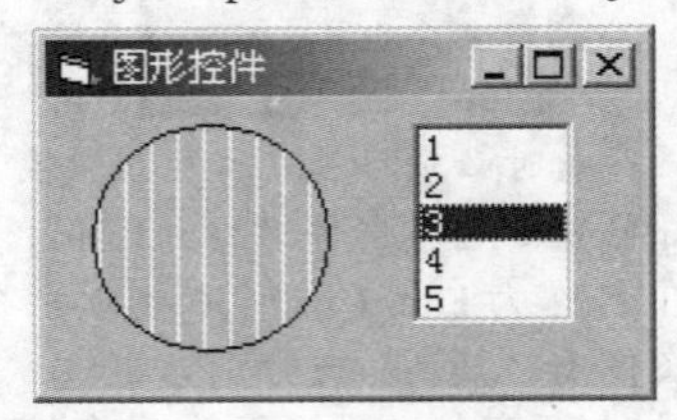

二、简单应用题

（1）在考生文件夹下有一个工程文件 sjt3.vbp。程序的功能是通过键盘向文本框中输入正整数。在“除数”框架中选择一个单选按钮，然后单击“处理数据”命令按钮，将大于文本框中的正整数、并且能够被所选除数整除的 5 个数添加到列表框 List1 中，如图所示。在窗体文件中已经给出了全部控件，但程序不完整。

要求：请去掉程序中的注释符，把程序中的“？”改为正确的内容，使其实现上述功能，但不能修改程序的其他部分和控件属性。最后把修改后的文件按原文件名存盘。

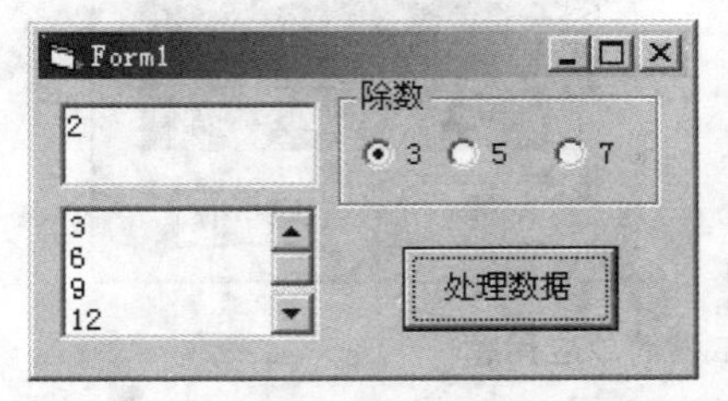

（2）在考生文件夹下有一个工程文件 sjt4.vbp。程序运行后，单击“开始”按钮，图片自上而下移

动，同时滚动条的滑块随之移动，每 0.5 秒移动一次。当图片顶端移动到距窗体的下边界的距离少于 200 时，再回到窗体顶部，重新向下移动，如图所示。在窗体文件中已经给出了全部控件，但程序不完整。

要求：请去掉程序中的注释符，把程序中的"？"改为正确的内容，使其实现上述功能，但不能修改程序的其他部分和控件属性。最后把修改后的文件按原文件名存盘。

三、综合应用题

在考生文件夹下有一个工程文件 sjt5.vbp，窗体如图所示。运行程序时，从数据文件中读取学生的成绩（均为整数）。要求编写程序，统计总人数，并统计不及格、60 ~ 69、70 ~ 79、80 ~ 89 及 90 ~ 100 各分数段的人数，将统计结果显示在相应的文本框中。结束程序之前，必须单击"保存"按钮，保存统计结果。

注意：不能修改程序的其他部分和控件属性。程序调试通过后，运行程序，将统计结果显示在文本框中，再按"保存"按钮保存数据，否则无成绩。最后把修改后的文件按原文件名存盘。

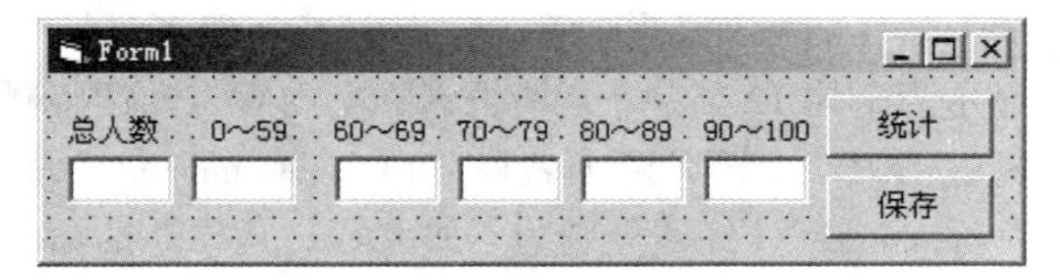

第22套　上机操作题

一、基本操作题

请根据以下各小题的要求设计 Visual Basic 应用程序（包括界面和代码）。

（1）在名称为 Form1 的窗体上画一个名称为 C1、标题为"变宽"的命令按钮，窗体名称为"改变按钮大小"。编写程序，使得单击命令按钮时，命令按钮水平方向的宽度增加 100。程序运行后的窗体如图所示。

要求：程序中不得使用变量，每个事件过程中只能写一条语句。存盘时必须存放在考生文件夹下，工程文件名为 sjt1.vbp，窗体文件名为 sjt1.frm。

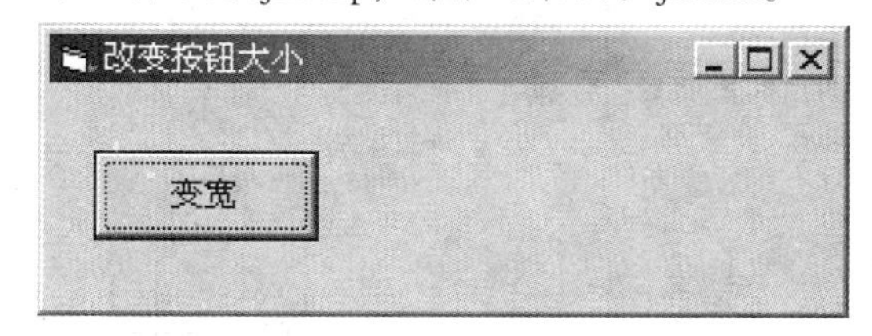

（2）在名称为 Form1 的窗体上画一个名称 Shape1 的形状控件，画一个名称为 L1 的列表框，并在属性窗口中设置列表项的值为 1、2、3、4、5。将窗体的标题设为"图形控件"。单击列表框中的某一项，则按照所选的值改变形状控件的形状。例如，选择 3，则形状控件被设为圆形，如图所示。

要求：程序中不得使用变量，每个事件过程中只能写一条语句。存盘时必须存放在考生文件夹下，工程文件名为 sjt2.vbp，窗体文件名为 sjt2.frm。

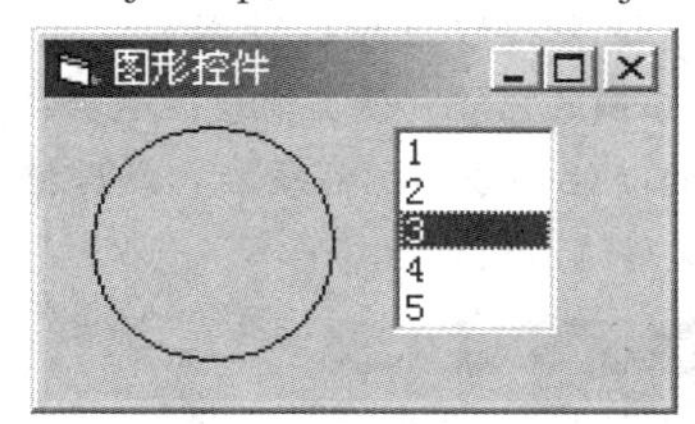

二、简单应用题

（1）在考生文件夹中有一个工程文件 sjt3.vbp，窗体控件布局如图 1 所示。程序运行时，在文本框 Text1 中输入一个正整数，选择"奇数和"或"偶数和"，则在 Label2 中显示所选的计算类别。单击"计算"按钮时，将按照选定的"计算类别"计算小于或等于输入数据的奇数和或偶数和，并将计算结果显示在 Label3 中。程序的一次运行结果如图 2 所示。在窗体文件中已经给出了全部控件，但程序不完整。

要求：请去掉程序中的注释符，把程序中的"？"改为正确的内容，使其实现上述功能，但不能修改程序的其他部分和控件属性。最后把修改后的文件按原文件名存盘。

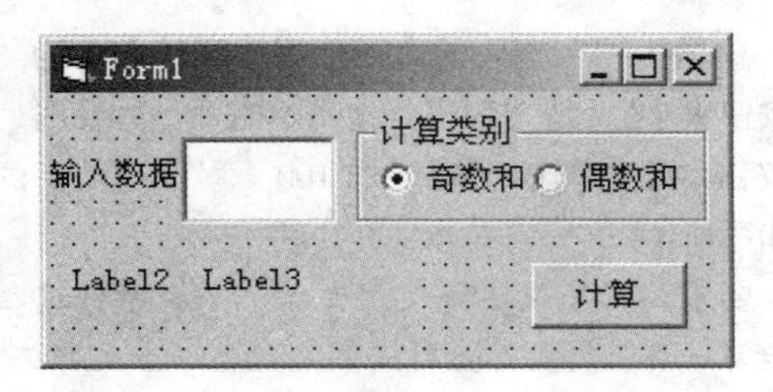

图 1

图 2

（2）在考生文件夹下有一个工程文件 sjt4.vbp。程序运行后，如果单击“开始”按钮，则图片自左向右移动，同时滚动条的滑块随之移动，每 0.5 秒移动一次。当图片完全移出窗体的右边界时，立即再从窗体的左边界开始重新移动，若单击“停止”按钮，则图片停止移动，如图所示。在窗体文件中已经给出了全部控件，但程序不完整。

要求：请去掉程序中的注释符，把程序中的“？”改为正确的内容，使其实现上述功能，但不能修改程序的其他部分和控件属性。最后把修改后的文件按原文件名存盘。

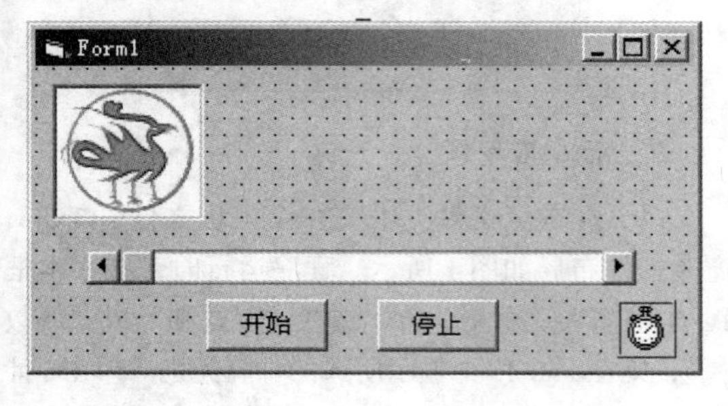

三、综合应用题

在考生文件夹中有一个工程文件 sjt5.vbp，窗体如图所示。运行程序时，从数据文件中读取学生的成绩。要求编写程序，统计总人数、平均分（四舍五入取整）、及格人数和不及格人数，将统计结果显示在相应的文本框中。结束程序之前，必须单击“保存”按钮，保存统计结果。

注意：不能修改程序的其他部分和控件属性。程序调试通过后，运行程序，将统计结果显示在文本框中，再按“保存”按钮保存数据，否则无成绩。最后把修改后的文件按原文件名存盘。

第23套 上机操作题

一、基本操作题

请根据以下各小题的要求设计 Visual Basic 应用程序（包括界面和代码）。

（1）在名称为 Form1，标题为“文本框练习”的窗体上画一个名称为 Text1 的文本框，设置属性，使其宽度为 1600、初始内容为空、显示字号为“三号”，且最多只能输入 6 个字符。运行后的窗体如图所示。

注意：存盘时必须存放在考生文件夹下，工程文件名为 sjt1.vbp，窗体文件名为 sjt1.frm。

（2）在名称为 Form1 的窗体上，画一个名称为 Label1 的标签，其标题为“计算机等级考试”，显示为宋体 12 号字，且能根据标题内容自动调整标签的大小。再画两个名称分别为“Command1”、“Command2”，标题分别为“放大”、“还原”的命令按钮。

要求：编写适当的事件过程，使得单击“放大”按钮，Label1 中所显示的标题内容自动增大两个字号；单击“还原”按钮，Label1 中所显示的标题内容自动恢复到 12 号字。

注意：要求程序中不得使用变量，每个事件过程中只能写一条语句。存盘时必须存放在考生文件夹下，工程文件名为 sjt2.vbp，窗体文件名为 sjt2.frm。

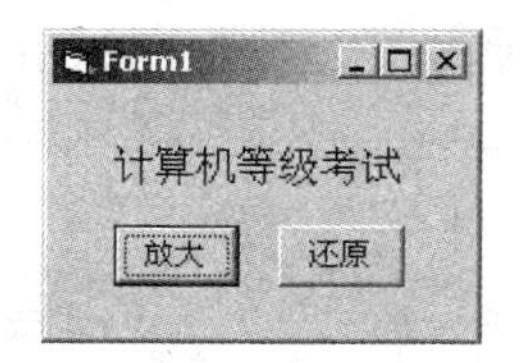

二、简单应用题

（1）在考生文件夹下有一个工程文件sjt3.vbp，窗体中有两个控件数组，一个名称为Text，含有3个文本框；另一个名称为Cmd，含有3个命令按钮，且“暂停”按钮的初始状态为不可用。如图所示。请画一个计时器Timer1，设置时间间隔为1秒，初始状态为不可用，并使程序实现如下功能。

①单击“开始”按钮，则计时器Timer1和“暂停”按钮状态变为可用，且“开始”按钮的标题变为“继续”，且为不可用。与此同时，Text的3个文本框开始显示计时的小时、分、秒值；

②单击“暂停”按钮，则Timer1停止工作,“暂停”按钮变为不可用，“继续”按钮变为可用；

③单击“继续”按钮，则Timer1接着开始工作，“继续”按钮变为不可用，“暂停”按钮变为可用；

④单击“结束”按钮，则结束程序运行。

要求：去掉程序中的注释符，把程序中的“？”改为正确的内容，使其能正确运行，但不能修改程序中的其他部分。最后把修改后的文件按原文件名存盘。

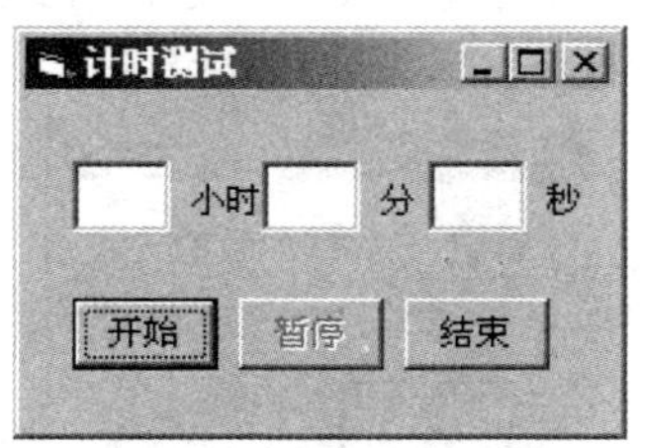

（2）在考生文件夹下有一个工程文件sjt4.vbp，其窗体中有一个初始内容为空的文本框Text1，两个标题分别是“读数据”和“计算”的命令按钮；请画一个标题为“所有行中最大数的平均值为”的标签Label1，再画一个初始内容为空的文本框Text2，如图所示。

程序功能如下。

①单击“读数据”按钮，则将考生文件夹下in4.dat文件的内容读入20行5列的二维数据a中，同时显示在Text1文本框中；

②单击“计算”按钮，则自动统计二维数组中每行最大数的平均值（截尾取整），并将最终结果显示在Text2文本框内。“读数据”按钮的Click事件过程已经给出，请编写“计算”按钮的Click事件过程实现上述功能。

注意：考生不得修改窗体文件中已经存在的控件和程序，在结束程序运行之前，必须进行“计算”，且必须用窗体右上角的关闭按钮结束程序，否则无成绩。最后，程序按原文件名存盘。

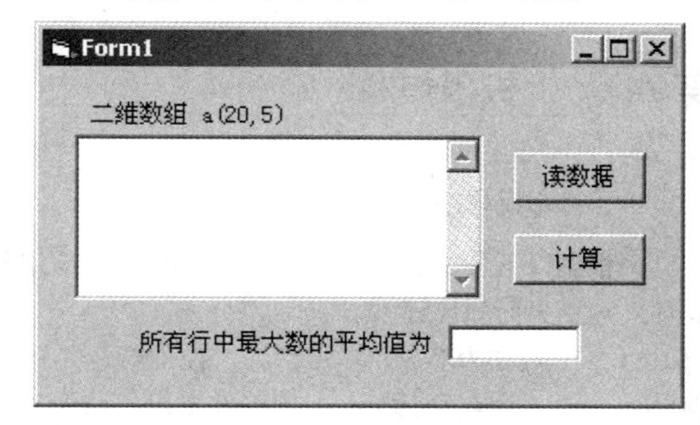

三、综合应用题

在考生文件夹下有一个工程文件sjt5.vbp，其窗体中有两个标题分别是“读数据”和“统计”的命令按钮，一个名称为Text1的文本框。请画一个名称为Label1、标题为“同时含有字母t、h、e的单词个数为”的标签；再画一个名称为Text2、初始值为空的文本框，如图所示。程序功能如下。

①单击“读数据”按钮，则将考生文件夹下in5.dat文件的内容（该文件中仅含有字母和空格）显示在Text1文本框中；

②单击“统计”按钮，则以不区分大小写字母的方式，自动统计Text1显示内容中同时含有“t”、“h”、“e”三个字母的单词的个数（如the、there和whatever都属于满足条件的单词），并将统计结果显示在Text2文本框内。“读数据”按钮的Click事件过程已经给出，请将“统计”按钮的Click事件过程中的注释符去掉，把“？”改为正确的内容，以实现上述程序功能。

注意：考生不得修改窗体文件中已经存在的控件和程序，在结束程序运行之前，必须进行“统计”，且必须用窗体右上角的关闭按钮结束程序，否则无成绩。最后，程序按原文件名存盘。

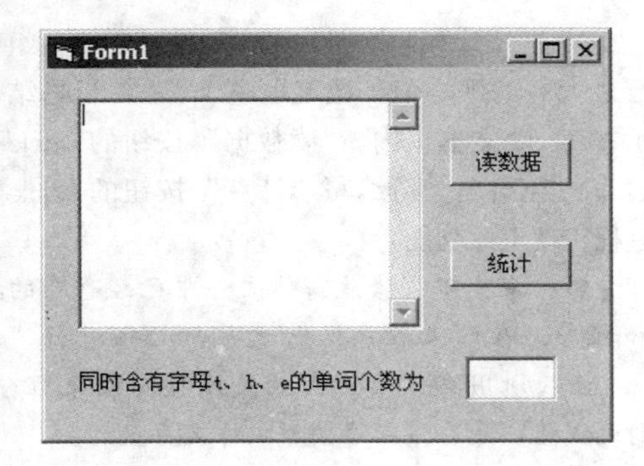

第24套 上机操作题

一、基本操作题

请根据以下各小题的要求设计 Visual Basic 应用程序（包括界面和代码）。

（1）在名称为 Form1，标题为“控件数组”的窗体上，画一个名称为 Cmd1 的控件数组，该控件数组由三个命令按钮组成，其标题分别是“插入”、“删除”、“更新”，索引号分别为 0、1、2。运行后的窗体如图所示。

注意：*存盘时必须存放在考生文件夹下，工程文件名为 sjt1.vbp，窗体文件名为 sjt1.frm。*

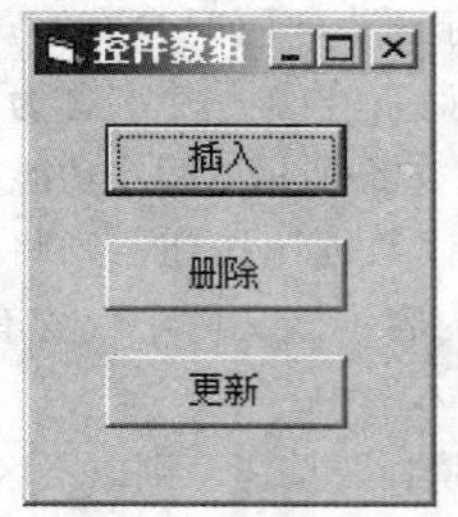

（2）在名称为 Form1 的窗体上画一个名称为 Text1，内容为“计算机”的文本框，且显示为小四号字；再画 3 个命令按钮，名称分别为“Command1”、“Command2”、“Command3”，标题分别是“居左”、“居中”、“居右”。如图所示。

要求：*编写 3 个命令按钮的 Click 事件过程，使得单击“居左”按钮时，文本框的内容靠左对齐；单击“居中”按钮时，文本框的内容居中对齐；单击“居右”按钮时，文本框的内容靠右对齐。程序中不得使用变量，每个事件过程中只能写一条语句。*

注意：*存盘时必须存放在考生文件夹下，工程文件名为 sjt2.vbp，窗体文件名为 sjt2.frm。*

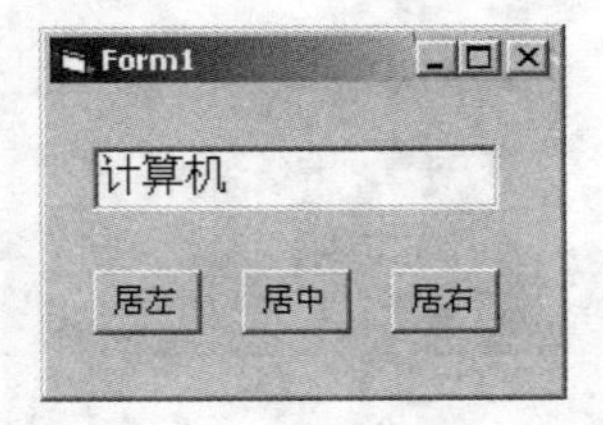

二、简单应用题

（1）在考生文件夹下有一个工程文件 sjt3.vbp，包含两个名称分别为 Form1、Form2 的窗体。窗体上已有部分控件，请在 Form1 窗体上再画一个名称为 Text1 的文本框，初始内容为空，初始状态为不可用（如图所示），输入字符时文本框内将显示字符“*”。程序功能如下。

① 单击 Form1 窗体的“输入密码”按钮，则 Text1 变为可用，且获得焦点。

② 输入密码后单击 Form1 窗体的“密码校验”按钮，则判断 Text1 中输入内容是否为小写字符“abc”，若是，则隐去 Form1 窗体，显示 Form2 窗体；若密码输入错误，则提示重新输入，三次密码输入错误，则退出系统。

③ 单击 Form2 窗体的“返回”按钮，则隐去 Form2 窗体，显示 Form1 窗体。Form2 窗体的控件和程序已给出。但 Form1 窗体的程序不完整，请将程序中的注释符去掉，把“? ”改为正确的内容，以实现上述程序功能。

注意：*考生不得修改窗体文件中已经存在的控件和程序。最后，程序按原文件名存盘。*

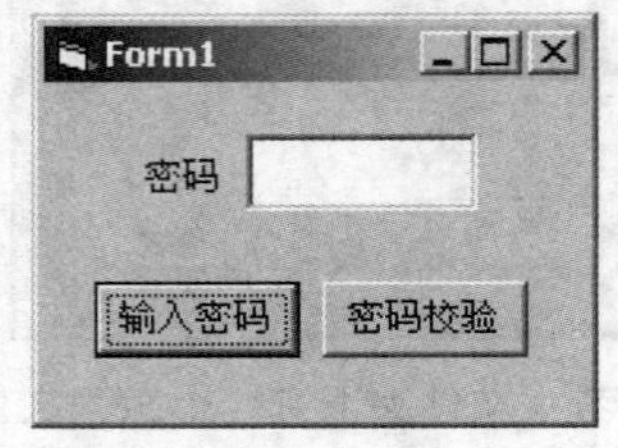

（2）在考生文件夹下有一个工程文件 sjt4.vbp，窗体如图所示。程序功能如下。

① 单击“读数据”按钮，则将考生文件夹下 in4.dat 文件的内容（该文件中仅含有字母和空格）显示在 Text1 文本框中；

② 在 Text1 中选中一部分文本，并单击“统计”按钮，则以不区分大小写字母的方式，自动统计选中文本中单词“the”出现的次数，并将统计结果显示在 Text2 文本框内。

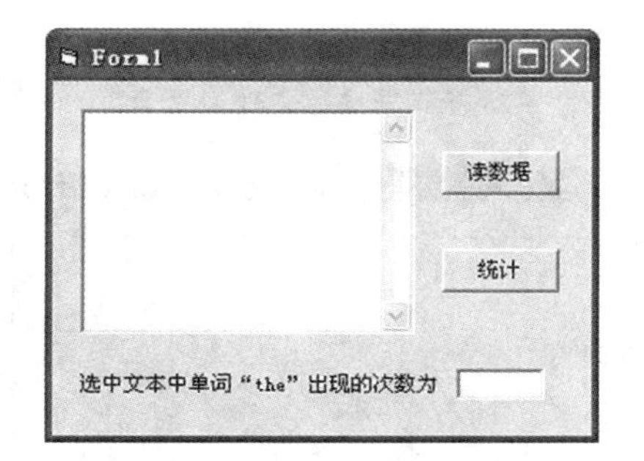

请将“统计”按钮 Click 事件过程中的注释符去掉，把“？”改为正确的内容，以实现上述功能。

注意：考生不得修改窗体文件中已经存在的控件和程序，最后将程序按原文件名存盘。

三、综合应用题

在考生文件夹下有一个工程文件 sjt5.vbp，其功能是：

① 单击“读数据”按钮，则把考生文件夹下 in5.dat 文件中的 100 个正整数读入数组 a 中，同时显示在 Text1 文本框中；

② 单击“分组”按钮，则将数组 a 中所有 3 的倍数的元素存入数组 b 中，并对数组 b 中的元素从小到大排序后显示在文本框 Text2 中。在给出的窗体文件中已经有了全部控件（如图所示），但程序不完整。

要求：编写适当的程序部分使其实现上述功能。

注意：考生不得修改窗体文件中已经存在的控件和程序，在结束程序运行之前，必须先执行“分组”操作，然后再用窗体右上角的关闭按钮结束程序，否则无成绩。最后，程序按原文件名存盘。

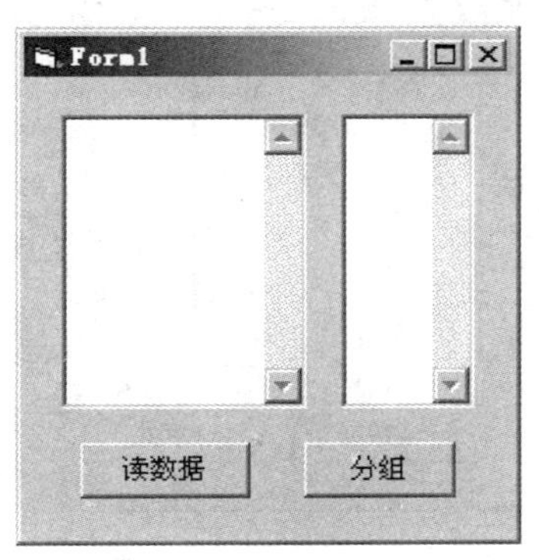

第25套　上机操作题

一、基本操作题

请根据以下各小题的要求设计 Visual Basic 应用程序（包括界面和代码）。

（1）在名称为 Form1、标题为“菜单”的窗体上，设计满足如下要求的菜单。

分类	标题	名称	内缩符号
主菜单项1	文件	file	无
子菜单项1	新建	new	1
子菜单项2	保存	save	1
主菜单项2	退出	exit	无

运行后的窗体如图所示。存盘时，将文件保存至考生文件夹下，且工程文件名为 sjt1.vbp，窗体文件名为 sjt1.frm。

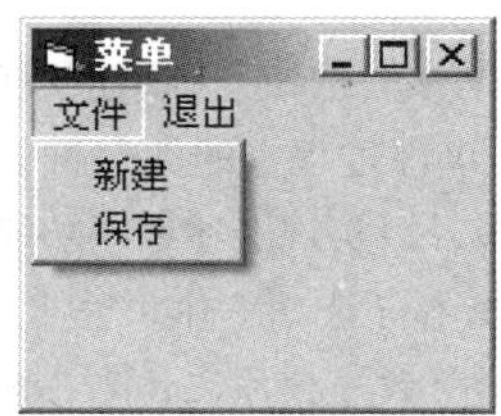

（2）在名称为 Form1 的窗体上，画一个名称为 Image1 的图像框，左界为 360，且图像框中显示考生文件夹下的图片文件“Duck.bmp”。再画两个名称分别为“Command1”、“Command2”，标题分别为“移动”、“复位”的命令按钮。如图所示。

要求：编写适当的事件过程，使得每单击“移动”按钮一次，图像框向右移动 10；单击“复位”按钮，图像框自动回位到左界为 360 的位置。

注意：要求程序中不得使用变量，每个事件过程中只能写一条语句。存盘时必须存放在考生文件夹下，工程文件名为 sjt2.vbp，窗体文件名为 sjt2.frm。

二、简单应用题

（1）考生文件夹下有一个工程文件 sjt3.vbp，其中的窗体上有一个名称为 Cmd 的命令按钮控件数组；有一个名称为 Image1 的图像框。请画一个名称为 Timer1 的计时器，时间间隔为 3 秒，初始状态为不可用，如图所示。程序功能如下：

① 单击“前进”按钮，则 Timer1 的状态变为可用，且在图像框中显示 3 秒黄灯（图像文件为考生文件夹下的“yellow.ico”）后，显示绿灯（图像文件为考生文件夹下的“green.ico”）直至下次单击某个命令按钮；

② 单击“停止”按钮，则 Timer1 的状态变为可用，且在图像框显示 3 秒黄灯后，显示红灯（图像文件为考生文件夹下的“red.ico”）直至下次单击某个命令按钮；

③ 单击“结束”按钮，则结束程序运行。请将命令按钮 Click 事件过程中的注释符去掉，把“？”改为正确的内容，以实现上述程序功能。

注意： 考生不得修改窗体文件中已经存在的控件和程序，最后将程序按原文件名存盘。

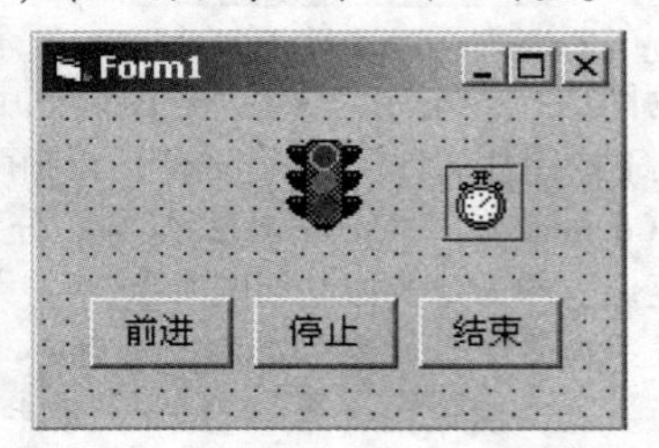

（2）考生文件夹下有一个工程文件 sjt4.vbp，其中的窗体上已有如图所示的控件。程序功能如下：

① 单击“读数据”按钮，则将考生文件夹下 in4.dat 文件的内容（该文件中仅含有字母和空格）显示在 Text1 文本框中；

② 在 Text1 中选中部分文本，并单击“统计”按钮，则以不区分大小写字母的方式，自动统计选中文本中同时出现“o”、“n”两个字母的单词的个数（如：million、company 都属于满足条件的单词），并将统计结果显示在 Text2 文本框内。请将“统计”按钮 Click 事件过程中的注释符去掉，把“？”改为正确的内容，以实现上述程序功能。

注意： 考生不得修改窗体文件中已经存在的控件和程序，最后将程序按原文件名存盘。

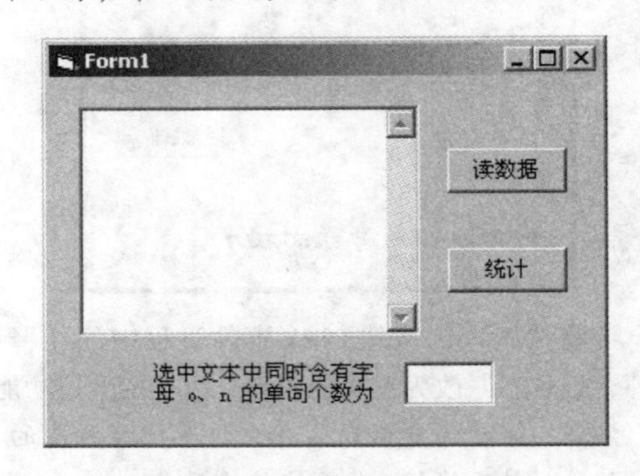

三、综合应用题

在考生文件夹下有一个工程文件 sjt5.vbp，其功能是：

① 单击“读数据”按钮，则把考生文件夹下 in5.dat 文件中的 100 个正整数读入数组 a 中，同时显示在 Text1 文本框中；

② 单击“素数”按钮，则将数组 a 中所有素数（只能被 1 和自身整除的数称为素数）存入数组 b 中，并将数组 b 中的元素显示在文本框 Text2 中。在给出的窗体文件中已经有了全部控件（如图所示），但程序不完整。

要求： 完善程序使其实现上述功能。

注意： 考生不得修改窗体文件中已经存在的控件和程序，在结束程序运行之前，必须先执行“素数”操作，然后再用窗体右上角的关闭按钮结束程序，否则无成绩。最后，程序按原文件名存盘。

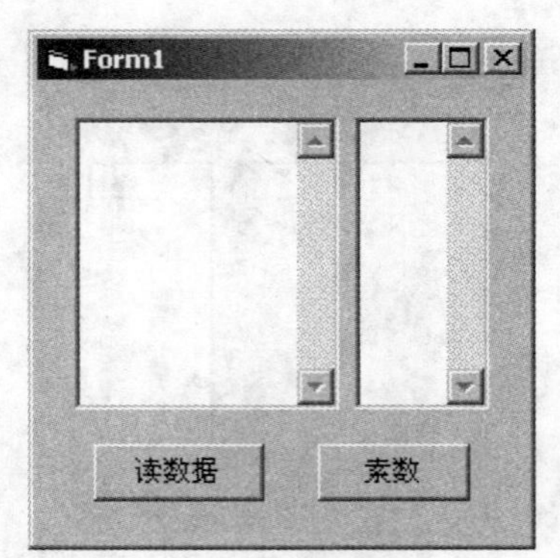

第26套 上机操作题

一、基本操作题

请根据以下各小题的要求设计 Visual Basic 应用程序（包括界面和代码）。

（1）在名称为 Form1 的窗体上画一个名称为 Shape1 的形状控件，要求在属性窗口中将其形状设置为椭圆，其长轴（水平方向）、短轴（垂直方向）的长度分别为 1 600、800。把窗体的标题改为“Shape 控件”，窗体上没有最大化、最小化按钮。程序运行后的窗体如图所示。

注意：存盘时必须存放在考生文件夹下，工程文件名为 sjt1.vbp，窗体文件名为 sjt1.frm。

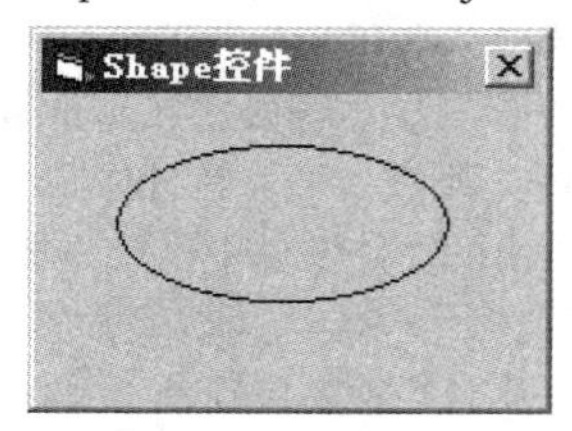

（2）在名称为 Form1 的窗体上画一个名称为 HS 的水平滚动条，最大值为 100，最小值为 1。再画一个名称为 List1 的列表框，在属性窗口中输入列表项的值，分别是 1000、1500、2000，如图所示。请编写适当的程序，使得运行程序时，当选择列表框中的某一项，将水平滚动条的长度改变为所选中的值。要求程序中不得使用变量，每个事件过程中只能写一条语句。

注意：存盘时必须存放在考生文件夹下，工程文件名为 sjt2.vbp，窗体文件名为 sjt2.frm。

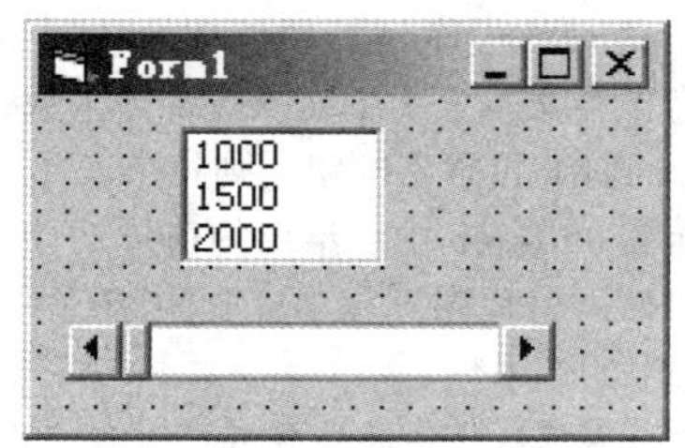

二、简单应用题

（1）在考生文件夹中有一个工程文件 sjt3.vbp。运行程序时，先向文本框 Text1 中输入一个不超过 10 的正整数，然后选择“N 的阶乘”或“（N+2）的阶乘”单选钮，即可进行计算，计算结果显示在文本框 Text2 中，如图所示。在给出的窗体文件中已经添加了全部控件，但程序不完整。要求：去掉程序中的注释符，把程序中的“？”改为正确的内容。

注意：不能修改程序的其他部分和控件属性。最后把修改后的文件按原文件名存盘。

（2）在考生文件夹中有一个工程文件 sjt4.vbp。该程序的功能是将文件 in4.txt 中的文本读出并显示在文本框 Text1 中。在文本框 Text2 中输入一个英文字母，然后单击“统计”命令按钮，统计该字母（大小写被认为是不同的字母）在文本中出现的次数，统计结果显示在标签 Label3 中。给出的窗体文件中已经有了全部控件，如图所示。程序不完整。

要求：去掉程序中的注释符，把程序中的“？”改为正确的内容。

注意：不能修改程序的其他部分和控件属性。最后把修改后的文件按原文件名存盘。

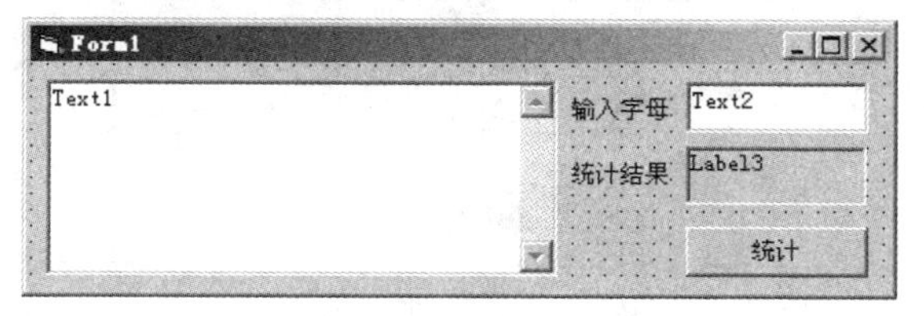

三、综合应用题

在考生目录下有一个工程文件 sjt5.vbp，其窗体上有一个文本框，名称为 Text1；还有两个命令按钮，名称分别为 C1、C2，标题分别为“计算”、“存盘”，如图所示。有一个函数过程 isprime(a) 可以在程序中直接调用，其功能是判断参数 a 是否为素数，如果是素数，则返回 True，否则返回 False。请编写适当的事件过程，使得在运行时，单击“计算”按钮，则找出小于 18000 的最大的素数，并显示在 Text1 中；单击“存盘”按钮，则把 Text1 中的计算结果存入考生目录下的 out5.txt 文件中。

注意：考生不得修改 isprime 函数过程和控件的

属性，必须把计算结果通过“存盘”按钮存入 out5.txt 文件中，否则无成绩。

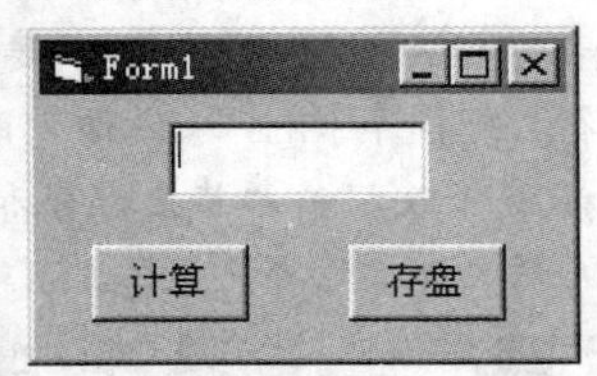

第27套 上机操作题

一、基本操作题

请根据以下各小题的要求设计 Visual Basic 应用程序（包括界面和代码）。

（1）在名称为 Form1 的窗体上画一个名称为 Label1、标题为“滚动条控件”的标签，一个名称为 HScroll1 的水平滚动条。请通过属性窗口设置属性使水平滚动条取值范围的最小值为 1，最大值为 100，滚动条的宽度为 3000，高度为 300，滚动块的初始位置为 20。程序运行后的窗体如图所示。

注意：存盘时必须存放在考生文件夹下，工程文件名为 sjt1.vbp，窗体文件名为 sjt1.frm。

（2）在名称为 Form1 的窗体上画一个名称为 Shape1 的形状控件，位置在窗体的顶部，在属性窗口中将其设置为圆形。画一个名称为 Timer1 的计时器，在属性窗口中将其设置为不可用，时间间隔为 0.5 秒，窗体如图所示。请编写窗体的 Load 事件过程和计时器的事件过程，使得程序一开始运行，计时器即变为可用，且每隔 0.5 秒形状控件向下移动 100。

注意：要求程序中不得使用变量，每个事件过程中只能写一条语句。存盘时必须存放在考生文件夹下，工程文件名为 sjt2.vbp，窗体文件名为 sjt2.frm。

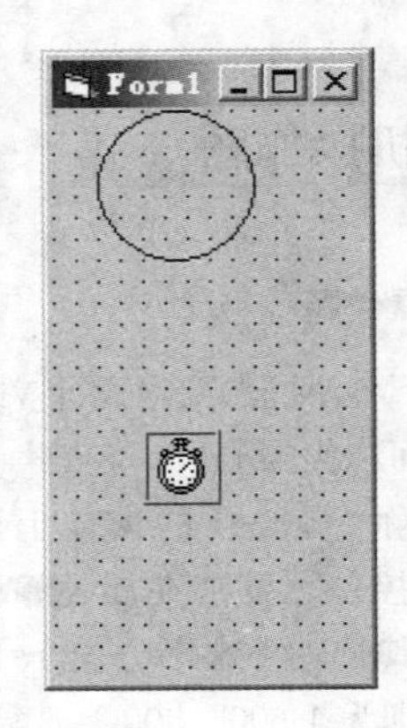

二、简单应用题

（1）在考生文件夹中有一个工程文件 sjt3.vbp。程序的功能是输入用户名和密码。程序运行时，当向文本框 Text2 中输入密码时，若“显示密码”复选框没有被选中，则在文本框 Text3 中同时显示“#”（如图所示）；若“显示密码”复选框被选中，再重新输入密码时，则在 Text3 中同时显示的是密码字符本身。在给出的窗体文件中已经添加了全部控件，但程序不完整。

要求：去掉程序中的注释符，把程序中的“？”改为正确的内容。

注意：不能修改程序的其他部分和控件属性。最后把修改后的文件按原文件名存盘。

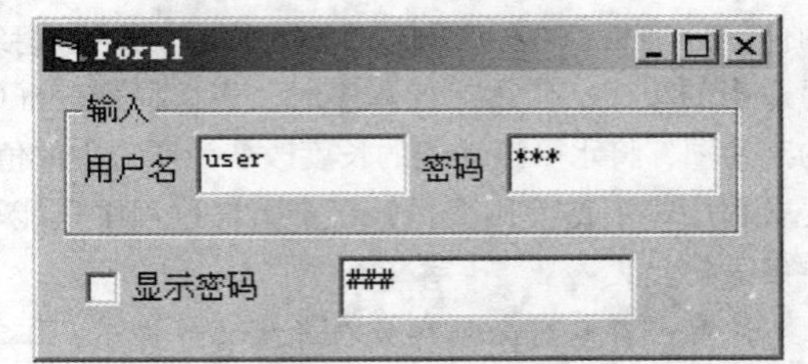

（2）考生文件夹中有一个工程文件 sjt4.vbp。该程序的功能是：程序运行时，向文本框控件数组 Text1（有 5 个文本框）中任意输入 5 个数，单击名称为 Command1 的命令按钮，则找出其中最小数并显示在标签 lblResult 中。给出的窗体文件中已经有了全部控件，但程序不完整，其中函数 FindMin 返回两个数中的较小数。

要求：去掉程序中的注释符，把程序中的“？”改为正确的内容。

注意：不能修改程序的其他部分和控件属性。最后把修改后的文件按原文件名存盘。

三、综合应用题

在考生文件夹中有一个工程文件 sjt5.vbp。该程序的功能是：分别统计 7*7 数组四周元素之和及四周元素中能够被 7 整除的元素的个数，并将统计结果显示在相应的标签中。请仔细阅读已有程序，然后在标出的位置编写适当的程序实现上述功能。

要求：不得修改原有程序和控件的属性。在结束程序运行之前，必须至少正确运行一次程序，将统计的结果显示在标签中，否则无成绩。最后把修改后的文件按原文件名存盘。

第28套　上机操作题

一、基本操作题

请根据以下各小题的要求设计 Visual Basic 应用程序（包括界面和代码）。

（1）在名称为 Form1 的窗体上画一个名称为 CD1 的通用对话框，通过属性窗口设置 CD1 的初始路径为 C:\，默认的文件名为 None，标题为“保存等级考试”。

注意：存盘时必须存放在考生文件夹下，工程文件名为 sjt1.vbp，窗体文件名为 sjt1.frm。

（2）在名称为 Form1 的窗体上设计一个菜单。要求如下（运行时的效果见图）。

菜单标题	名称	属性设置说明	层次
菜单命令	menu0		1
不可用菜单项	menu1	运行程序时此菜单项为灰色	2
上一菜单项可用	menu2	运行程序时此菜单项前有“√”标记	3

再编写适当的事件过程，使得程序运行时，单击“上一菜单项可用”，则“不可用菜单项”变为黑色（可用）。要求程序中不得使用变量，且只有一条语句。

注意：存盘时必须存放在考生文件夹下，工程文件名为 sjt2.vbp，窗体文件名为 sjt2.frm。

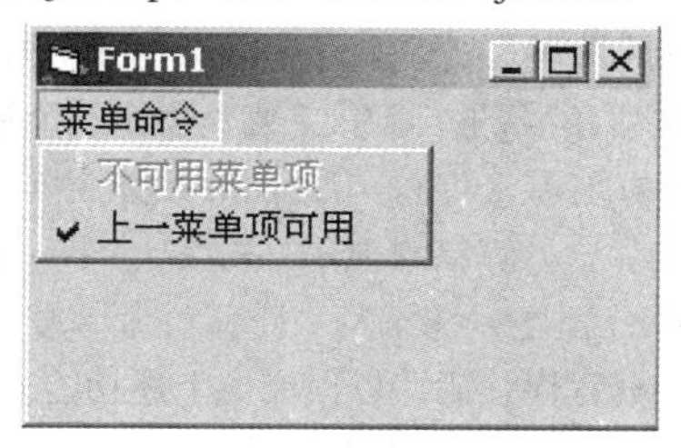

二、简单应用题

（1）在考生文件夹中有工程文件 sjt3.vbp，其中的窗体如图所示。程序刚运行时，会生成一个有 10 个元素的整型数组。若选中“查找最大值”（或“查找最小值”）单选按钮，再单击“查找”按钮，则找出数组中的最大值（或最小值），并显示在标签 Label2 中。请去掉程序中的注释符，把程序中的“？”改为正确的内容。

注意：考生不得修改窗体文件中已经存在的程序。最后把修改后的文件按原文件名存盘。

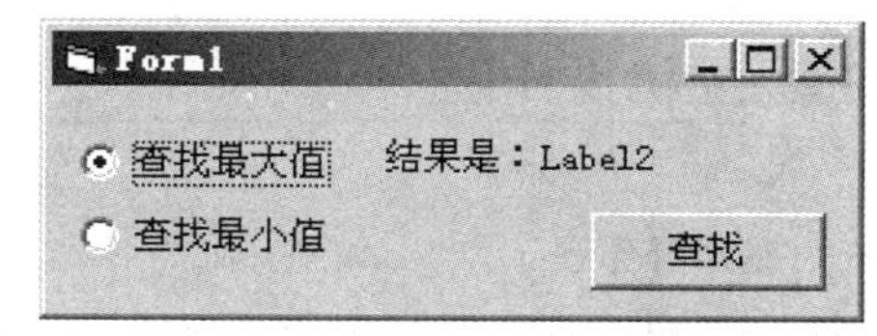

（2）在考生文件夹中有一个工程文件 sjt4.vbp。窗体上已有控件，如图所示。请在属性窗口中将 List1 设置为可以多项选择（允许使用 Shift 或 Ctrl 进行选择）列表项。双击 List1 中的某一项时，该项目被添加到 List2 中，同时在 List1 中清除该项目。若单击“>>”按钮，List1 中所有的项目显示在 List2 中（List2 中已有项目不变），List1 中的内容不变。

要求：按照题目要求设置控件属性，去掉程序中的注释符，把程序中的“？”改为正确的内容。

注意：不能修改程序的其他部分和控件属性。最后把修改后的文件按原文件名存盘。

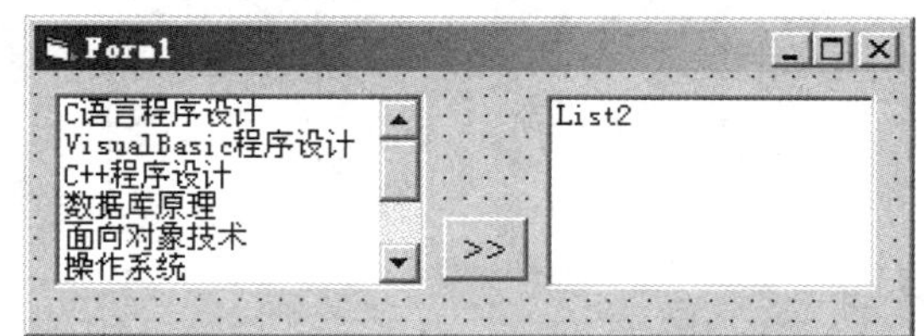

三、综合应用题

在考生文件夹中有一个工程文件 sjt5.vbp，如图所示。运行程序时，从文件中读入矩阵数据并放入二维数组 a 中。单击“计算”命令按钮时，将统计矩阵两个对角线的元素中能被 3 整除的个数，统计结果显示在标签 lblFirst 中；同时计算矩阵主对角线的元素之和，计算结果显示在标签 lblSecond 中。已给出了部分程序，请编写“计算”命令按钮事件过程中的部分程序代码，以便完成上述功能。

注意：不能修改程序的其他部分和控件属性。最后把修改后的文件按原文件名存盘。程序调试通过后，必须执行程序，并用“计算”按钮进行计算，否则无成绩。

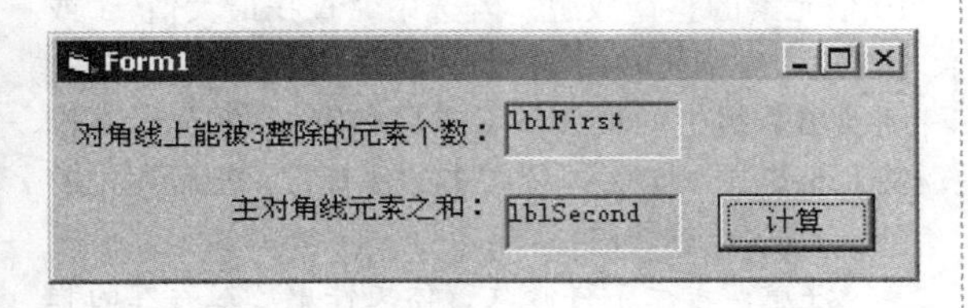

第29套 上机操作题

一、基本操作题

请根据以下各小题的要求设计 Visual Basic 应用程序（包括界面和代码）。

（1）在名称为 Form1，标题为“列表框练习”的窗体上画一个名称为 List1 的列表框，表项内容依次输入 xxx、ddd、mmm 和 aaa，且以宋体 14 号字显示表项内容，如图 1 所示。最后设置相应属性，使运行后列表框中的表项按字母升序方式排列，如图 2 所示。

注意：存盘时，将文件保存至考生文件夹下，且窗体文件名为 sjt1.frm，工程文件名为 sjt1.vbp。

图 1　　图 2

（2）在名称为 Form1 的窗体上，画一个名称为 Label1 的标签，其标题为“计算机等级考试”，字体为宋体，字号为 12，且能根据标题内容自动调整标签的大小。再画两个名称分别为 Command1、Command2，标题分别为“缩小”和“还原”的命令按钮（如图所示）。

要求：编写适当的事件过程，使得单击“缩小”按钮，Label1 中所显示的标题内容自动减小 2 个字号；单击“还原”按钮，Label1 所显示的标题内容的大小自动恢复到 12 号。

注意：存盘时，将文件保存至考生文件夹下，窗体文件名为 sjt2.frm，工程文件名为 sjt2.vbp。要求程序中不得使用变量，每个事件过程中只能写一条语句。

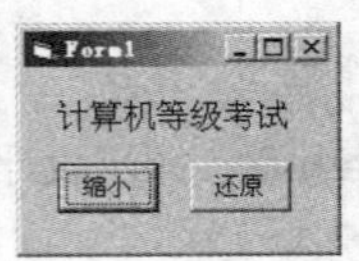

二、简单应用题

（1）考生文件夹下的工程文件 sjt3.vbp 中有一个初始内容为空，且带有垂直滚动条的文本框，其名称为 Text1；两个标题分别为“读数据”和“查找”的命令按钮，其名称分别为 Cmd1、Cmd2。请画一个标题为“查找结果”的标签 Label1，再画一个名称为 Text2，其初始内容为空的文本框，如图所示。程序功能如下：

① 单击“读数据”按钮，则将考生文件夹下 in3.dat 文件中已按升序排列的 30 个整数读入一维数组 a 中，并同时显示在 Text1 文本框内；

② 单击“查找”按钮，将弹出输入框接收用户输入的任意一个偶数，若接收的数为奇数，则提示重新输入。如果接收的偶数超出一维数组 a 的数值范围，则无须进行相应查找工作，直接在 Text2 内给出结果；否则，在一维数组 a 中查找该数，并根据查找结果在 Text2 文本框内显示相应信息。命令按钮的 Click 事件过程已给出，但“查找”按钮的 Click 事件过程不完整，请将其中的注释符去掉，把“?”改为正确的内容，以实现上述程序功能。

注意：考生不得修改窗体文件中已经存在的控件和程序，最后程序按原文件名存盘。

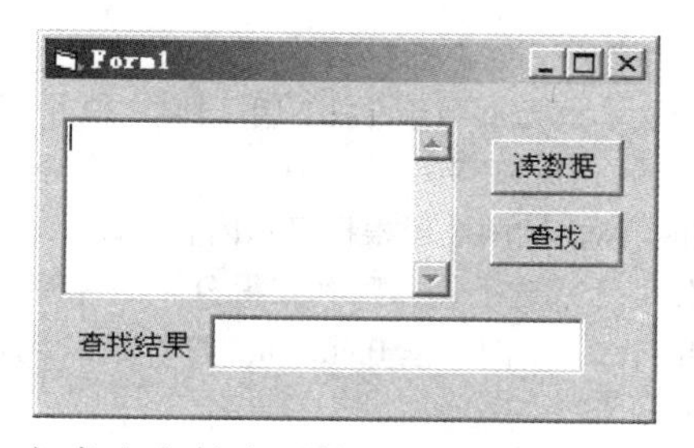

（2）考生文件夹下的工程文件 sjt4.vbp 中有一个初始内容为空的文本框 Text1，一个包含三个元素的文本框控件数组 Text2，两个标题分别是“读数据”和“统计”的命令按钮，两个分别含有三个元素的标签控件数组 Label1 和 Label2，如图所示。程序功能如下：

① 考生文件夹下 in4.dat 文件中存有 20 个考生的考号及数学和语文单科考试成绩。单击“读数据”按钮，可以将 in4.dat 文件内容读入到 20 行 3 列的二维数组 a 中，并同时显示在 Text1 文本框内。

② 单击“统计”按钮，则对考生数学和语文的平均分在“优秀”、“通过”和“不通过”三个分数段的人数进行统计，并将人数统计结果显示在控件数组 Text2 中相应位置。其中，平均分在 85 分以上（含 85 分）为“优秀”，平均分在 60~85 分之间（含 60 分）为“通过”，平均分在 60 分以下为“不通过”。命令按钮的 Click 事件过程已经给出，但“统计”按钮的 Click 事件过程不完整，请将其中的注释符去掉，把“？”改为正确的内容，以实现上述程序功能。

注意： *考生不得修改窗体文件中已经存在的控件和程序，最后程序按原文件名存盘。*

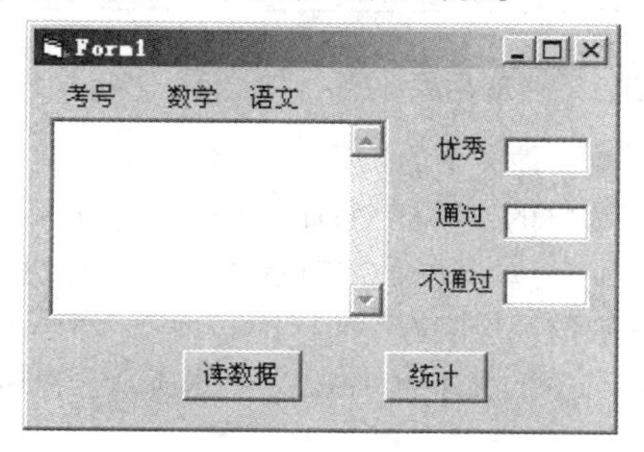

三、综合应用题

考生文件夹下的工程文件 sjt5.vbp 中有一个初始内容为空的文本框 Text1，两个标题分别是“读数据”和“计算”的命令按钮；请画一个标题为“各行平均数的最大值为”的标签 Label2，再画一个初始内容为空的文本框 Text2。如图所示。程序功能如下：

① 单击“读数据”按钮，则将考生文件夹下 in5.dat 文件的内容读入 20 行 5 列的二维数组 a 中，并同时显示在 Text1 文本框内；

② 单击“计算”按钮，则自动统计二维数组 a 中各行的平均数，并将这些平均数中的最大值显示在 Text2 文本框内。“读数据”按钮的 Click 事件过程已经给出，请编写“计算”按钮的 Click 事件过程实现上述功能。

注意： *考生不得修改窗体文件中已经存在的控件和程序，在结束程序运行之前，必须进行“计算”，且必须用窗体右上角的关闭按钮结束程序，否则无成绩。最后，程序按原文件名存盘。*

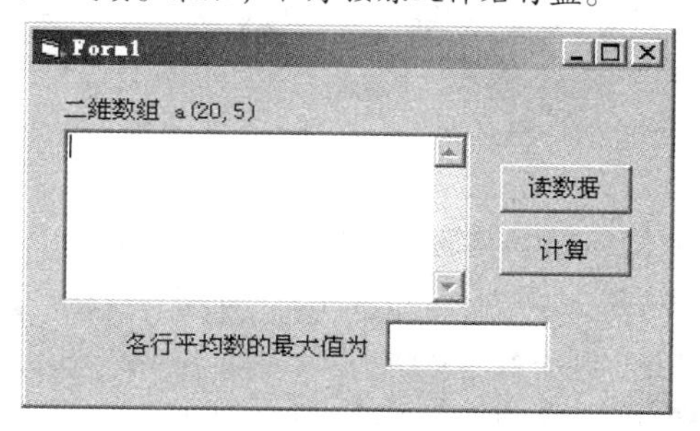

第30套　上机操作题

一、基本操作题

请根据以下各小题的要求设计 Visual Basic 应用程序（包括界面和代码）。

（1）在名称为 Form1，标题为“图片练习”的窗体上画一个名称为 Image1、宽和高分别为 1800 和 1200 的图像框，设置属性使图像框中的图形能自动放大或缩小以与图像框的大小相适应。最后在图像框中显示考生文件夹下的图片文件“pic1.jpg”。运行后的窗体如图所示。

注意： *存盘时，将文件保存至考生文件夹下，窗体文件名为 sjt1.frm，工程文件名为 sjt1.vbp。*

（2）在名称为Form1，标题为“列表框练习”的窗体上画一个名称为List1的列表框，依次输入列表框内容“环球时报”、“人物”、“探索”和“读者”；再画两个标题分别为“复制”和“移去”的命令按钮。如图所示。

要求：编写适当的事件过程，使得单击“复制”按钮，将选中的列表项内容复制到已有列表项的尾部；单击“移去”按钮，将选中的列表项内容删除。

注意：存盘时，将文件保存至考生文件夹下，窗体文件名为sjt2.frm，工程文件名为sjt2.vbp。要求程序中不得使用变量，每个事件过程中只能写一条语句。

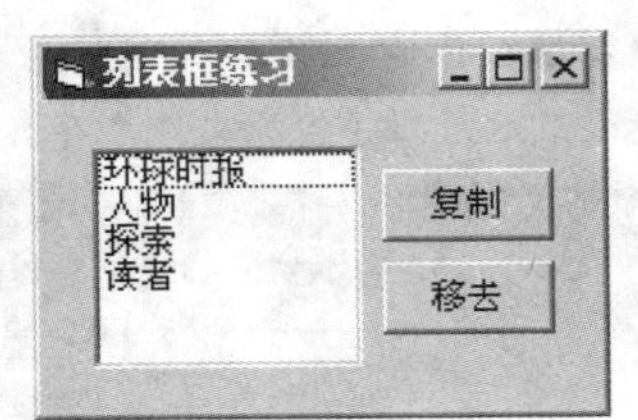

二、简单应用题

（1）考生文件夹下的工程文件sjt3.vbp中有一个菜单、两个标签和两个文本框。程序运行时，用鼠标右键单击窗体会弹出一个弹出式菜单（如图所示）。当选中“计算100以内自然数之和”菜单项时，将计算100以内自然数之和，并把计算结果放入Text1中；当选中“计算7！”菜单项时，将计算7！，并把计算结果放入Text2中。在给出的窗体文件中已经有了全部控件，但程序不完整。请将事件过程中的注释符去掉，把“？”改为正确的内容，以实现上述程序功能。

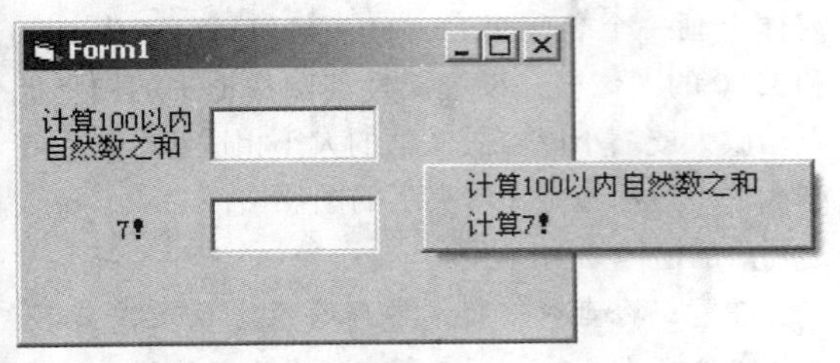

注意：考生不得修改窗体文件中已经存在的控件和程序，最后将程序按原文件名存盘。

（2）考生文件夹下的工程文件sjt4.vbp中有一个标题为“编号”的标签Label1，一个用于接收选手编号的初始内容为空的文本框Text1；另有一个含有10个元素的标签控件数组Label2用于显示评委名称：“评委1”、“评委2”……，一个含有10个元素的文本框控件数组Text2用于接收10个评委对某选手的打分；还有一个标题为“统计得分”的命令按钮。请再画两个可根据显示内容自动调整大小、标题分别为“选手编号”和“得分”的标签Label3和Label4，一个图片框Picture1，如图所示。程序功能如下。

在Text1文本框中输入选手编号，并在Text2文本框控件数组中输入10个评委对该选手的打分情况后，单击“统计得分”按钮，则对10个评委的打分去掉一个最低分和一个最高分之后求平均，该平均分即为选手的最后得分。最后将选手编号和得分显示在图片框Picture1中，并将Text1、Text2的内容置为空。命令按钮的Click事件过程已经给出，但事件过程不完整，请将其中的注释符去掉，把“？”改为正确的内容，以实现上述程序功能。

注意：考生不得修改窗体文件中已经存在的控件和程序，最后程序按原文件名存盘。

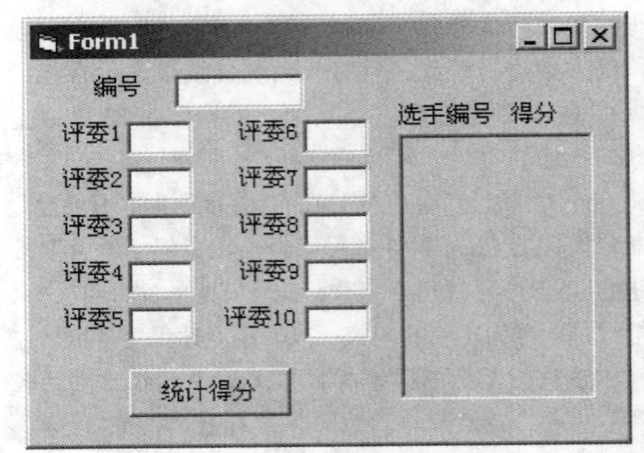

三、综合应用题

考生文件夹下的工程文件sjt5.vbp中有一个初始内容为空的文本框Text1，两个标题分别是“读数据”和“计算”的命令按钮；请画一个标题为“各行最小数的平均值为”的标签Label2，再画一个初始内容为空的文本框Text2，如图所示。程序功能如下。

① 单击“读数据”按钮，则将考生文件夹下in5.dat文件的内容读入20行5列的二维数组a中，并同时显示在Text1文本框内；

② 单击“计算”按钮，则统计二维数组中各行的最小数，并将这些最小数的平均值显示在Text2文本框内。

"读数据"按钮的 Click 事件过程已经给出，请编写"计算"按钮的 Click 事件过程实现上述功能。

注意：考生不得修改窗体文件中已经存在的控件和程序，在结束程序运行之前，必须进行"计算"，且必须用窗体右上角的关闭按钮结束程序，否则无成绩。最后，程序按原文件名存盘。

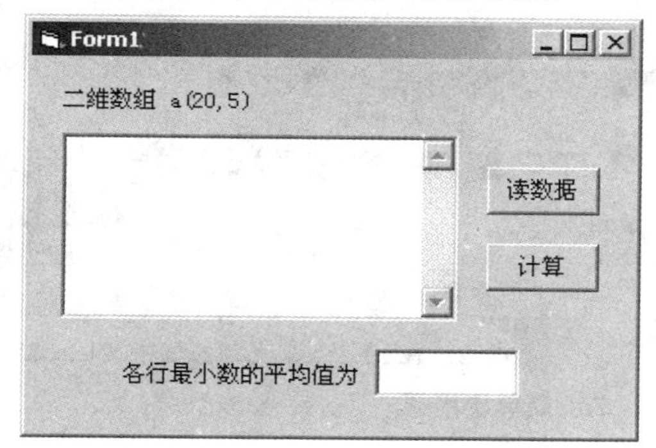

第31套 上机操作题

一、基本操作题

请根据以下各小题的要求设计 Visual Basic 应用程序（包括界面和代码）。

（1）在名称为 Form1 的窗体上画一个名称为 Shape1 的形状控件，通过设置参数使其形状为圆形；画一个名称为 Label1 的标签，标题为"形状"，标签的大小能够根据标签内容字数、大小而定；画一个名称为 Text1 的文本框，文本框最多能够显示 5 个字符，文本框中显示的文字是"圆形"，如图所示。

注意：存盘时，将文件保存至考生文件夹下，且窗体文件名为 sjt1.frm，工程文件名为 sjt1.vbp。

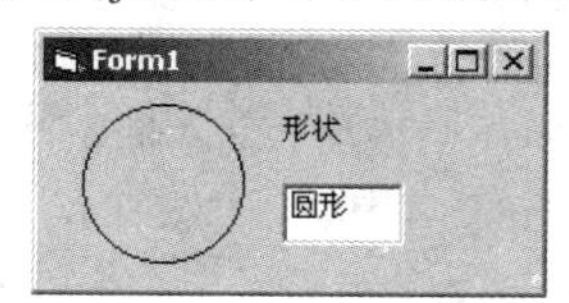

（2）在名称为 Form1 的窗体上画一个名称为 Label1 的标签，字号大小为四号，标题为"等级考试"，如图 1 所示。通过设置属性使标签初始为不可见。请编写适当的程序，使得运行程序时，窗体的标题立即变为"标签"，单击窗体时，显示标签，如图 2 所示。

注意：存盘时，将文件保存至考生文件夹下，且窗体文件名为 sjt2.frm，工程文件名为 sjt2.vbp。要求程序中不得使用变量，每个事件过程中只能写一条语句。

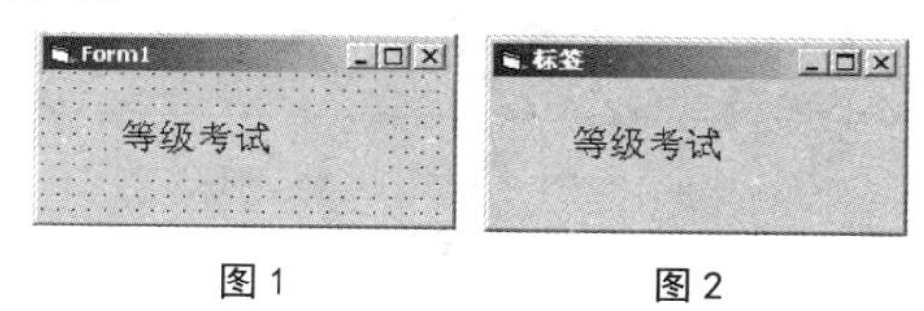

图 1　　　　图 2

二、简单应用题

（1）考生文件夹中有工程文件 sjt3.vbp。窗体上有名称为 Label1、标题为"标签控件"的标签；有一个名称为 Command1、标题为"命令按钮"的命令按钮。单击上述两控件中任一控件，则在标签 Label2 中显示所单击控件的标题内容（标题内容前有"单击"二字），下图是单击命令按钮后的窗体外观。请去掉程序中的注释符，把程序中的"？"改为正确的内容。

注意：考生不得修改窗体文件中已经存在的控件和程序，最后程序按原文件名存盘。

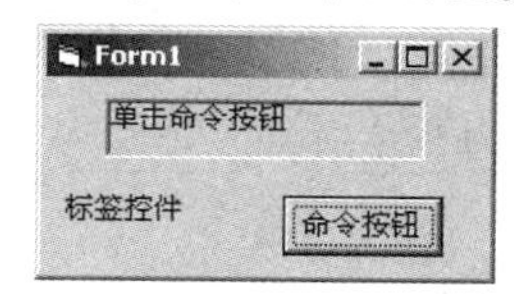

（2）在考生文件夹下有一个工程文件 sjt4.vbp。其窗体上有一个由八个图片框控件组成的控件数组、两个命令按钮及一个计时器控件，如图 1 所示。程序功能：将计时器控件设置为每隔 0.5 秒触发一次。运行程序时，只显示下标为 0 的图片框控件数组元素，其他图片框均不显示。单击"开始"按钮，数组中的每个图片框自左至右依次显示，时间间隔为 0.5 秒，产生月亮从左向右移动的效果，如图 2 所示。月亮移到右端后再从左端重新开始。单击"停止"按钮，月亮停止移动。

要求：按照题目要求设置控件属性，去掉程序中的注释符，把程序中的"？"改为正确的内容。

注意：不能修改程序的其他部分和控件属性。最后把修改后的文件按原文件名存盘。

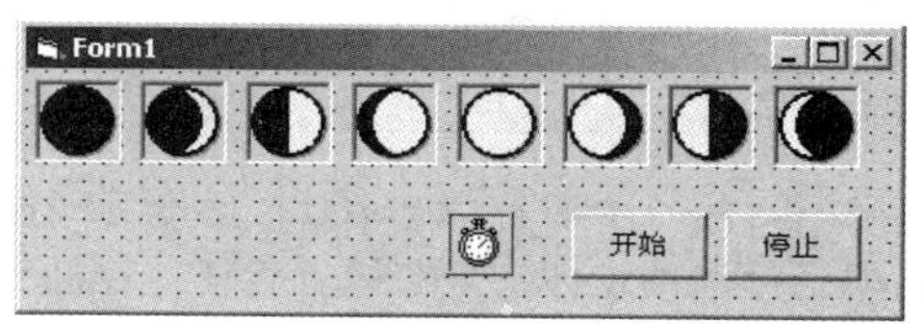

图 1

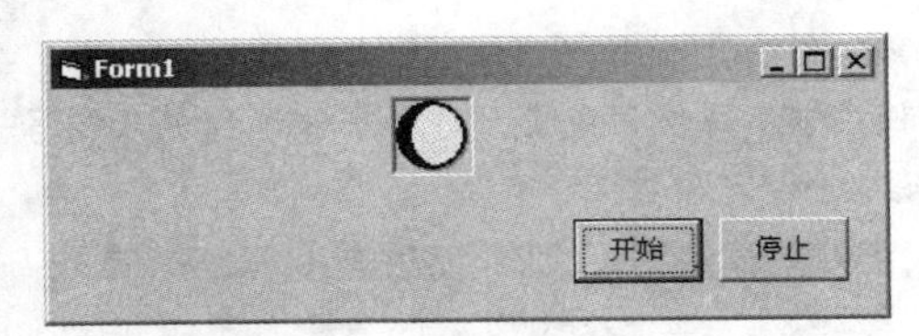

图 2

三、综合应用题

考生文件夹下有一个工程文件 sjt5.vbp。运行程序后，从文件中读出数据，放入 5 × 5 的二维数组 a 中。请编写程序，找出 a 数组中每行的最大值及该值在行中的次序（即列下标），并将所找到的结果分别保存到一维数组 b、c 中（a 第一行的最大值保存在 b（1）中，最大值的列次序保存在 c（1）中）。

注意： 不能修改程序的其他部分和控件属性。最后把修改后的文件按原文件名存盘。程序调试通过后，命令按钮的事件过程必须至少执行一次。

第32套 上机操作题

一、基本操作题

请根据以下各小题的要求设计 Visual Basic 应用程序（包括界面和代码）。

（1）在名称为 Form1 的窗体上画一个名称为 List1 的列表框，在属性窗口中为列表框添加三个选项：北京、上海、天津。再建立一个下拉菜单，菜单标题为“文件”，名称为 File，此菜单下含有一个子菜单项，标题为“显示列表框”，名称为 Show，初始状态为选中，运行时的效果如图所示。

注意： 存盘时，将文件保存至考生文件夹下，且窗体文件名为 sjt1.frm，工程文件名为 sjt1.vbp。

（2）新建一个名称为 Form1，标题为“使用输入对话框”的窗体，该窗体上无任何控件。请编写适当的事件过程，使得运行程序并单击窗体时，出现输入对话框，该对话框的标题为“等级考试”，提示信息为“请输入”，默认值为 "Basic"。如图所示。

注意： 存盘时，将文件保存至考生文件夹下，且窗体文件名为 sjt2.frm，工程文件名为 sjt2.vbp。要求程序中不得使用变量，每个事件过程中只能写一条语句。

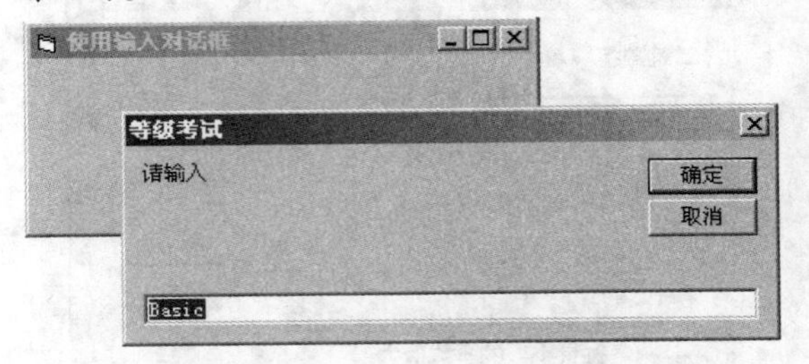

二、简单应用题

（1）在考生文件夹下有一个工程文件 sjt3.vbp。程序的功能是通过键盘向文本框中输入大、小写字母及数字。单击标题为“统计”的命令按钮，分别统计输入字符串中大写字母、小写字母及数字字符的个数，并将统计结果分别显示在标签控件数组 x 中。如图所示。在给出的窗体文件中已经添加了全部控件，但程序不完整。

要求： 去掉程序中的注释符，把程序中的“？”改为正确的内容。

注意： 不能修改程序的其他部分和控件属性。最后把修改后的文件按原文件名存盘。

（2）考生文件夹下的工程文件 sjt4.vbp 中有两个名称分别为 List1、List2 的列表框控件，两个名称分别为 Command1、Command2，标题分别为“>>”、“<<”。请在 List1 中添加“文本框”、“标签”、“列表框”、“单选钮”等表项。如图所示。

程序的功能是单击“>>”，将 List1 中的表项添加到 List2 中，同时将 List1 清空；单击“<<”，将 List2 中的表项添加到 List1 中，同时将 List2 清空。程序已给出，但是不完整。请将程序中的注释符去掉，把“？”改为正确的内容，实现上述功能。

注意： 不能修改程序的其他部分和控件属性。最后把修改后的文件按原文件名存盘。

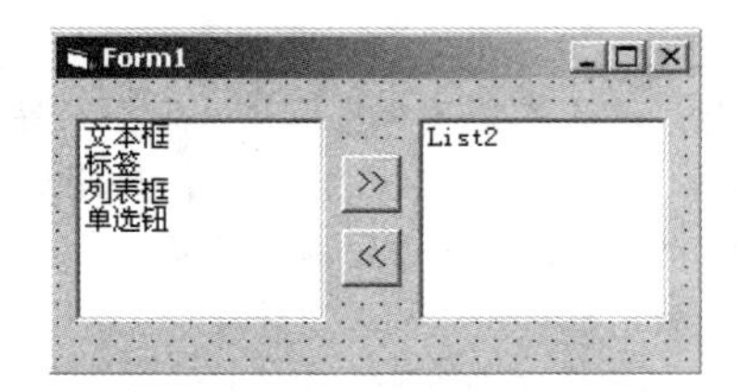

三、综合应用题

在考生文件夹中有一个工程文件 sjt5.vbp。窗体外观如图所示。运行程序，单击“读数据”按钮，文件中的数据被读入字符串变量中并显示在 Label2 标签中。单击“排序”命令按钮时，对读入的数据从小到大排序，并将排序结果显示在窗体的 Label4 控件中。

要求：工程文件中已给出部分程序，“读数据”命令按钮的事件过程不完整，请去掉程序中的注释符，把程序中的“？”改为正确的内容。请编写“排序”命令按钮的事件过程中的部分程序代码。

注意：不能修改程序的其他部分和控件属性。最后把修改后的文件按原文件名存盘。程序调试通过后，两个命令按钮的事件过程必须至少各执行一次。

第33套　上机操作题

一、基本操作题

请根据以下各小题的要求设计 Visual Basic 应用程序（包括界面和代码）。

（1）在名称为 Form1，标题为“显示记录”的窗体上画一个名称为 Text1 的文本框，其初始内容为空；再画一个名称为 Command1 的命令按钮数组（下标从 0 开始，有 4 个按钮，其对应的标题分别为“上一条记录”、“下一条记录”、“第一条记录”、“最后一条记录”），程序执行时的效果如图所示，且程序执行时按下回车键则相当于鼠标单击“下一条记录”按钮。请设置相应属性。

注意：存盘时，将文件保存至考生文件夹下，且窗体文件名为 sjt1.frm，工程文件名为 sjt1.vbp。

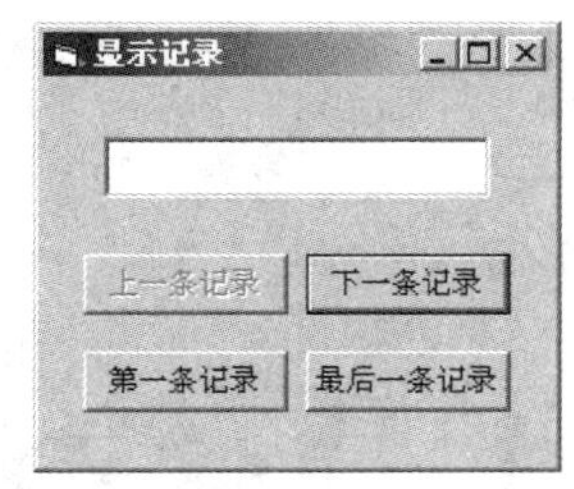

（2）在名称为 Form1 的窗体上，画一个名称为 Label1 的标签，其标题为“等级考试”，能根据标题内容自动调整标签的大小，外观如图所示。再画一个名称为 Timer1 的计时器，其 Interval 属性设置为 0，Enabled 属性设置为 True。

要求：编写窗体的 Load 事件过程和计时器的 Timer 事件过程，使得程序运行时，每隔一秒标签交替隐藏或显示一次。

注意：存盘时，将文件保存至考生文件夹下，窗体文件名为 sjt2.frm，工程文件名为 sjt2.vbp。要求程序中不得使用变量，每个事件过程中只能写一条语句（不得使用选择语句或循环语句）。

二、简单应用题

（1）在考生文件夹下有工程文件 sjt3.vbp。程序运行时的窗体如图 1 所示。输入商品名称后，选中一种付款方式，则“成交”按钮变为可用，选择一种或多种“服务”后，单击“成交”按钮，则把相应信息显示在下面的图片框中，如图 2 所示。若不选任何“服务”，则显示结果如图 3 所示。单击“放弃”按钮，则恢复到图 1 状态。程序已经给出但不完整，请将其中的注释符去掉，把“？”改为正确的内容，以实现上述程序功能。

注意：考生不得修改窗体文件中已经存在的控件和程序，最后程序按原文件名存盘。

图 1

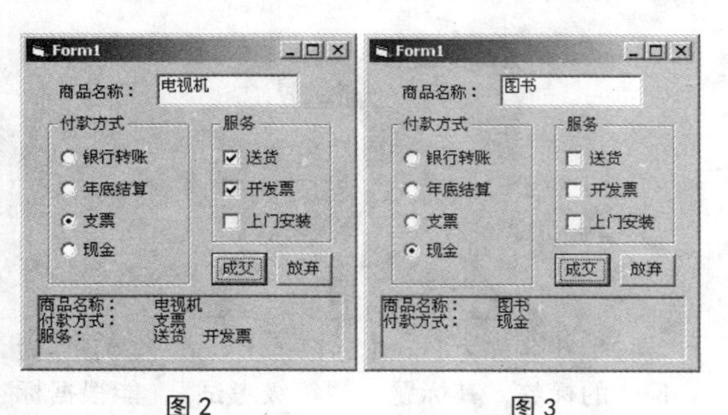

图 2　　　　　　图 3

（2）在考生文件夹下有工程文件 sjt4.vbp，其中的列表框中已经有两个列表项（均为数字）。程序功能是在文本框中输入一个整数 n（例如 30），单击命令按钮，则在列表框中追加若干数字，所有追加的数字按以下规律排列：每个数是前面两个数之和，最后一个数是满足上述规律的最大的小于 n 的数，如图 1 所示。若再输入一个更大的整数（例如 100），单击命令按钮，则按上述规律继续追加数字。如图 2 所示。程序已经给出但不完整，请将其中的注释符去掉，把“？”改为正确的内容，以实现上述程序功能。

注意：考生不得修改窗体文件中已经存在的控件和程序，最后程序按原文件名存盘。

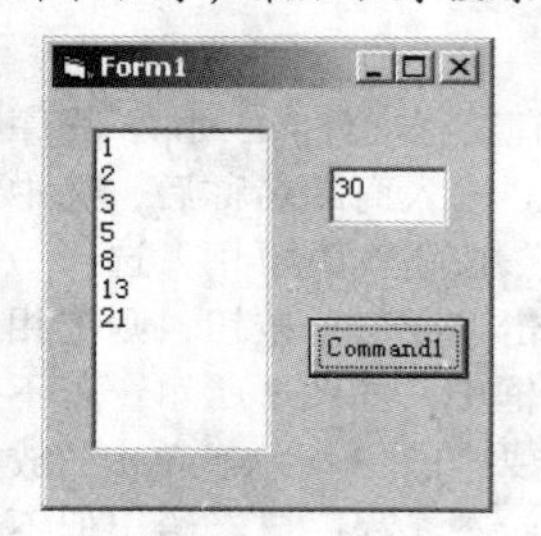

图 1

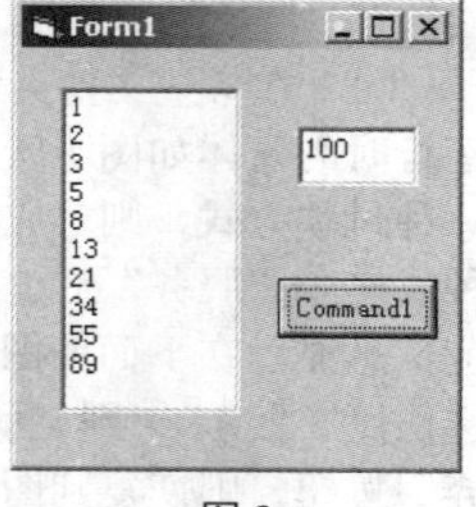

图 2

三、综合应用题

考生文件夹下有工程文件 sjt5.vbp。程序运行时，单击“显示数据”按钮，则将考生文件夹下 in5.dat 文件的内容读入到 5 行 40 列的二维数组 a 中，并按 5 行显示在 Text1 文本框内；单击“统计”按钮，则计算每行中小于 50 的数之和，及这些数的平均值（平均值保留 2 位小数，是否四舍五入不限），并将它们（共 10 个值）分别显示在 Label1 数组及 Text2 数组中。单击“保存”按钮，则保存计算结果。“显示数据”和“保存”按钮的 Click 事件过程已经给出，请编写“统计”按钮的 Click 事件过程实现上述功能。

注意：考生不得修改窗体文件中已经存在的控件和程序，在结束程序运行之前，必须进行“统计”，且必须单击“保存”按钮保存结果，否则无成绩。最后，程序按原文件名存盘。

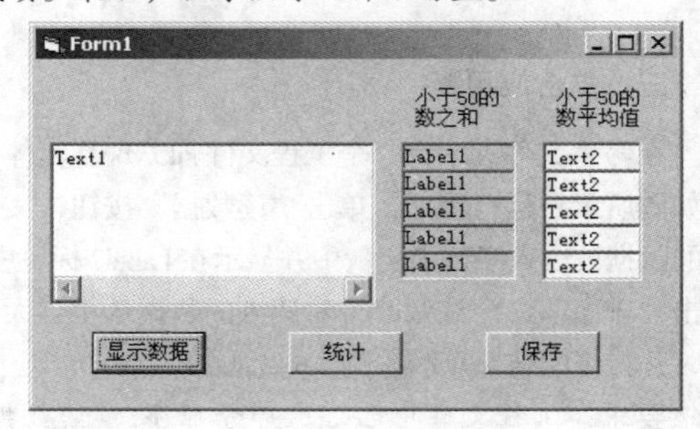

第34套 上机操作题

一、基本操作题

请根据以下各小题的要求设计 Visual Basic 应用程序（包括界面和代码）。

（1）在名称为 Form1，标题为“菜单练习”的窗体上，按下表的结构建立一个下拉菜单，生成的菜单结构如图所示。

名称	标题	其他属性
operation	操作	参考图示
input	输入	参考图示
output	输出	参考图示
query	查询	参考图示
count	统计	参考图示
bymonth	按月	参考图示
byweek	按周	参考图示

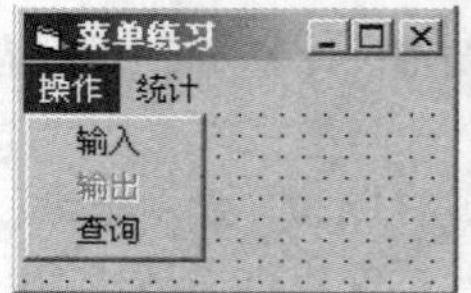

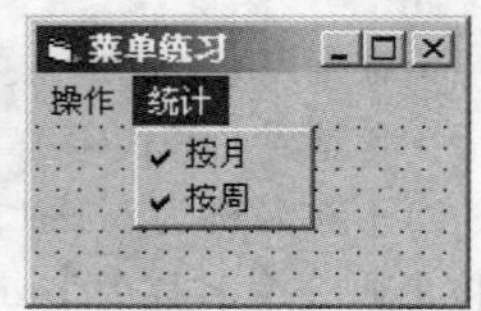

注意：存盘时，将文件保存至考生文件夹下，且窗体文件名为 sjt1.frm，工程文件名为 sjt1.vbp。

（2）在名称为 Form1 的窗体上画一个名称为 Text1 的文本框，其初始内容为空；再画两个单选按钮，名称分别为 Option1、Option2，标题分别为“参加”、“不参加”，Option1 的标题在单选按钮的左边，如图所示。当程序运行时，在 Text1 中输入一些文字（如“比赛”），单击 Option1 时，则把其标题放在输入文字的前面（如“参加比赛”），单击

Option2 时，则把其标题放在输入文字的后面（如“比赛不参加”）。请编写适当的事件过程，完成上述功能。

注意： 存盘时，将文件保存至考生文件夹下，窗体文件名为 sjt2.frm，工程文件名为 sjt2.vbp。要求程序中不得使用变量，每个事件过程中只能写一条语句。

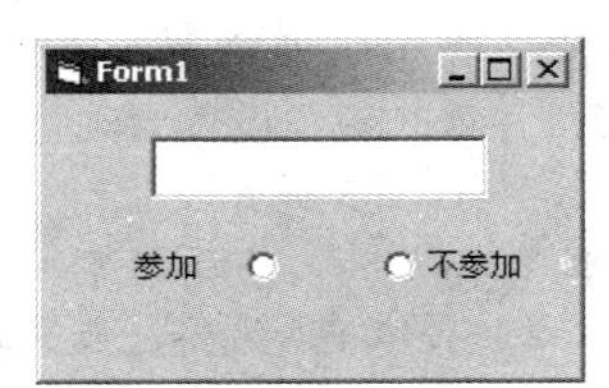

二、简单应用题

（1）考生文件夹下有工程文件 sjt3.vbp，请在窗体上画一个名称为 Label1 的标签，它能根据标题内容自动调整大小，外观如图 1 所示，程序要实现以下功能：每单击按钮一次，按钮标题在“停止”、“开始”之间切换。若按钮标题为“停止”，则标签内容每 2 秒变换一次，内容依次是“欢迎您参加等级考试！”、“请您认真复习！”、“祝您获得好成绩！”，并循环变化。若按钮标题为“开始”，则标签内容停止变化。已经给出了所有事件过程，但不完整，请将其中的注释符去掉，把“？”改为正确的内容，以实现上述功能。

注意： 不得修改窗体文件中已经存在的程序、控件及其属性，最后将修改后的文件按原文件名存盘。

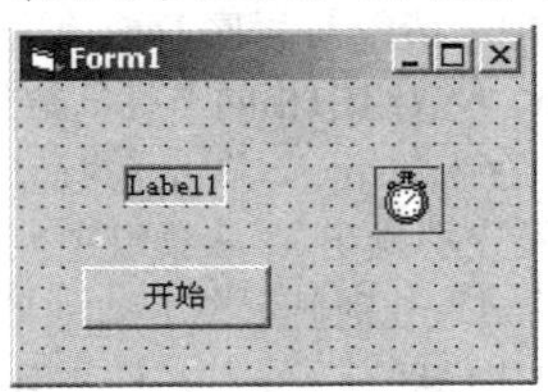

图1

（2）考生文件夹下有工程文件 sjt4.vbp。程序功能是：在 Text1 文本框内输入随机数个数，单击“产生随机数”按钮，则先将列表框中的内容全部清除，再向列表框添加指定个数的随机数，如图 2 所示。单击“删除奇数”按钮，则删除列表框中的所有奇数，并将奇数之和显示在 Text2 文本框中，如图 3 所示。命令按钮的 Click 事件过程已经给出，但不完整，请将其中的注释符去掉，把“？”改为正确的内容，以实现上述程序功能。

图2

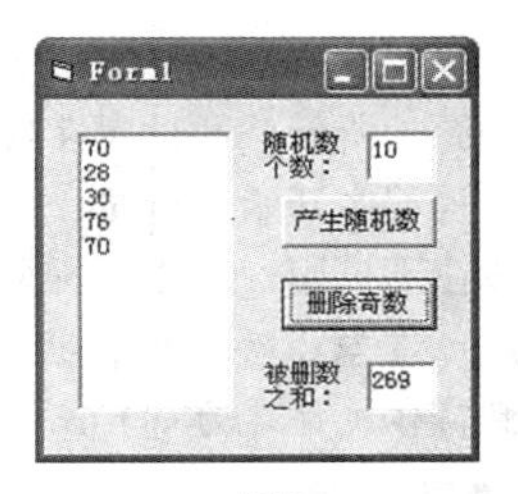

图3

注意： 考生不得修改窗体文件中已经存在的控件和程序，最后程序按原文件名存盘。

三、综合应用题

考生文件夹下有工程文件 sjt5.vbp。程序运行时，单击“显示数据”按钮，则将考生文件夹下 in5.dat 文件的内容读入到 5 行 40 列的二维数组 a 中，并按 5 行显示在 Text1 文本框内；单击“统计”按钮，则找出每行中偶数的最大值，计算奇数的平均值（平均值保留 2 位小数，是否四舍五入不限），并将它们（共 10 个值）分别显示在 Label1 数组中和 Text2 数组中。单击“保存”按钮，则保存计算结果。“显示数据”和“保存”按钮的 Click 事件过程已经给出，请编写“统计”按钮的 Click 事件过程实现上述功能。

注意： 考生不得修改窗体文件中已经存在的控件和程序，在结束程序运行之前，必须进行“统计”，且必须单击“保存”按钮保存结果，否则无成绩。最后，程序按原文件名存盘。

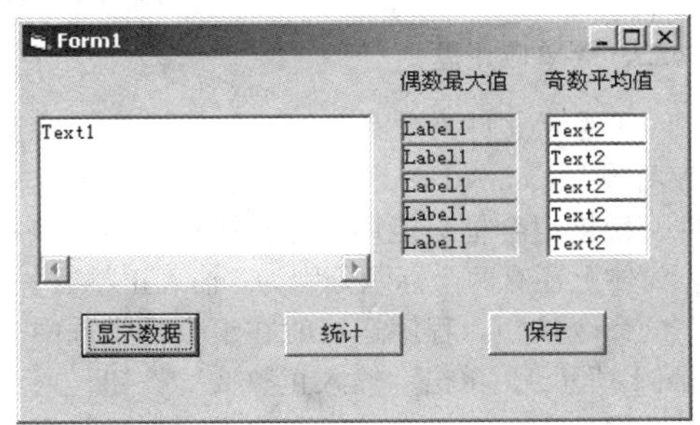

第35套 上机操作题

一、基本操作题

请根据以下各小题的要求设计 Visual Basic 应用程序（包括界面和代码）。

（1）在名称为 Form1 的窗体上画出包含三个命令按钮的控件数组，名称为 cmd1，下标分别为 0、

1、2，Caption 分别为“开始”、“停止”和“退出”，如图 1 所示。通过属性窗口设置各命令按钮的属性，使得程序开始运行时，“停止”按钮不可见，“退出”按钮不可用，如图 2 所示。

注意：存盘时，将文件保存至考生文件夹下，且窗体文件名为 sjt1.frm，工程文件名为 sjt1.vbp。

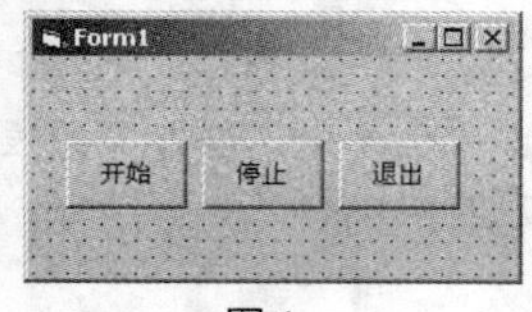

图 1

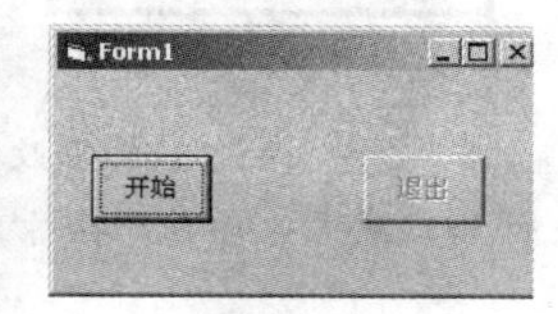

图 2

（2）在名称为 Form1 的窗体上画两个名称分别为 Command1 与 Command2、标题分别为“打开”及“保存”的命令按钮，和一个名称为 CD1 的通用对话框，如图 3 所示。请在属性窗口中设置 CD1 的属性，使得打开通用对话框时，其初始路径是“C:\”。再编写适当的事件过程，使得运行程序，分别单击“打开”或“保存”按钮时，相应地出现“打开”或“保存”对话框。要求程序中不得使用变量，每个事件过程中只能写一条语句。

注意：存盘时，将文件保存至考生文件夹下，且窗体文件名为 sjt2.frm，工程文件名为 sjt2.vbp。

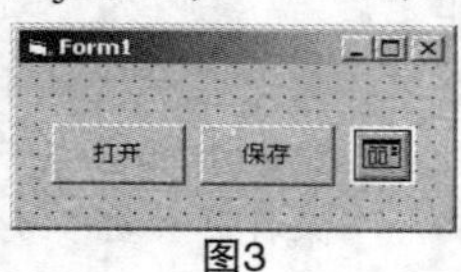

图3

二、简单应用题

（1）考生文件夹中有工程文件 sjt3.vbp。在窗体上有名称为 Combo1 的组合框，请设置该组合框的属性，使该组合框只能用于选择操作，不能输入文本。窗体上还有两个标题分别为“输入正整数”、“判断”的命令按钮。程序运行时在组合框中选中一项（如图 1 所示），单击“输入正整数”按钮，通过输入对话框输入一个正整数，再单击“判断”命令按钮，则按照选定的选项内容，将判断结果显示在信息框中。图 2 所示的是输入 56 且选中的组合框选项为“判奇偶数”时显示的信息框。在给出的窗体文件中已经有了全部控件，但程序不完整。

要求：按照题目要求设置组合框的有关属性，去掉程序中的注释符，把程序中的“？”改为正确的内容。

注意：考生不得修改窗体文件中已经存在的程序。最后程序按原文件名存盘。

图 1

图 2

（2）在考生目录下有一个工程文件 sjt4.vbp。窗体上有一大一小两个名称分别为 Shape2、Shape1 的 Shape 控件。请在属性窗口中将 Shape1 控件设置为圆形，并将其颜色设置为红色（颜色值为 &H000000FF&），如图 3 所示。

要求：当单击窗体时，Shape1 移动到矩形（即 Shape2）左上角，再次单击窗体，则 Shape1 移动到矩形的右下角。

在给出的窗体文件中已经有了全部控件，但程序不完整。要求：在属性窗口中设置有关的属性值，去掉程序中的注释符，把程序中的“？”改为正确的内容。

注意：不能修改程序的其他部分和控件属性。最后把修改后的文件按原文件名存盘。

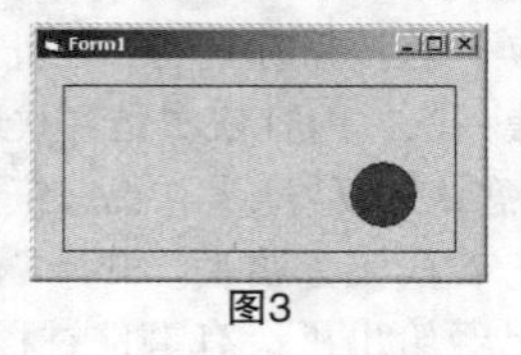

图3

三、综合应用题

在考生目录下已有一个工程文件 sjt5.vbp。运行程序后，分别从两个文件中读出数据，放入两个一维数组 a、b 中。请编写程序，当单击“合并数组”按钮时，将 a、b 数组中相同下标的数组元素的值求和，并将结果存入数组 c。单击“找最大值”按钮时，调用 find 过程分别找出 a、c 数组中元素的最大值，并将所找到的结果分别显示在 Text1、Text2 中。在给出的窗体文件中已经有了全部控件，但程序不完整。

要求：去掉程序中的注释符，把程序中的“？”改为正确的内容，并编写相应程序，实现程序的功能。

注意：不能修改程序的其他部分和控件属性。最后把修改后的文件按原文件名存盘。程序调试通过后，各命令按钮的事件过程必须至少各执行一次。

第36套 上机操作题

一、基本操作题

请根据以下各小题的要求设计 Visual Basic 应用

程序（包括界面和代码）。

（1）在名称为 Form1 的窗体上，设计满足如下要求的菜单。

分类	标题	名称
主菜单项1	播放	Play
子菜单项1	播放/暂停	Pause
子菜单项2		Sepa
子菜单项3	上一个	Before
子菜单项4	下一个	Next
主菜单项2	退出	Exit

运行后的窗体如图所示。

注意：存盘时，将文件保存至考生文件夹下，且窗体文件名为 sjt1.frm，工程文件名为 sjt1.vbp。

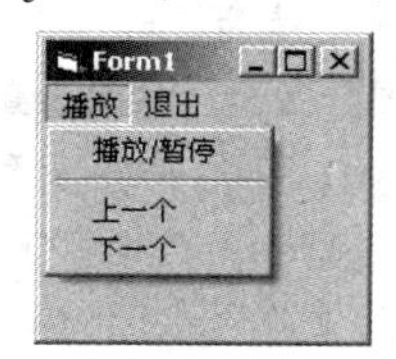

（2）在名称为 Form1、标题为“椭圆练习”的窗体上，画一个名称为 Shape1 的椭圆，其高为 800、宽为 1200，边框是宽度为 5 的蓝色（&H00C00000&）实线，内部填充色显示为黄色（&H0000FFFF&）。再画两个名称分别为 Command1 和 Command2，标题分别为“横向”和“纵向”的命令按钮（如图所示）。

要求：编写适当的事件过程，使得每单击“横向”按钮一次，椭圆的宽度增加 100；每单击“纵向”按钮一次，椭圆的高度增加 100。程序中不得使用变量，每个事件过程中只能写一条语句。

注意：存盘时，将文件保存至考生文件夹下，且窗体文件名为 sjt2.frm，工程文件名为 sjt2.vbp。

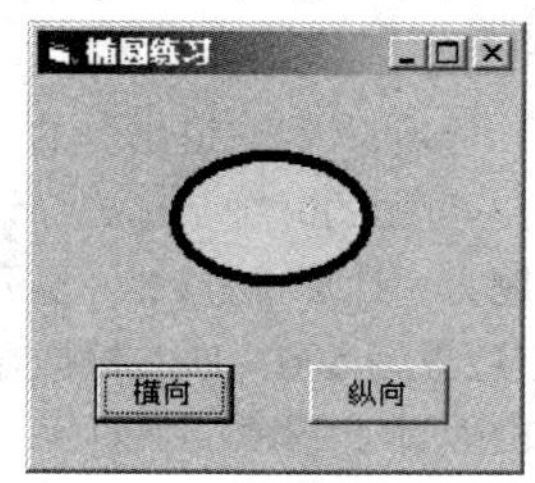

二、简单应用题

（1）考生文件夹下有工程文件 sjt3.vbp，窗体上有两个标题分别为“分解”和“退出”的命令按钮。请再画一个名称为 Text1，初始值为空的文本框。程序功能如下。

① 单击“分解”按钮，程序提示输入一个大于 2 的整数，并将该数分解为因数的乘积，最后将分解结果显示在 Text1 文本框内（如图 1 所示）。

② 单击“退出”按钮，则结束程序运行。请将事件过程中的注释符去掉，把“？”改为正确的内容，以实现上述程序功能。

注意：考生不得修改窗体文件中已经存在的控件和程序，最后将程序按原文件名存盘。

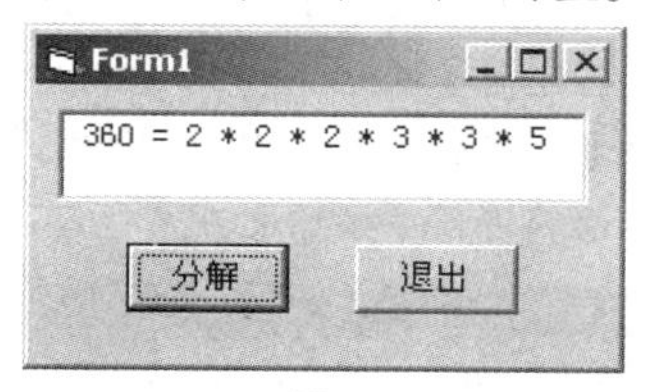

图1

（2）考生文件夹下有工程文件 sjt4.vbp，窗体上有一个名称为 Cmd1 的命令按钮，请对其属性进行设置，使其左边界与窗体左边框的距离为 300，标题为“产生可变正方形图案”。

程序功能为：单击“产生可变正方形图案”按钮，则弹出输入框，要求输入可变数；在输入可变数后，将根据可变数在窗体上显示可变正方形图案；图案的最外圈为第一层，且每层上显示的数字与其所处的层数相同。图 2 为输入可变数 6 时的可变正方形图案。图 3 为输入可变数 7 时的可变正方形图案。Cmd1 按钮的 Click 事件过程已经给出，但不完整，请将事件过程中的注释符去掉，把“？”改为正确的内容，以实现上述程序功能。

注意：考生不得修改窗体文件中已存在的程序，最后将程序按原文件名存盘。

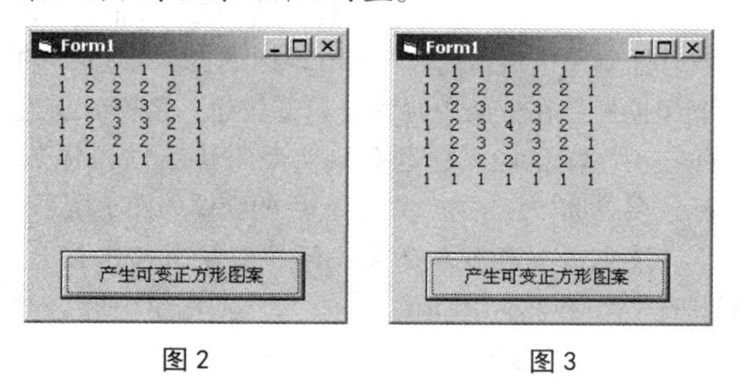

图 2　　图 3

三、综合应用题

考生文件夹下的工程文件 sjt5.vbp 中的窗体上有两个标题分别是“产生数据”和“排序”的命令按钮。请画两个名称分别为 Text1、Text2，初始值为空，可显示多行文本，有垂直滚动条的文本框（如图所示）。程序功能如下。

① 单击“产生数据”按钮，随机产生 50 个

100 以内的互不相等的整数，并将这 50 个数显示在 Text1 文本框中；

② 单击“排序”按钮，将 50 个数按升序排列，并显示在 Text2 文本框中。“产生数据”和“排序”按钮的 Click 事件过程已经给出，但不完整，请将事件过程中的注释符去掉，把“？”改为正确的内容，以实现上述程序功能。

注意： 考生不得修改窗体文件中已经存在的控件和程序，最后将程序按原文件名存盘。

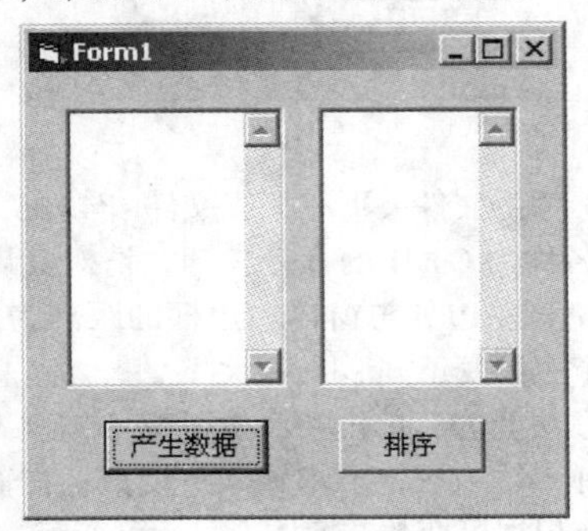

第37套 上机操作题

一、基本操作题

请根据以下各小题的要求设计 Visual Basic 应用程序（包括界面和代码）。

（1）在名称为 Form1、标题为“框架练习”的窗体上画一个名称为 Frame1、标题为“字体”的框架控件；在框架中画两个单选按钮，名称分别为 Option1、Option2，标题分别为“宋体”、“黑体”，标题在单选按钮的左边。运行后的窗体如图 1 所示。

注意： 存盘时，将文件保存至考生文件夹下，且窗体文件名为 sjt1.frm，工程文件名为 sjt1.vbp。

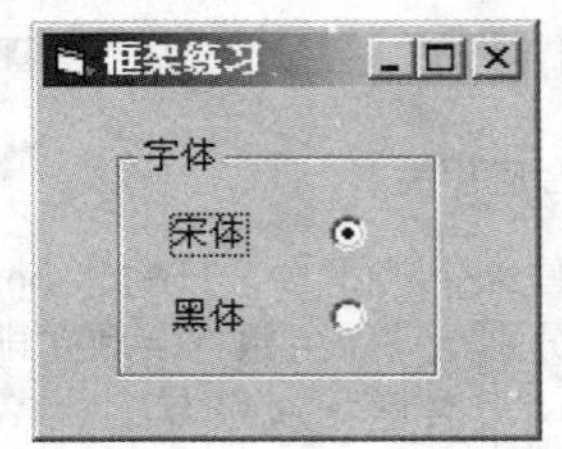

图1

（2）在名称为 Form1 窗体上，画一个名称为 Image1 的图像框，在其中显示考生文件夹下的图片“pic2.jpg”，并设置适当属性使得图像框尺寸变化时图片尺寸可随之变化。再画一个水平滚动条和一个垂直滚动条，名称分别为 HScroll1、VScroll1，它们的刻度范围都是 1~3，如图 2 所示。

要求：

① 定义两个窗体级变量：length、high，并编写窗体的 Form_Load 事件过程，使 length、high 分别等于图像框初始尺寸的宽、高；

② 编写适当的事件过程，使得移动两个滚动条上的滚动框时，图像框的尺寸在其初始宽、高的基础上，改变成相应方向滚动条的 Value 值的倍数。例如：HScroll1 的 Value 值为 2 时，图像框的宽为初始宽度的 2 倍。如图 3 所示。对于垂直滚动条也类似。

注意： 存盘时，将文件保存至考生文件夹下，且窗体文件名为 sjt2.frm，工程文件名为 sjt2.vbp。要求程序中的两个变量必须是 length、high，此外不能再使用其他变量，除 Form_Load 事件过程外，其他每个事件过程中只能写一条语句。

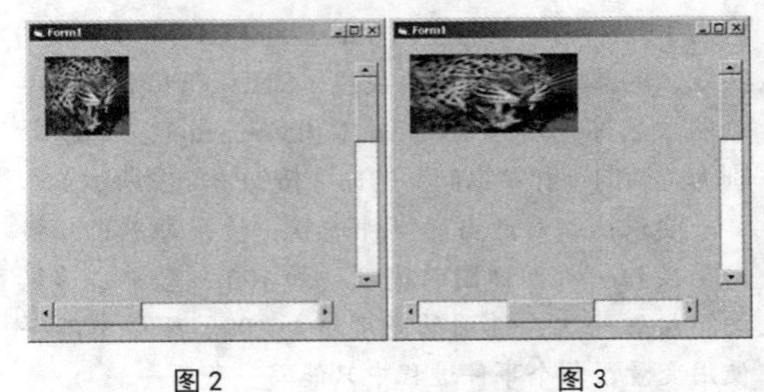

图 2　　图 3

二、简单应用题

（1）考生文件夹下的工程文件 sjt3.vbp 中有两个标题分别是“移动”和“退出”的命令按钮；一个初始状态为不可用的时钟 Timer1。请画一个标签 Label1，其标题为“计算机考试”，显示格式为黑体小四号字，左边界为 500，且能根据显示内容自动调整大小。如图所示。程序功能如下：

① 单击标题为“移动”的按钮时，该按钮标题变换为“暂停”，且标签开始向右移动。当标签右侧到窗体右边时，标签移动方向改变为从右向左移动；当标签左侧触及窗体左边缘时，标签移动方向改变为从左向右移动。

② 单击标题为“暂停”的按钮时，该按钮的标题变换为“移动”，并暂停标签的移动。

③ 单击“退出”按钮，则结束程序运行。命令

按钮的 Click 事件过程已经给出，但事件过程不完整，请将其中的注释符去掉，把“？”改为正确的内容，以实现上述程序功能。

注意：不得修改窗体文件中已经存在的控件和程序，最后将修改后的文件按原文件名存盘。

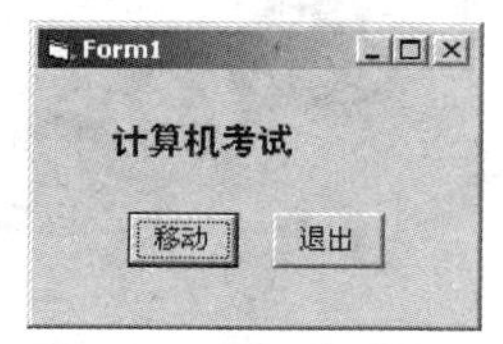

（2）考生文件夹下的工程文件 sjt4.vbp 中有如图所示的控件，程序功能如下。

程序运行时，在 Text1 中输入一个商品名称，在 Text2 中输入一个数量，单击“计算”按钮，则在列表框中找到该商品的单价，乘以数量后显示在 Text3 中（如图所示）；若输入的商品名称是错误的，则在 Text3 中显示“无此商品”。（为方便编程，列表框中的每个单价均为 4 位（含小数点））请将事件过程中的注释符去掉，把“？”改为正确的内容，以实现上述程序功能。

注意：考生不得修改窗体文件中已经存在的控件和程序，最后将程序按原文件名存盘。

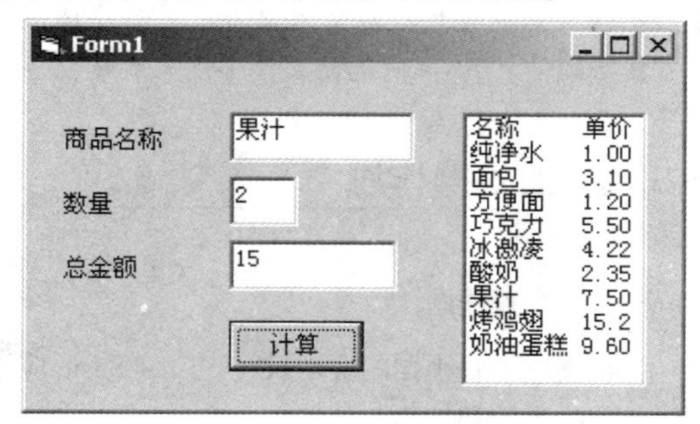

三、综合应用题

考生文件夹下的工程文件 sjt5.vbp 中的窗体如图所示。考生文件夹下的随机文件 in5.dat 中有 20 条记录，每条记录含姓名和 3 个分数（均为 100 以内的正整数）。在程序中已经定义了类型 Recordtype，以及该类型的数组 rec，并已把文件中的 20 条记录读入数组。

要求：①请完善“计算最大最小值”按钮的 Click 事件过程，计算每人的总分，找出其中最大总分和最小总分，分别放入变量 maxval、minval 中（这 2 个变量已经给出，不得修改）。②运行程序，单击“计算最大最小值”按钮后再单击“存盘”按钮。

注意：考生不得修改窗体文件中已经存在的控件和程序，在结束程序运行之前，必须依次单击“计算最大最小值”、“存盘”按钮，否则无成绩。最后，程序按原文件名存盘。

第38套　上机操作题

一、基本操作题

请根据以下各小题的要求设计 Visual Basic 应用程序（包括界面和代码）。

（1）在名称为 Form1 的窗体上画一个命令按钮，其名称为 C1，标题为“等级考试”；再画一个文本框，名称为 T1，如图 1 所示。编写适当的事件过程。程序运行后，一旦文本框中的信息有任何变化或输入任何信息，则命令按钮消失，并使命令按钮的标题在文本框中显示出来，如图 2 所示。

注意：存盘时，将文件保存至考生文件夹下，且窗体文件名为 sjt1.frm，工程文件名为 sjt1.vbp。

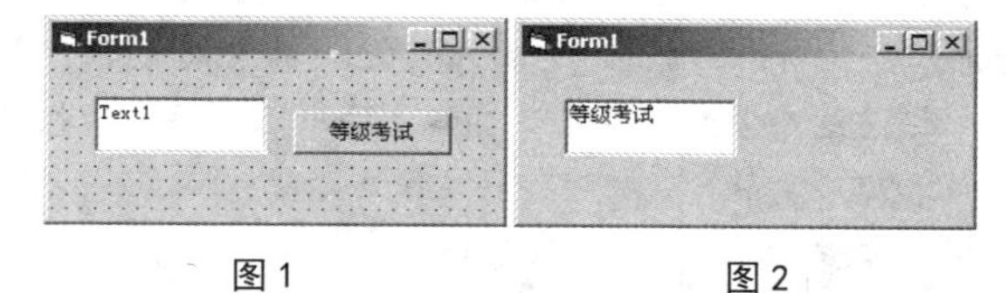

图 1　　　　图 2

（2）在名称为 Form1，标题为“菜单演示”的窗体上画一个名称为 Label1、标题为空的标签；再建立一个菜单，各菜单项的属性设置如下表。窗体外观如图 3 所示。

标题	名称	缩进
附件	menu	无
输出窗体标题	Title	…
输出当前时间	Clock	…

请编写适当的程序，使得选中“输出窗体标题”菜单项时，就在标签中显示窗体标题；选中“输出当前时间”菜单项时，在标签中显示当前系统时间（如图 4 所示）。要求程序中不得使用变量，每个事件过程中只能写一条语句。

注意：存盘时，将文件保存至考生文件夹下，且窗体文件名为 sjt2.frm，工程文件名为 sjt2.vbp。

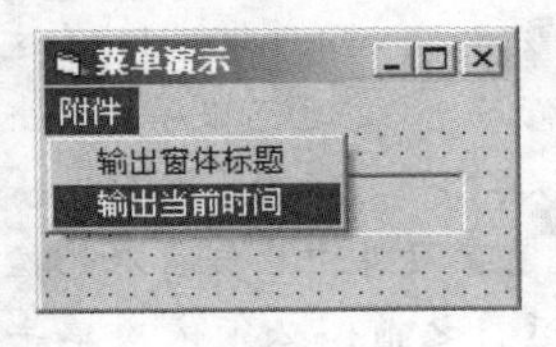

图 3

图 4

二、简单应用题

（1）在考生文件夹下有一个工程文件 sjt3.vbp，其功能是①单击“读数据”按钮，则把考生文件夹下 in3.dat 文件中的 100 个按升序排列的整数读入到数组 a 中，同时显示在 Text1 文本框中；②单击“查找”按钮，则提示用户输入查找的数，并利用二分法在数组 a 中查找该数，若查找成功，则在 Text2 文本框中显示该数在数组中的位置，否则显示查找失败。

提示：二分法查找的思路是，将查找值与有序数组的中间项元素进行比较，若相同则查找成功结束；否则判断查找值落在数组的上半部分还是下半部分，并继续在那一半的数组中重复上述查找过程。

要求：请将窗体的标题设置为“二分法查找”，并将“查找”命令按钮的 Click 事件过程中的注释符去掉，把“？”改为正确内容，以实现上述程序功能。下图所示的是运行时输入数值 68 的查找结果。

注意：考生不得修改窗体文件中已经存在的控件和程序。最后，程序按原文件名存盘。

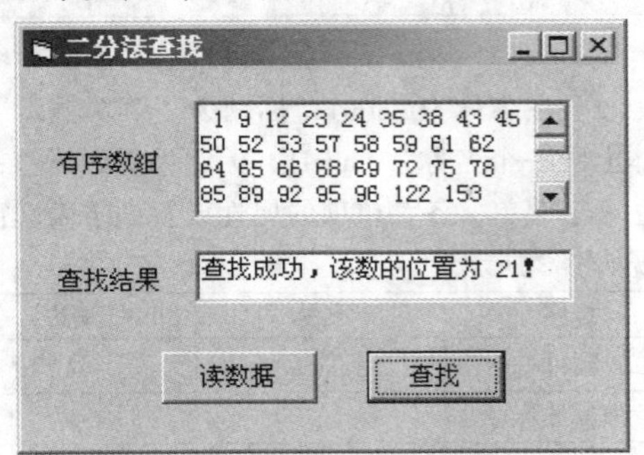

（2）在考生文件夹下有一个工程文件 sjt4.vbp。运行程序，按下鼠标左键，并在窗体上拖动鼠标时，沿鼠标移动可在窗体上画出一系列圆，如图所示。给出的程序不完整，要求去掉程序中的注释符，把程序中的“？”改为正确的内容。

注意：考生不得修改窗体文件中已经存在的控件和程序，最后将程序按原文件名存盘。

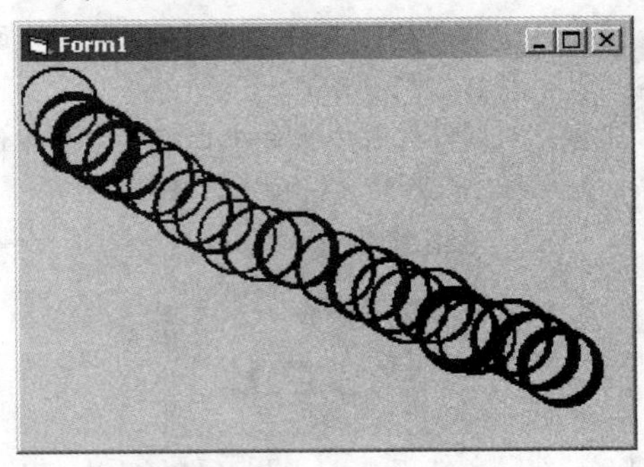

三、综合应用题

在考生文件夹下有一个工程文件 sjt5.vbp。程序功能为在文本框 Text1 中输入一个正整数 N 后，单击“计算”按钮，则计算 $1^1+2^2+3^3+...N^N$，并将计算结果显示在 Text2 中。程序中的函数 f 可以计算 m^m 的值。

在给出的窗体文件中已经有了全部控件，但程序不完整。

要求：去掉程序中的注释符，把程序中的“？”改为正确的内容，并编写相应的程序，实现程序的功能，并且必须在运行时计算 N=8 时的结果。

注意：不能修改程序的其他部分和控件属性。最后把修改后的文件按原文件名存盘。程序调试通过后，必须计算 N=8 时的结果，否则无成绩。

第39套 上机操作题

一、基本操作题

请根据以下各小题的要求设计 Visual Basic 应用程序（包括界面和代码）。

（1）在名称为 Form1，标题为"电影制作"的窗体上画一个名称为 Cmb1、初始内容为空的下拉式组合框（可以输入文本）。下拉列表中有“音频效果”、“视频效果”和“视频过渡”3 个表项内容。运行后的窗体如图所示。

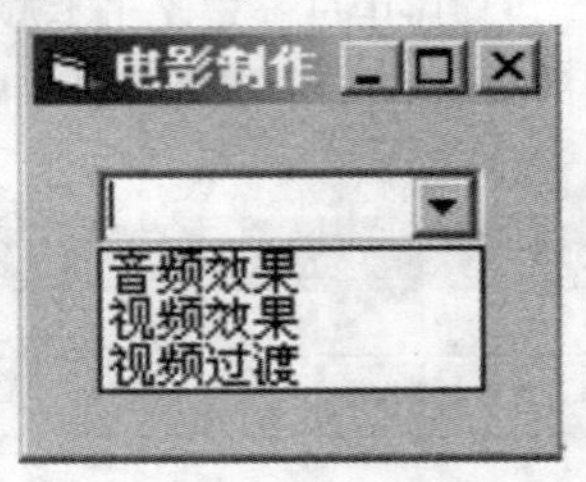

注意：存盘时，将文件保存至考生文件夹下，且窗体文件名为 sjt1.frm，工程文件名为 sjt1.vbp。

（2）在名称为 Form1、标题为“椭圆练习”的窗体上，画一个名称为 Shape1 的椭圆，其高为 800、宽为 1200、左边距为 1000。椭圆的边框是宽度为 5 的蓝色（&H00C00000&）实线，椭圆填充色为黄色（&H0000FFFF&）。再画两个名称为 Command1 和 Command2、标题为“左移”和“右移”的命令按钮。如图所示。

要求：编写两个按钮的 Click 事件过程，使得每单击“左移”按钮一次，椭圆向左移动 100；每单击“右移”按钮一次，椭圆向右移动 100。要求程序中不得使用变量，每个事件过程中只能写一条语句。

注意：存盘时，将文件保存至考生文件夹下，且窗体文件名为 sjt2.frm，工程文件名为 sjt2.vbp。

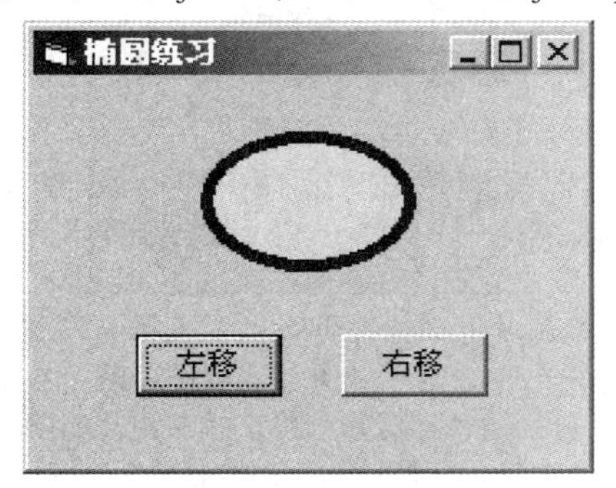

二、简单应用题

（1）在考生文件夹下有一个工程文件 sjt3.vbp，其窗体中有一个红色方框和一个计时器控件。程序运行时每隔半秒，方框的颜色交替变为黄色和红色（黄色值为 &HFFFF&；红色值为 &HFF&）；若单击鼠标右键，则停止变色；若单击鼠标左键，则方框左上角移到鼠标单击的位置处（如图所示）。请将事件过程中的注释符去掉，把“？”改为正确的内容，以实现上述程序功能。

注意：考生不得修改窗体文件中已经存在的控件和程序，最后将程序按原文件名存盘。

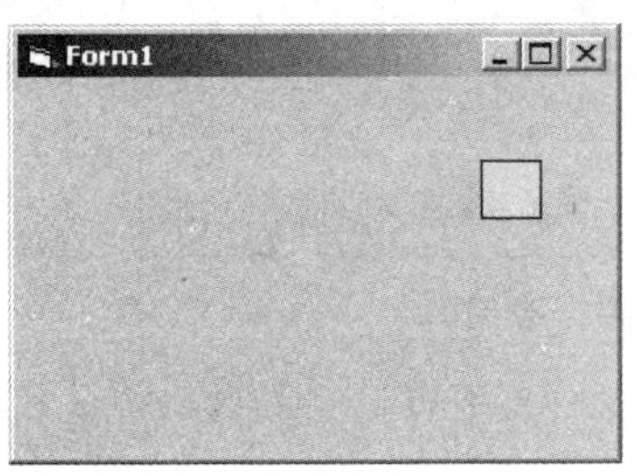

（2）在考生文件夹下有一个工程文件 sjt4.vbp，其窗口上有两个名称分别为 Command1 和 Command2，标题分别为“开始查找”和“重新输入”的命令按钮；有两个名称分别为 Text1 和 Text2，初始值均为空的文本框。①在 Text1 文本框中输入仅含字母和空格（空格用于分隔不同的单词）的字符串后，单击“开始查找”按钮，则可以将输入字符串中最长的单词显示在 Text2 文本框中，如图所示；②单击“重新输入”按钮，则清除 Text1 和 Text2 中的内容，并将焦点设置在 Text1 文本框中，为下一次的输入做好准备。请将“开始查找”命令按钮 Click 事件过程中的注释符去掉，把“？”改为正确内容，以实现上述程序功能。

注意：考生不得修改窗体文件中已经存在的控件和程序。最后，程序按原文件名存盘。

三、综合应用题

在考生文件夹下有一个工程文件 sjt5.vbp，窗口中有两个名称分别为 Command1 和 Command2，标题分别为“读数据”和“排序”的命令按钮，有两个标题分别为“数组 A”和“数组 B”的标签。请将窗体标题设置为“完全平方数排序”，再画两个名称分别为 Text1 和 Text2，初始内容都为空的文本框，并且可多行显示、有垂直滚动条，如图所示。程序功能如下。

① 单击“读数据”按钮，则把考生文件夹下 in5.dat 文件中 100 个下整数读入数组 A，并将它们显示在 Text1 文本框中；

② 单击“排序”按钮，则首先将这 100 个数中的所有完全平方数放入数组 B 中，并将它们按子程降序排列显示在 Text2 文本框中。

提示：一个整数若是另一个整数的平方，那么它就是完全平方数。如：$144=12^2$，所以 144 就是一个完全平方数。

要求：去掉注释符，把“？”改为正确内容，并添加代码使得“排序”命令按钮的 Click 事件过程可以实现上述功能。

提示：sort 过程可以把求出的平方数进行排序，可以直接调用。

注意：考生不得修改窗体文件中已经存在的控件和程序，在结束程序运行之前，必须进行“排序”，且须用窗体右上角的关闭按钮结束程序，否则无成绩，最后，程序按原文件名存盘。

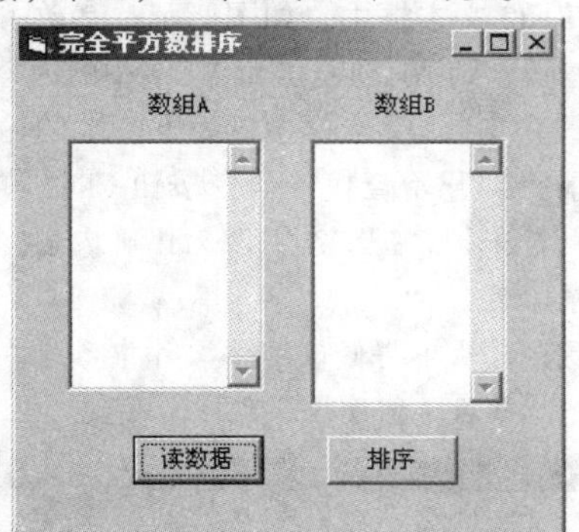

第40套 上机操作题

一、基本操作题

请根据以下各小题的要求设计 Visual Basic 应用程序（包括界面和代码）。

（1）在名称为 Form1 的窗体上画一个名称为 Label1 的标签数组，含 3 个标签控件，下标从 0 开始，外观如图所示，标签上的内容（按下标顺序）分别是：“等级考试”，“程序设计”，“VB 程序”。运行后的窗体如图所示。

注意：存盘时，将文件保存至考生文件夹下，且窗体文件名为 sjt1.frm，工程文件名为 sjt1.vbp。

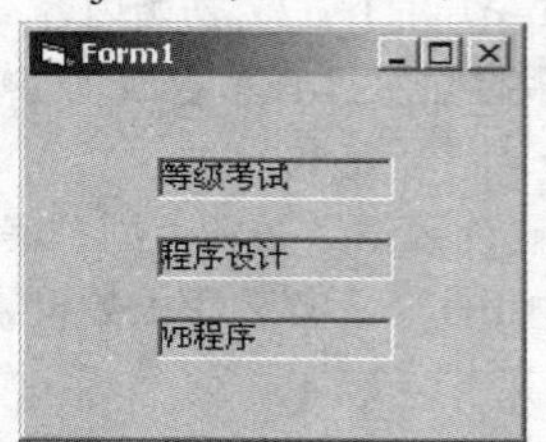

（2）在名称为 Form1，标题为“显示鼠标的横坐标”窗体上，画一个名称为 Label1 的标签。请编写适当事件过程，使得在运行程序时，不按下任何鼠标键，只在窗体上移动鼠标，就可在标签上显示鼠标光标位置的横坐标。如图所示。要求程序中不得使用变量，事件过程中只能写一条语句。

注意：存盘时，将文件保存至考生文件夹下，且窗体文件名为 sjt2.frm，工程文件名为 sjt2.vbp。

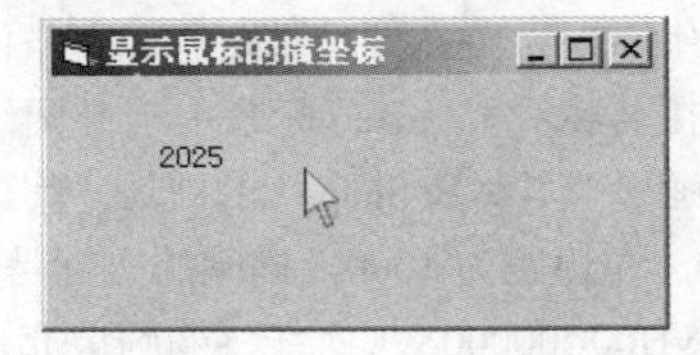

二、简单应用题

（1）在考生文件夹中有工程文件 sjt3.vbp，程序界面如图所示。当在文本框中输入正整数 N，单击“计算”命令按钮，进行计算。若 N 是奇数，计算 1+3!+5!+……+N!，若 N 是偶数，计算 1+3!+5!+……+(N+1)!。在给出的窗体文件中已经有了全部控件，但程序不完整，要求去掉程序中的注释符，把程序中的“？”改为正确的内容。

注意：考生不得修改窗体文件中已经存在的程序。最后程序按原文件名存盘。

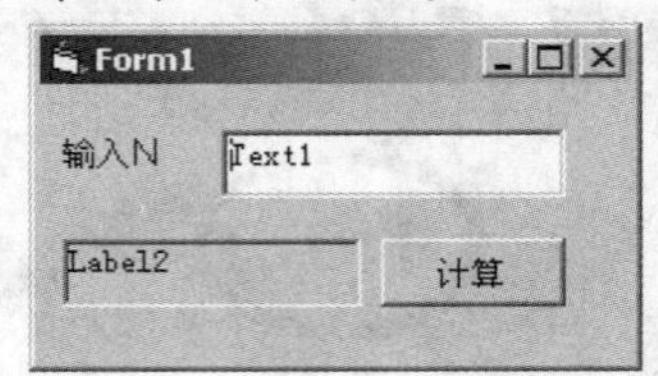

（2）在考生文件夹下有一个工程文件 sjt4.vbp，该程序的功能是显示月历。运行程序后，在 Text1、Text2 中分别输入年份和月份，并在左边的框架中选择该年的 1 月 1 日是星期几，然后单击“显示月历”按钮，即可在下面的图片框内显示该年该月的月历。下图所示的是 2008 年 2 月份的月历。请将事件过程中的注释符去掉，把“？”改为正确的内容，以实现上述程序功能。

注意：不能修改程序的其他部分和控件属性。最后把修改后的文件按原文件名存盘。

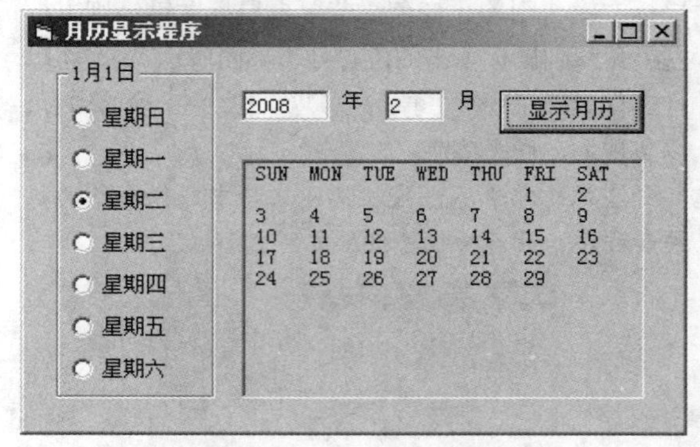

三、综合应用题

考生文件夹下有工程文件 sjt5.vbp 和数据文件

in5.txt。in5.txt 中有多条记录，每条记录占一行，含 4 个数据项，数据项的含义依次是：姓名、数学成绩、语文成绩、英语成绩。程序运行时，会把 in5.txt 中的所有记录读入数组 a 中（每个数组元素是一条记录），并在窗体上显示第一条记录（如图所示）。单击"首记录"、"下一记录"、"上一记录"、"尾记录"等按钮，可显示相应记录，并且当显示第一条记录时，"首记录"、"上一记录"按钮不可用（如图所示）；当显示最后一条记录时，"尾记录"、"下一记录"按钮不可用；其他情况，所有按钮均可用。请将事件过程中的注释符去掉，把"？"改为正确的内容，以实现上述程序功能。

注意：考生不得修改窗体文件中已经存在的控件和程序，最后将程序按原文件名存盘。

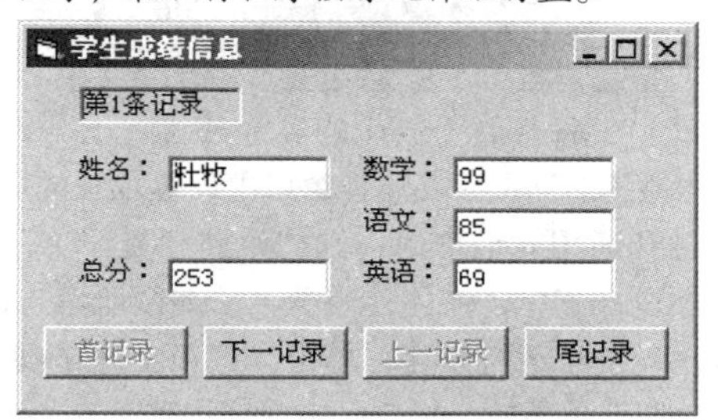

第41套　上机操作题

一、基本操作题

请根据以下各小题的要求设计 Visual Basic 应用程序（包括界面和代码）。

（1）在名称为 Form1 的窗体上画一个名称为 Cbo1 的组合框，组合框的列表项分别是北京、天津、上海。请设置组合框的参数，使其外观如图所示。窗体的标题是"使用组合框"。

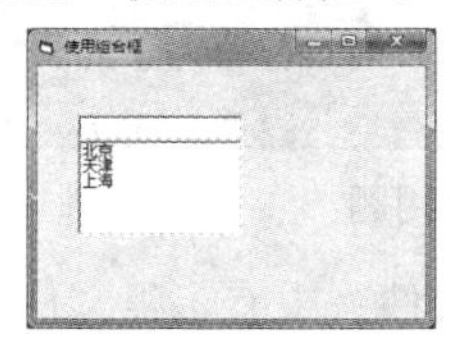

注意：存盘时，将文件保存至考生文件夹下，且窗体文件名为 sjt1.frm，工程文件名为 sjt1.vbp。

（2）在名称为 Form1 的窗体上画一个名称为 P1 的图片框，窗体的标题为"程序设计"，如图 1 所示。编写适当的事件过程，使得程序运行后，单击窗体，则在图片框中显示窗体的标题，并把窗体的标题变为"Basic"，如图 2 所示。

注意：存盘时，将文件保存至考生文件夹下，且窗体文件名为 sjt2.frm，工程文件名为 sjt2.vbp。

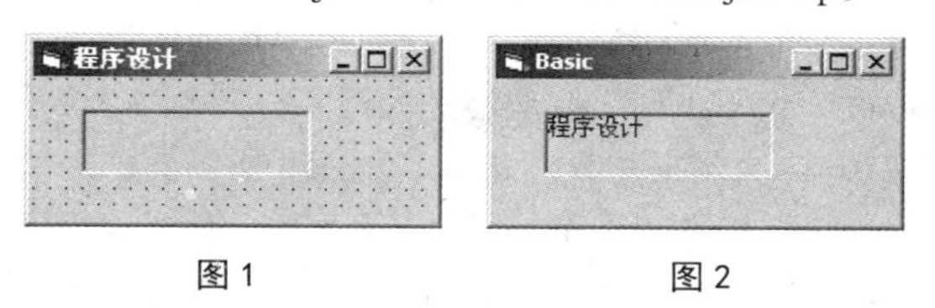

图 1　　　　图 2

二、简单应用题

（1）在考生文件夹中有一个工程文件 sjt3.vbp，窗体上有两个命令按钮、一个水平滚动条和一个计时器，其名称分别为 Command1、Command2、HScroll1 和 Timer1，如图 1 所示。程序运行后，按钮 Command1、Command2 的标题分别立即显示"开始"、"停止"，同时把计时器的 Interval 属性设置为 100，Enabled 属性设置为 False。此时如果单击"开始"按钮，则该按钮变为禁用，而标题则变为"继续"，同时滚动条的滚动框自左至右移动，每次移动 10，如图 2 所示，移到右端时，自动从左端重新开始向右移动；如果单击"停止"命令按钮，则该按钮变为禁用，"继续"命令按钮变为有效，同时滚动框停止移动；再次单击"继续"命令按钮后，滚动框继续移动。已经给出了全部控件和程序，但程序不完整，请去掉程序中的注释符，把程序中的"？"改为正确的内容。

注意：考生不得修改窗体文件中已经存在的程序。最后程序按原文件名存盘。

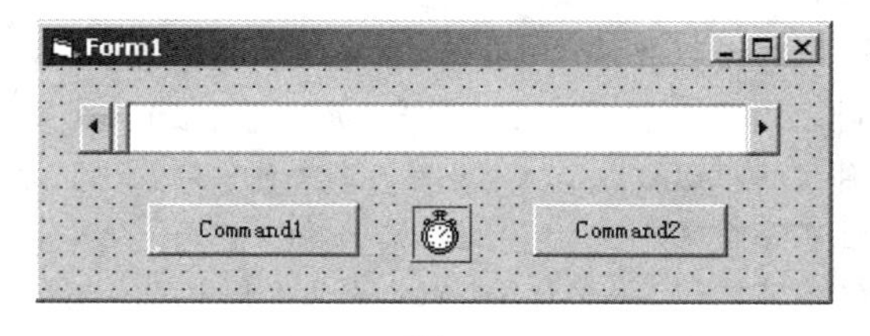

图 1

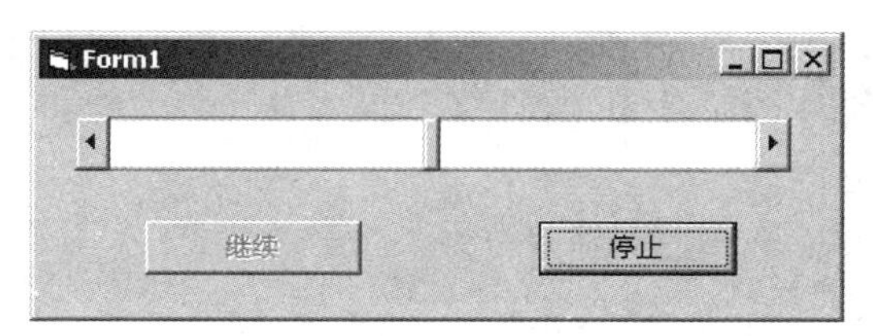

图 2

（2）在考生文件夹下有一个工程文件 sjt4.vbp，窗体上有两个名称分别为 Text1、Text2 的文本框，有一个名称为 Command1 的命令按钮。程序运行时，在 Text1 文本框中输入一行单词（只含有字母或空格），单击命令按钮后，将把每个单词的第一个字母改为大写（如果原来已是大写字母则不变），并在 Text2 文本框中显示出来，如图 3 所示。已经给出了全部控件和程序，但程序不完整，请去掉程序中的注释符，把程序中的“？”改为正确的内容。

注意：不得修改原有程序和控件的属性。最后把修改后的文件按原文件名存盘。

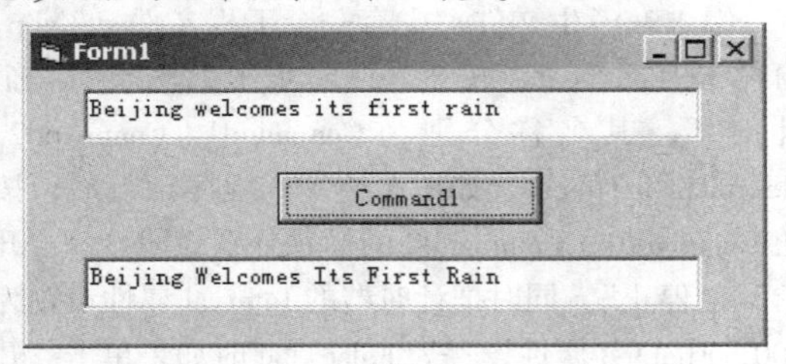

图3

三、综合应用题

为了验证一个正整数 n（n>3）是否为素数，最直观的方法是，看在 2 ~ n/2 范围内能否找到一个整数 m 将 n 整除，若 m 存在，则 n 不是素数；若找不到 m，则 n 为素数。在考生文件夹下有一个工程文件 sjt5.vbp，其窗体上有一个名称为 Text1 的文本框。请根据上面的算法，编写判断一个正整数是否为素数的函数 prime，然后用这个函数找出 200 ~ 300 之间的所有素数，求出这些素数的和，将该数在文本框中显示出来，并存入文件 out5.txt 中。

要求：编写函数 prime 的代码，然后在 Form_Click 事件过程中调用该函数，并计算素数的和。事件过程中已给出了把素数保存到文件中的代码，考生不得修改。

注意：请务必把求得的和在文本框中显示出来，这样才能存入文件 out5.txt，否则没有成绩。

第42套 上机操作题

一、基本操作题

请根据以下各小题的要求设计 Visual Basic 应用程序（包括界面和代码）。

（1）在名称为 Form1 的窗体上画一个名称为 Image1 的图像框，再画一个名称为 Command1、标题为“退出”的命令按钮。通过属性窗口设置图像框的属性，将考生文件夹下的 pic1.bmp 文件加载到图像框，使图片的大小能够随图像框大小而改变。设置命令按钮的属性，使得程序运行时，按回车键即可执行命令按钮的 Click 事件过程。窗体外观如图所示。

注意：存盘时必须存放在考生文件夹下，工程文件名为 sjt1.vbp，窗体文件名为 sjt1.frm。

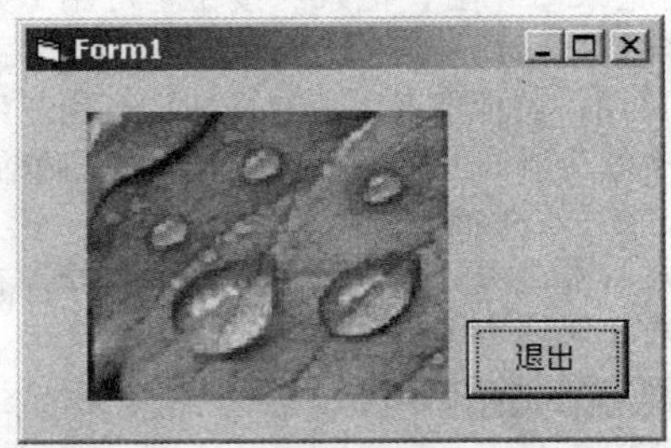

（2）在名称为 Form1 的窗体上画一个名称为 CD1 的通用对话框，在属性窗口中设置 CD1 的属性，使得打开通用对话框时，其初始路径是“D:\”。按照下表设计菜单，窗体外观及菜单如图所示。请编写程序，使得运行程序，单击“打开文件”或“保存文件”菜单项时，相应的出现“打开”或“保存”对话框。要求程序中不得使用变量，每个事件过程中只能写一条语句。

注意：存盘时必须存放在考生文件夹下，工程文件名为 sjt2.vbp，窗体文件名为 sjt2.frm。

标题	名称	内缩符号
文件	File	无
打开文件	OpenFile	1
保存文件	SaveFile	1

二、简单应用题

（1）考生文件夹中有工程文件 sjt3.vbp。其窗体上已有部分控件。在窗体上添加含有两个单选钮的控件数组，其名称为 Option1，单选按钮的下标分别为 0、1，Caption 属性分别为“驱动器为 C”及“列 txt 文件”，如图 1 所示。运行程序时，驱动器列表框、目录列表框和文件列表框三个控件能够同步变化。

① 单击 "驱动器为 C" 单选按钮，则驱动器列

表框的当前驱动器被设为“C”。

② 单击“列 txt 文件”单选按钮，则文件列表框中只显示 txt 类型的文件。

③ 单击文件列表框中的某个文件时，被选中的文件名显示在“当前文件”右侧的标签中。

要求：按照题目要求添加控件，设置有关属性，去掉程序中的注释符，把程序中的“? ”改为正确的内容。

注意：考生不得修改窗体文件中已经存在的程序。最后，程序按原文件名存盘。

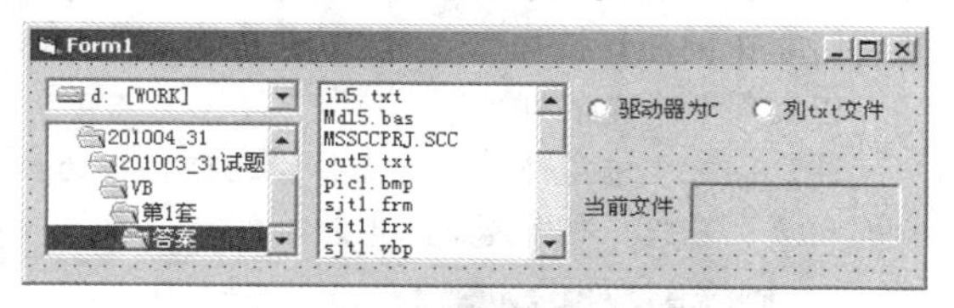

图1

（2）在考生文件夹下有一个工程文件 sjt4.vbp。窗体上已有全部控件，如图 2 所示。要求单击标题为“生成矩阵”的命令按钮时，随机生成由单个大写字母组成的 5×5 矩阵，并显示在名称为 Text1 的文本框中。单击“查找”按钮，找出所生成矩阵中 ASCII 值最大的字母及其位置，并显示在 Text2 中（只显示一个 ASCII 值最大的字母及其位置），如图 3 所示（Text2 中显示的是第 2 行第 5 列的“Y”）。在给出的窗体文件中已经有了全部控件，但程序不完整。要求去掉程序中的注释符，把程序中的“? ”改为正确的内容。

注意：不能修改程序的其他部分和控件属性。最后把修改后的文件按原文件名存盘。

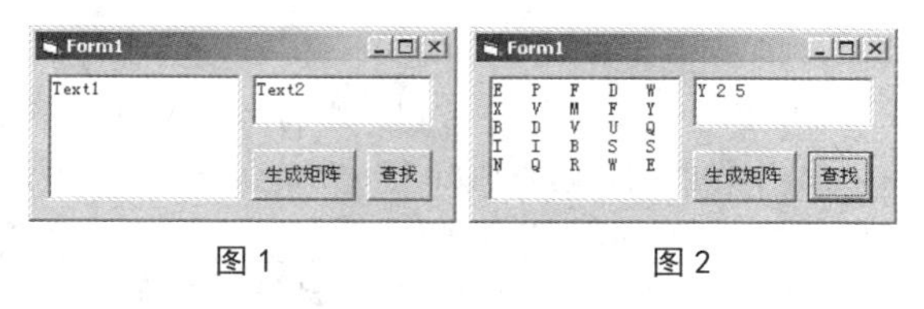

图 1　　　　　图 2

三、综合应用题

在考生文件夹下有一个工程文件 sjt5.vbp。程序功能如下：

① 单击“读数据”按钮，从文件中读出数据，放入二维数组 a 中。

② 单击“生成新数组”按钮时，依据 a 数组生成 b 数组；若 a 数组元素为素数，则直接将 a 数组元素的值赋给 b 数组中相同下标的数组元素；若 a 数组元素的值能被 2 整除，则将该元素值的平方作为 b 数组同下标的元素；若 a 数组元素为其他值，则将该元素乘 2 的值作为 b 数组同下标的元素。

③ 单击“查找最大值”按钮，则在 b 数组中找最大值并显示在 Label2 标签上。在给出的窗体文件中已经有了全部控件，标准模块中有判断素数的函数 IsPrime。要求去掉程序中的注释符，把程序中的“? ”改为正确的内容，并编写相应的程序，实现程序的功能。

注意：不能修改程序的其他部分和控件属性。最后把修改后的文件按原文件名存盘。程序调试通过后，各命令按钮的事件过程必须至少各执行一次。评分字段内容。

第43套　上机操作题

一、基本操作题

请根据以下各小题的要求设计 Visual Basic 应用程序（包括界面和代码）。

（1）在名称为 Form1，标题为“图书”的窗体上画一个名称为 Cmb1 的下拉式组合框。下拉列表中有“少儿读物”、“传记文学”和“武侠小说” 3 个表项内容。运行后的窗体如图所示。

注意：存盘时必须存放在考生文件夹下，工程文件名为 sjt1.vbp，窗体文件名为 sjt1.frm。

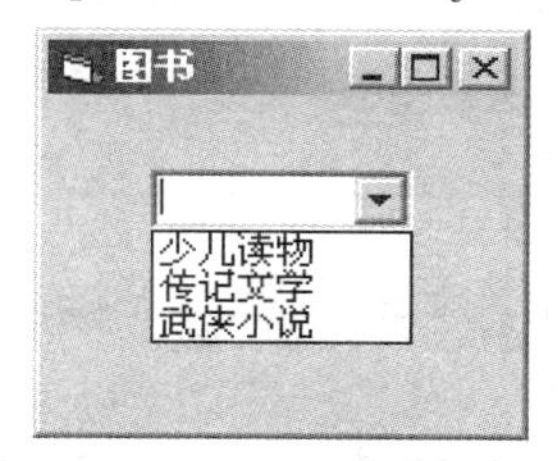

（2）在名称为 Form1 的窗体上，画一个能根据标题内容自动调整大小的标签，其名称为 Label1，标题为“Visual Basic”，字号为 14 号字。再画两个名称分别为 Command1、Command2，标题分别为“放大”、“缩小”的命令按钮。

要求：编写适当的事件过程，使得每单击“放大”按钮一次，Label1 中所显示的标题内容自动增大 3 个字号；每单击“缩小”按钮时，Label1 中所显示的标题内容自动缩小 3 个字号。

注意：要求程序中不能使用变量，每个事件过程中只能写一条语句。保存时必须存放在考生文件夹下，工程文件名为 sjt2.vbp，窗体文件名为 sjt2.frm。

二、简单应用题

（1）考生文件夹下的工程文件 sjt3.vbp 中有两个标题分别是“产生范文”和“结束”的命令按钮；两个名称分别为 Text1 和 Text2，初始值为空的文本框。请再画一个名称为 Label3、标题为“正确率”的标签，画一个名称为 Text3、初始内容为空的文本框。

程序功能如下。

① 单击“产生范文”命令按钮，则在 Text1 文本框中随机产生由 20 个字母组成的范文；

② 用户可以在 Text2 文本框中依照范文输入相应字母，当输入字母达到 20 个之后，禁止向 Text2 输入内容，且在 Text3 文本框中显示输入的正确率；

③ 单击“结束”命令按钮，则结束程序运行。请将“产生范文”命令按钮的 Click 事件过程，以及 Text2 文本框的 KeyPress 事件过程中的注释符去掉，把“？”改为正确内容，以实现上述程序功能。

注意：考生不得修改窗体文件中已经存在的控件和程序。最后，程序按原文件名存盘。

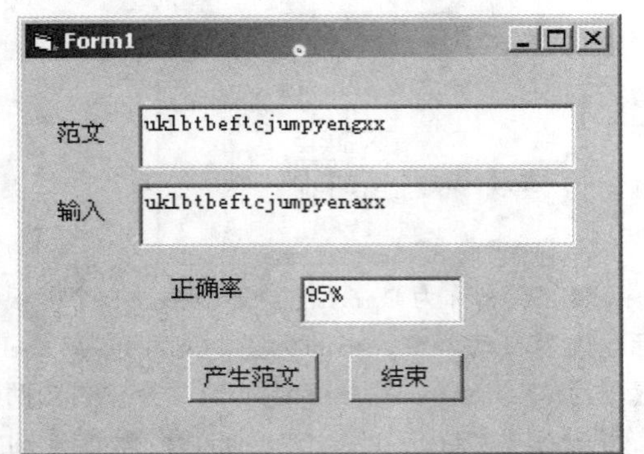

（2）考生文件夹下的工程文件 sjt4.vbp 中已经定义了一个学生记录类型数据 StudType。有 3 个标题分别为“准考证号”、“姓名”和“总分”的标签；3 个初始内容为空，用于接收准考证号、姓名和总分的文本框 Text1、Text2 和 Text3；一个用于显示提示信息的标签 Label4。请再画一个含有 3 个命令按钮的控件数组，其名称为 Cmd1，标题分别是“添加”、“最高”和“结束”。如图所示。

程序功能如下。

① 单击“添加”按钮，则将 Text1、Text2 和 Text3 文本框中输入的准考证号、姓名和总分等学生信息存入自定义的学生记录类型数组 stu 中，同时在 Label4 中显示已输入的学生人数。最多只能输入 50 个学生信息。

② 单击“最高”按钮，则在 3 个文本框中显示“总分”最高的学生记录，同时在 Label4 中显示该记录的位置。请将命令按钮控件数组 Cmd1 的 Click 事件过程中的注释符去掉，把“？”改为正确的内容，以实现上述程序功能。

注意：考生不得修改窗体文件中已经存在的控件和程序，最后，程序按原文件名存盘。

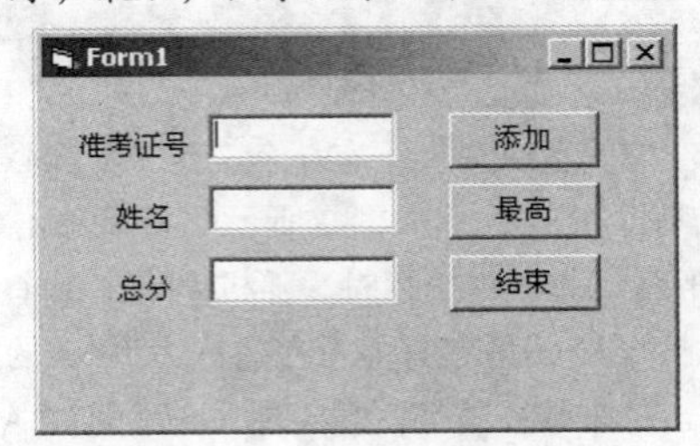

三、综合应用题

考生文件夹下的工程文件 sjt5.vbp 中有一个初始内容为空的文本框 Text1，两个标题分别是“读数据”和“计算”的命令按钮。请画一个名称为 Label2、标题为“各行平均值的最小值为”的标签，再画一个名称为 Text2、初始内容为空的文本框。如图所示。

程序功能如下。

① 单击“读数据”按钮，则将考生文件夹下 in5.dat 文件的内容读入到 20 行 6 列的二维数组 a 中，并同时显示在 Text1 文本框内；

② 单击“计算”按钮，则自动统计二维数组 a 中各行的平均值，并将这些平均值中的最小值显示在 Text2 文本框内。“读数据”按钮的 Click 事件过程已经给出，请编写“计算”按钮的 Click 事件过程实现上述功能。

注意：考生不得修改窗体文件中已经存在的控件和程序，结束程序运行之前，必须进行“计算”，且必须用窗体右上角的关闭按钮结束程序，否则无成绩。最后，程序按原文件名存盘。

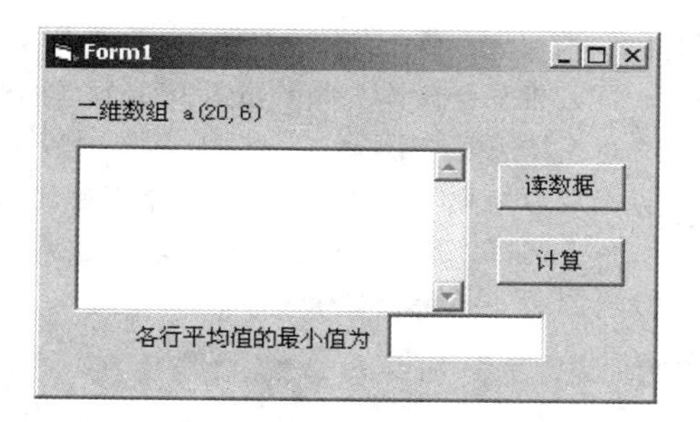

第44套 上机操作题

一、基本操作题

请根据以下各小题的要求设计 Visual Basic 应用程序（包括界面和代码）。

（1）在名称为 Form1，标题为“矩形与直线”的窗体上画一个名称为 Line1 的直线，其 X1、Y1 属性分别为 200、100，X2、Y2 属性分别为 2 200，1 600。再画一个名称为 Shape1 的矩形，并设置适当属性，使 Line1 成为它的对角线，如图所示。

注意：存盘时，将文件保存至考生文件夹下，窗体文件名为 sjt1.frm，工程文件名为 sjt1.vbp。

（2）在名称为 Form1，标题为“列表框练习”的窗体上，画一个名称为 List1 的列表框，并输入若干列表项，再画一个标题为“删除”，名称为 Command1 的命令按钮，如图所示。请编写适当的事件过程，使得单击“删除”按钮，就删除选中的列表项；双击某个列表项，则把该列表项内容添加到列表的最后。

注意：存盘时，将文件保存至考生文件夹下，窗体文件名为 sjt2.frm，工程文件名为 sjt2.vbp。要求程序中不得使用变量，每个事件过程中只能写一条语句。

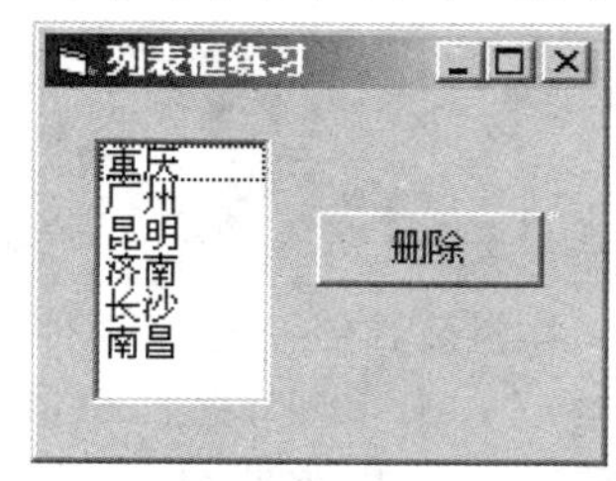

二、简单应用题

（1）考生文件夹下的工程文件 sjt3.vbp 中有一个名称为 Label1 的标签数组。程序运行时，单击“产生随机数”按钮，则在标签数组中显示随机数，如图 1 所示。单击“数据反序”按钮，则把数组中的数据反序，如图 2 所示。命令按钮的 Click 事件过程已经给出，但程序不完整，请将其中的注释符去掉，把“？”改为正确的内容，以实现上述功能。

注意：不得修改窗体文件中已经存在的控件和程序，最后将修改后的文件按原文件名存盘。

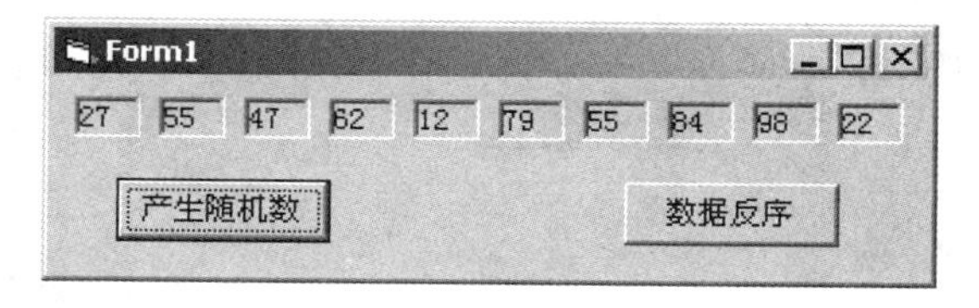

图 1

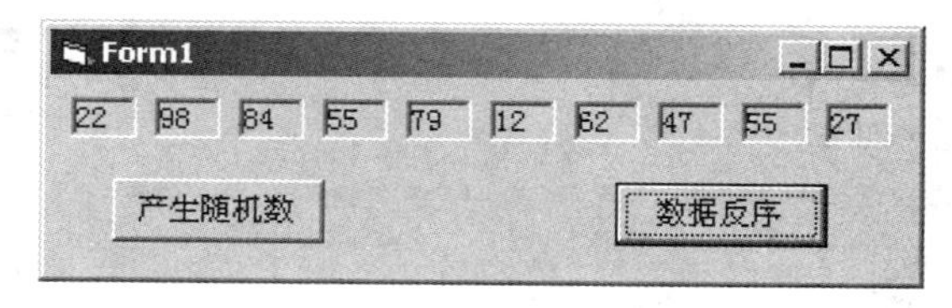

图 2

（2）考生文件夹下有工程文件 sjt4.vbp。程序刚运行时，飞机图标位于圆的顶端，如图 3 所示。单击“开始”按钮后，飞机的中心开始沿圆轨迹顺时针运动。事件过程已经给出，但不完整，请将其中的注释符去掉，把“？”改为正确的内容，以实现上述程序功能。

注意：考生不得修改窗体文件中已经存在的控件和程序，最后程序按原文件名存盘。

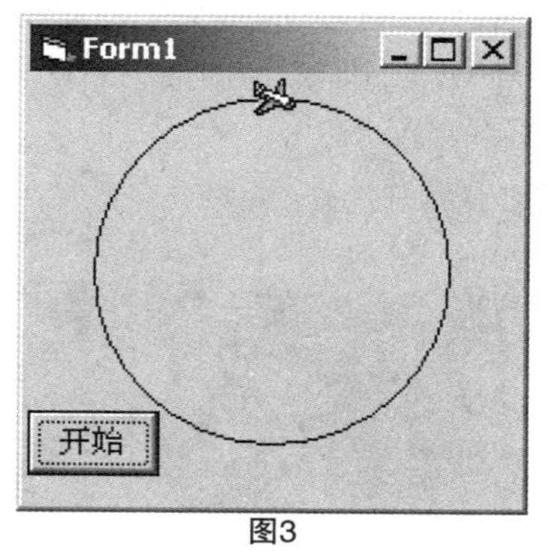

图3

三、综合应用题

考生文件夹下有一个工程文件 sjt5.vbp，窗体界面如图所示。程序功能如下。单击“读文件”按钮，可将考生文件夹下 in5.dat 文件的内容（文件中仅含有用空格隔开的英文单词）显示在 Text1 文本框中。单击“转换”按钮，可以把文本框中所有单词的第一个字母转换为大写。单击“写文件”按钮则把文本框中的文本存到考生文件夹下的 out5.dat 文件中。将事件过程中的注释符去掉，把“？”改为正确的内容，以实现上述功能。

注意：考生不得修改窗体文件中已经存在的控件和程序。程序运行结束前，必须单击“写文件”按钮保存转换后的文本内容，最后将程序按原文件名存盘，否则无成绩。

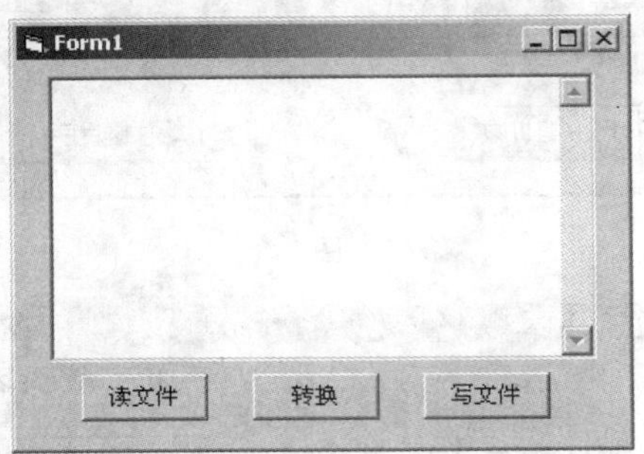

第45套 上机操作题

一、基本操作题

请根据以下各小题的要求设计 Visual Basic 应用程序（包括界面和代码）。

（1）在窗体上画出两个名称分别为 Shape1、Shape2 的形状控件，在属性窗口设置控件的属性，使得 Shape1 为圆角矩形，并填充红色（&H000000FF&）; Shape2 为圆形，并填充网格线，如图 1 所示。

注意：存盘时必须存放在考生文件夹下，工程文件名为 sjt1.vbp，窗体文件名为 sjt1.frm。

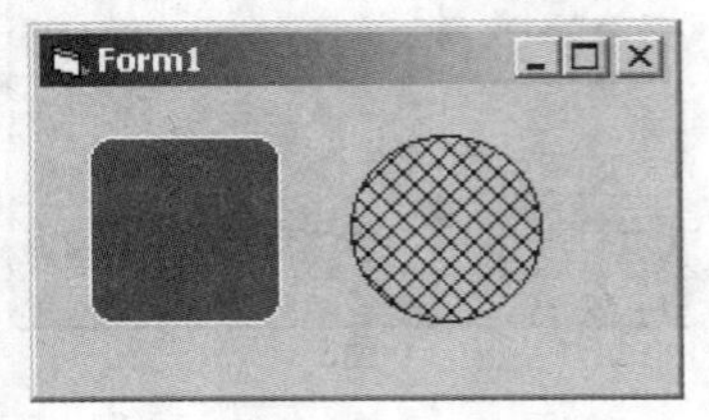

图1

（2）在窗体上画一个名称为 Picture1 的图片框，其 Picture 属性为 pic1.bmp（在考生文件夹中）。画两个名称分别为 Command1、Command2 的命令按钮，Caption 属性分别为“左移”、“右移”。请编写适当的程序，使得运行程序时，单击“左移”按钮，图片框移至窗体左侧（如图 2 所示）；单击“右移”按钮，图片框移至窗体右侧（如图 3 所示，注：可以不考虑窗体边框的影响）。

注意：程序中不得使用变量，每个事件过程中只能写一条语句。存盘时必须存放在考生文件夹下，工程文件名为 sjt2.vbp，窗体文件名为 sjt2.frm。

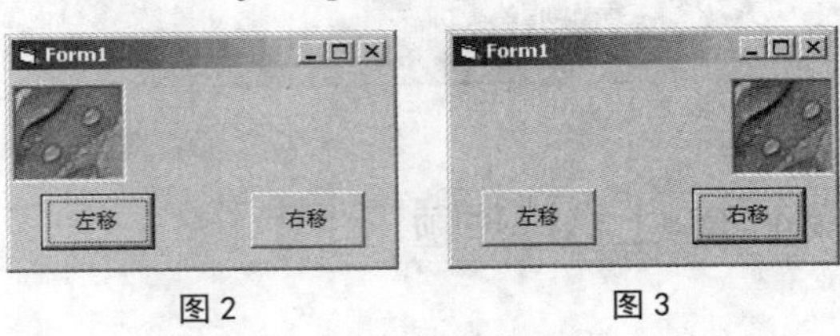

图 2　　　　图 3

二、简单应用题

（1）考生文件夹中有工程文件 sjt3.vbp。窗体上已有部分控件。在窗体上画一个名称为 Text1 的文本框，设置相应属性，使得该文本框能够显示多行文本，且有垂直滚动条，如图所示。运行程序时，将在文本框 Text1 中显示一段英文短文。

要求：向文本框 Text2 中输入一个字符串（例如“enjoy”），然后单击“查找”命令按钮，则判断输入的字符串是否存在于 Text1 显示的文本中。如果存在，则显示它在 Text1 中首次出现的位置（Text1 中第 1 个字符的位置为 1）；否则用消息框显示“没有找到！”。

注意：按照题目要求在窗体上添加控件，并设置有关属性。去掉程序中的注释符，把程序中的“？”改为正确的内容。考生不得修改窗体文件中已经存在的程序。最后把修改后的文件按原文件名存盘。

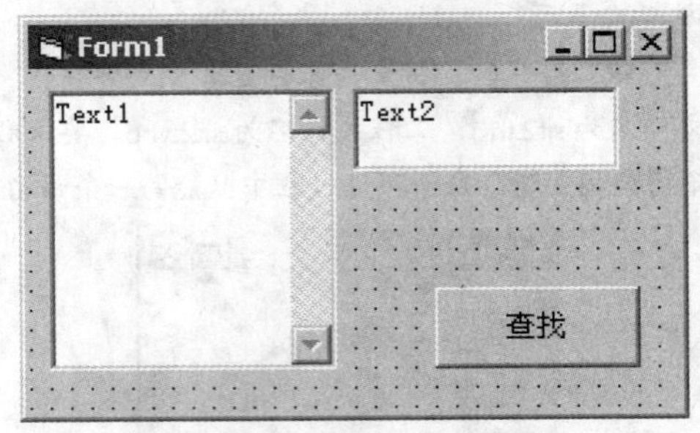

（2）在考生目录下有一个工程文件 sjt4.vbp。窗体上已有文本框 Text1 和图片框 Picture1（两者位置重叠），并建立了菜单。要求单击“显示图片”菜单项时，隐藏文本框，在图片框中显示图片 Pic4.bmp，同时将该菜单标题改为“清除图片”；单击“清除图片”菜单项时，清除图片框中的图片，同时将菜单标题改为“显示图片”；单击“显示文件”菜单项，则隐藏图片框，并将指定文件的内容显示在文本框中。在给出的窗体文件中已经有了全部控件，但程序不完整。

要求：去掉程序中的注释符，把程序中的“？”改为正确的内容。最后把修改后的文件按原文件名存盘。

三、综合应用题

在考生目录下有一个工程文件 sjt5.vbp。运行程序后，单击“读数据”按钮，从 data5.dat 文件中读出一个数据，并显示在标签 Label1 中；单击“找素数”按钮，则在大于 Label1 的数据范围内找出最小的素数，并将其显示在标签 Label2 中。在给出的窗体文件中已经有了全部控件，并给出了读写文件和判断素数的程序代码。但程序不完整。

要求：去掉程序中的注释符，把程序中的“？”改为正确的内容，并编写相应程序段，实现程序功能。

注意：不能修改程序的其他部分和控件属性。最后把修改后的文件按原文件名存盘。程序调试通过后，各命令按钮的事件过程必须至少各执行一次。

第46套 上机操作题

一、基本操作题

请根据以下各小题的要求设计 Visual Basic 应用程序（包括界面和代码）。

（1）在名称为 Form1，标题为“滚动条属性设置”的窗体上画一个名称为 VScroll1 的垂直滚动条，设置属性，使得滚动块在最上面时，其位置值为 10；滚动块在最下面时，其位置值为 30；窗体刚显示时，滚动块处在中间位置，如图 1 所示。

注意：存盘时必须存放在考生文件夹下，工程文件名为 sjt1.vbp，窗体文件名为 sjt1.frm。

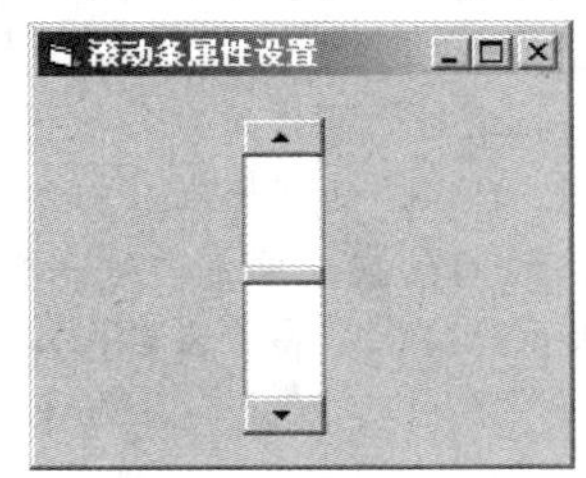

图1

（2）在名称为 Form1 的窗体上，画一个名称为 Label1 的标签，其标题为“等级考试”，显示为宋体 10 号字，且能根据标题内容自动调整标签的大小，并有凹陷效果，如图 2 所示。再画一个名称为 Timer1 的计时器控件，通过属性窗口设置有关属性，使其不可用，时间间隔为 1 秒。

要求：编写适当的事件过程，使得程序运行时，单击 Label1 标签，则每隔 1 秒，Label1 中所显示的内容在原有基础上增大一个字号；单击窗体，Label1 中的内容停止增大。

注意：要求程序中不得使用变量，事件过程中只能写一条语句。存盘时必须存放在考生文件夹下，工程文件名为 sjt2.vbp，窗体文件名为 sjt2.frm。

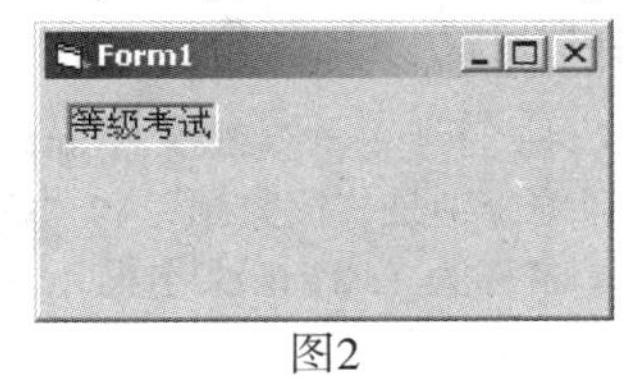

图2

二、简单应用题

（1）考生文件夹下有一个工程文件 sjt3.vbp，其窗体上有一个名称为 Text1 的控件数组；一个标题为“排序”的命令按钮。程序运行时，在文本框数组中输入 8 个整数，如图 1 所示；然后单击“排序”按钮，则 8 个整数按降序排序，如图 2 所示。在给出的窗体文件中已经有了全部控件，但程序不完整。请将事件过程中的注释符去掉，把“？”改为正确的内容，以实现上述程序功能。

注意：考生不得修改窗体文件中已经存在的控件和程序，最后将程序按原文件名存盘。

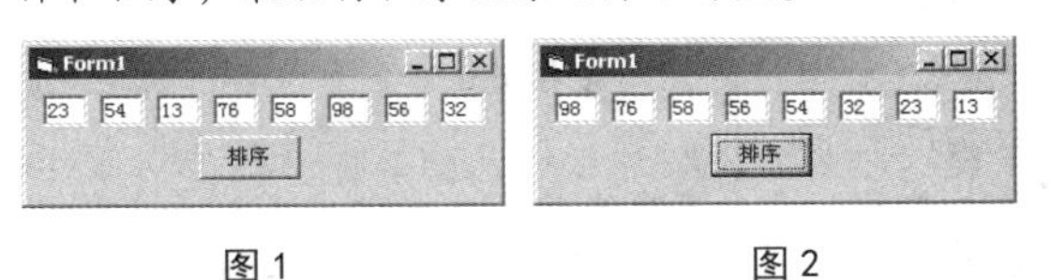

图 1　　图 2

（2）在考生文件夹下有工程文件 sjt4.vbp。其窗体界面如图 3 所示，可以实现以下功能：“添加项目”按钮可以把在组合框编辑区中输入的新项目添加到组合框列表中，但不能添加重复项目；“删除项目”按钮从列表中删除选中的项目；“添加爱好”按钮把组合框编辑区中的内容追加到下面的文本框原有内容之后；“清除爱好”按钮清除该文本框内容。在给出的窗体文件中已经有了全部控件，但程序不完整。请将事件过程中的注释符去掉，把“？”改为正确的内容，以实现上述程序功能。

注意：考生不得修改窗体文件中已经存在的控件和程序，最后将程序按原文件名存盘。

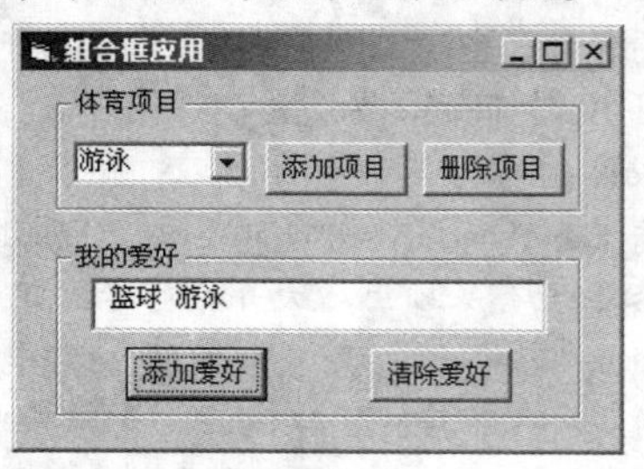

图3

三、综合应用题

在考生文件夹下有一个工程文件 sjt5.vbp，其窗体上有两个标题分别是“读数据”和“统计”的命令按钮，一个名称为 Text1 的文本框，两个标签控件，如图所示。程序功能如下。

① 单击“读数据”按钮，则将考生文件夹下 in5.dat 文件的内容（该文件中含有不超过 800 个英文单词，单词之间用一个空格隔开）显示在 Text1 文本框中；

② 单击“统计”按钮，则自动统计 Text1 中所有 5 字母单词的个数，并显示在右下角的 Label1 标签中。“读数据”按钮的 Click 事件过程已经给出，“统计”按钮的 Click 事件过程不完整，函数 GetWords 的功能是从字符串 s 中分离出每个单词，依次放入数组 words 的数组元素中，返回值为单词的总数目。

要求：

① 请将程序中的注释符去掉，把“？”改为正确的内容；

② 补全“统计”按钮 Click 事件过程中的代码，以实现上述程序功能。

注意：考生不得修改窗体文件中已经存在的控件和程序，在结束程序运行之前，必须进行“统计”，且必须用窗体右上角的关闭按钮结束程序，否则无成绩。最后，程序按原文件名存盘。

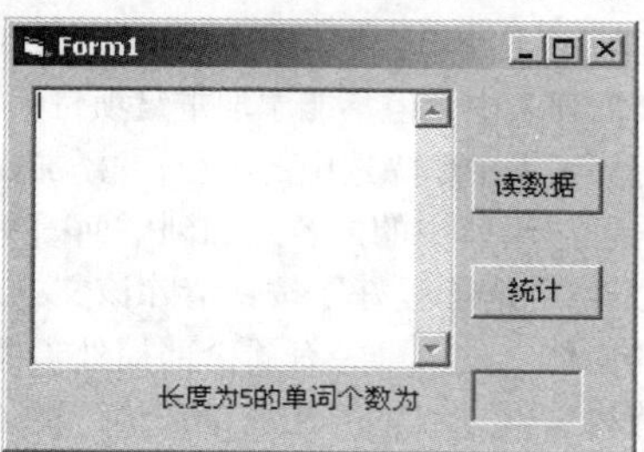

第47套 上机操作题

一、基本操作题

请根据以下各小题的要求设计 Visual Basic 应用程序（包括界面和代码）。

（1）在名称为 Form1 的窗体上画一个名称为 Frame1、标题为“项目”的框架；框架内有一个名称为 opt1 的控件数组，该控件数组含有三个标题分别为“篮球”、“排球”、“足球”的单选按钮，且标题为“排球”的单选按钮为选中状态，运行后的窗体如图所示。

注意：存盘时必须存放在考生文件夹下，工程文件名为 sjt1.vbp，窗体文件名为 sjt1.frm。

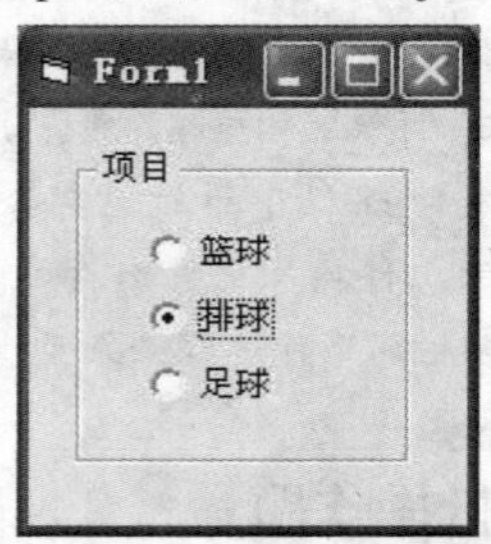

（2）在名称为 Form1、标题为“字体练习”的窗体上，画一个名称为 Label1 的标签，该标签的标题为“程序设计语言”，字体为“宋体”，16 号字，且该标签的大小可根据标题内容自动调整。再画两个名称分别为 Command1 和 Command2，标题分别为“粗体变换”和“斜体变换”的命令按钮。如图所示。

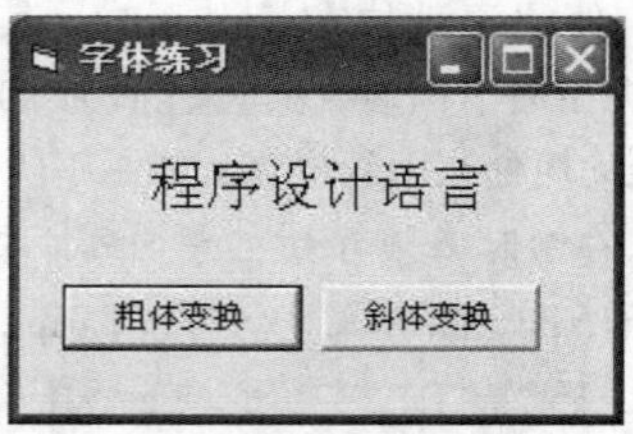

要求：编写适当的事件过程，使得单击“粗体变换”按钮时，Label1 的字体在“粗体”和“非粗体”两种状态之间切换；单击“斜体变换”按钮，Label1 的字体在“斜体”和“非斜体”两种状态之间切换。

注意：要求程序中不能使用变量，每个事件过程中只能写一条语句。存盘时必须存放在考生文件夹下，工程文件名为 sjt2.vbp，窗体文件名为 sjt2.frm。

二、简单应用题

（1）在考生文件夹下有一个工程文件 sjt3.vbp，窗体上有一个标题为“计算”的命令按钮，一个标题为“1!+2!+…+10!=”的标签。请画一个名称为 Text1，初始内容为空的文本框。如图所示。程序功能：单击“计算”命令按钮，则计算“1!+2!+…+10!”的值，并将结果显示在 Text1 文本框中。请将“计算”命令按钮的 Click 事件过程中的注释符去掉，把“？”改为正确的内容，以实现上述程序功能。

注意：考生不得修改窗体文件中已经存在的控件和程序，最后，程序按原文件名存盘。

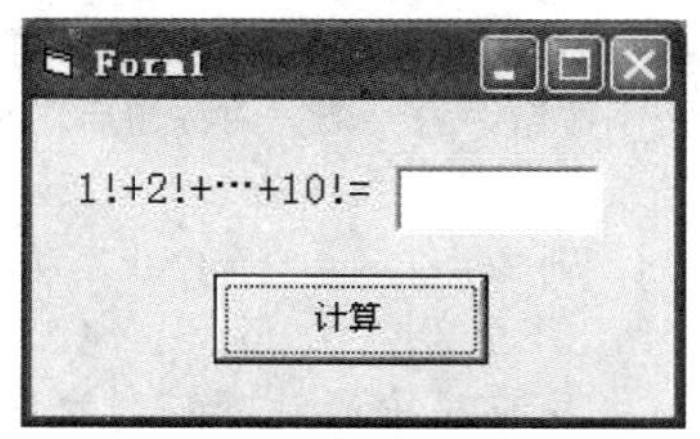

（2）在考生文件夹下有一个工程文件 sjt4.vbp，窗体上有一个名称为 Command1，标题为“运行”的命令按钮。请画两个名称分别为 Text1 和 Text2，初始内容都为空的文本框，再画两个名称分别为 Label1、Label2，标题分别是“最大数”和“最大数位置”的标签。

程序功能：单击“运行”按钮，则产生 50 个不重复的介于 0~100 之间（含 0 和 100）的随机数，且以每行 10 个数的形式显示在窗体上；最后将这些随机数中的最大数和最大数所处的位置显示在 Text1 和 Text2 中。如图所示为某一次的运行效果。请将“运行”命令按钮的 Click 事件过程中的注释符去掉，把“？”改为正确内容，以实现上述程序功能。

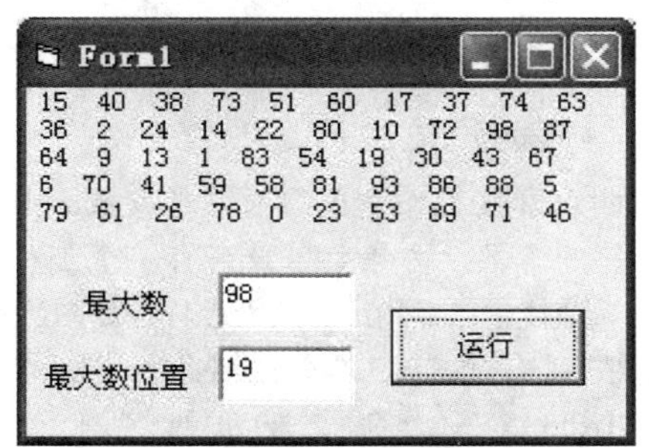

注意：考生不得修改窗体文件中已经存在的控件和程序，最后，程序按原文件名存盘。

三、综合应用题

在考生文件夹下有一个工程文件 sjt5.vbp，窗体上有两个标题分别是“读数据”和“查找质数”的命令按钮。请画一个名称为 Text1、初始值为空的文本框，该文本框允许显示多行内容，且有垂直滚动条，如图所示。

程序功能如下。

（1）考生文件夹下 in5.dat 文件中存放着 100 个大于 10 的正整数。单击“读数据”按钮，则将 in5.dat 文件中的数据读入数组 a 中；

（2）单击“查找质数”按钮，则查找 in5.dat 文件中的所有质数，并将这些质数顺次显示在 Text1 文本框内。“读数据”按钮的 Click 事件过程已给出，请编写函数 prime，实现上述功能。

注意：考生不得修改窗体文件中已经存在的控件和程序，在结束程序运行之前，必须使用“查找质数”按钮完成查找质数的过程，且必须用窗体右上角的关闭按钮结束程序，否则无成绩。最后，程序按原文件名存盘。

第48套　上机操作题

一、基本操作题

请根据以下各小题的要求设计 Visual Basic 应用程序（包括界面和代码）。

（1）在名称为 Form1、标题为“滚动条”的窗体上画一个名称为 HScroll1 的水平滚动条，刻度值范围为 1~100；再画两个标签，其名称分别为 Label1、Label2，标题分别为“1”、“100”。运行后的窗体如图所示。

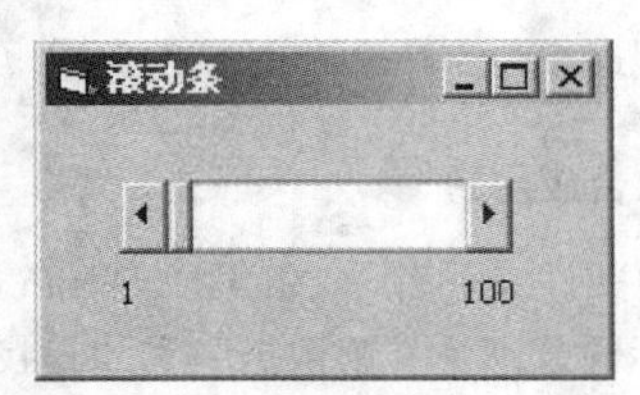

注意：存盘时必须存放在考生文件夹下，工程文件名为 sjt1.vbp，窗体文件名为 sjt1.frm。

（2）在名称为 Form1 的窗体上用形状控件画一个圆，名称为 Shape1。其直径为 1000（高、宽均为 1000）；再画两个命令按钮，名称分别为 Command1、Command2，标题分别为“红色”、“绿色”。

要求：编写两个按钮的 Click 事件过程，使得单击“红色”按钮，则圆的边线的颜色变为红色（为相关属性赋值：&HFF&）；单击“绿色”按钮，则圆的边线的颜色变为绿色（为相关属性赋值：&HC000&）。在程序中不得使用变量，事件过程中只能写一条语句。运行时的窗体如图所示。

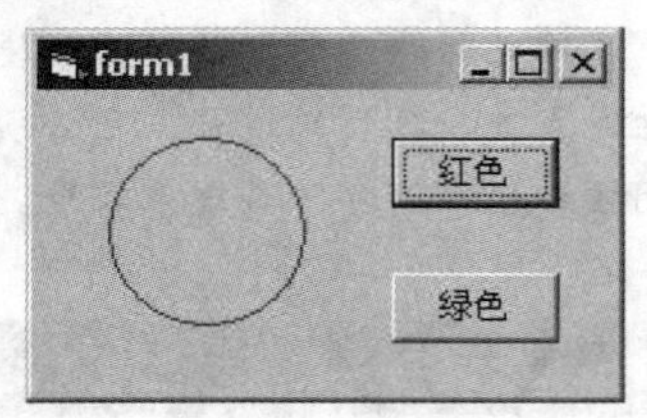

注意：存盘时必须存放在考生文件夹下，工程文件名为 sjt2.vbp，窗体文件名为 sjt2.frm。

二、简单应用题

（1）在考生目录下有一个工程文件 sjt3.vbp，窗体上有两个命令按钮，其中“读数据”按钮的名称是 Command1，“统计”按钮的名称是 Command2；还有一个文本框。请画三个单选按钮，其名称分别是：Option1、Option2、Option3，标题分别是“统计大写字母数”、“统计小写字母数”、“统计空格字符数”，如图所示。

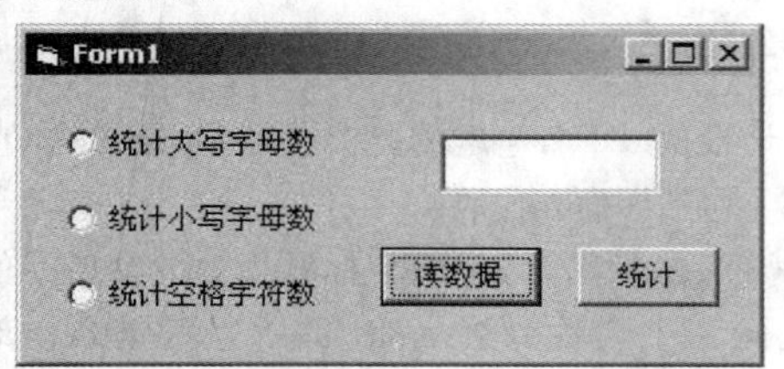

程序运行时，请按以下顺序操作。

① 单击“读数据”按钮，把考生目录下的文件 in3.dat 中的所有内容读到变量 s 中（此过程已经给出）；

② 选择一个单选按钮；

③ 单击“统计”按钮，则可按选中的单选按钮的标题要求对 s 中的字符进行统计，结果放到文本框中（要求考生编写程序）；

④ 单击窗体右上角的关闭按钮结束程序。“读数据”按钮的 Click 事件过程已经给出，请为“统计”按钮编写适当的事件过程实现上述功能。

注意：考生不得修改窗体文件中已经存在的程序，在结束程序运行之前，必须进行一次统计，并且必须用窗体右上角的关闭按钮结束程序，否则无成绩。最后，程序按原文件名存盘。

（2）在考生文件夹下有一个工程文件 sjt4.vbp。程序功能是：在程序运行时，显示红灯，汽车不动；单击“开始”按钮后，显示绿灯，汽车向右运动；单击右边命令按钮中的一个方向按钮后，则汽车向该按钮上箭头所示的方向移动（如图所示）；单击“停止”按钮，则显示红灯，汽车停止运动。在窗体文件中已经给出了全部控件，但程序不完整。

要求：去掉程序中的注释符，把程序中的“？”改为正确的内容。

提示：两个图片框 Picture1、Picture2 分别装入了红灯亮和绿灯亮的图片，并重叠在一起，要使哪种灯亮，就使相应的图片框为可见，另一图片框为不可见。汽车的移动是由计时器按一定时间间隔移动汽车所在的图片框来实现的。

注意：不能修改程序的其他部分和控件属性。最后把修改后的文件按原文件名存盘。

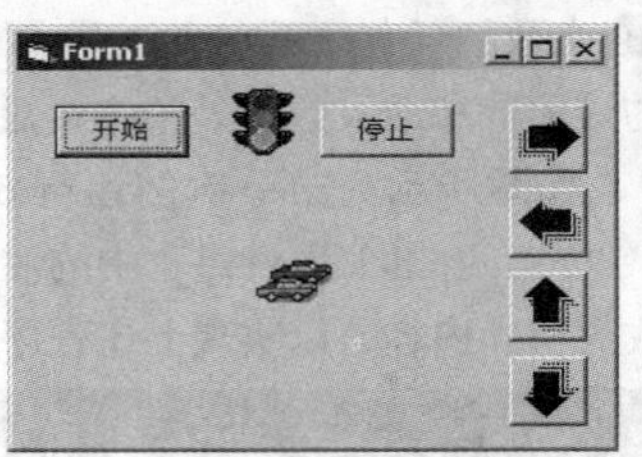

三、综合应用题

若两个素数 a、b 之间没有其他素数，则称 a、b 为相邻的素数。在考生目录下有一个工程文件 sjt5.vbp。窗体中已经给出了所有控件，如图所示。

从左到右的三个文本框名称分别为 Text2、Text1、Text3；三个命令按钮的名称分别为 Command1、Command2、Command3。本程序的功能是：单击“读入数据”按钮，则从文件 in5.dat 中读入一个整数 x 放入 Text1（中间的文本框）中；单击“找素数”按钮，则找出一对相邻素数 a、b，使得满足以下条件：$a \leq x < b$，并且把 a 放入 Text2 中，把 b 放入 Text3 中；单击“存盘”按钮，则把 Text2、Text3 中的素数存盘。已经给出了部分程序，其中函数 isprime(x) 的功能是判断整数 x 是否为素数，若是，则返回 True，否则返回 False。请编写“找素数”按钮的 Click 事件过程，找到满足要求的相邻素数。

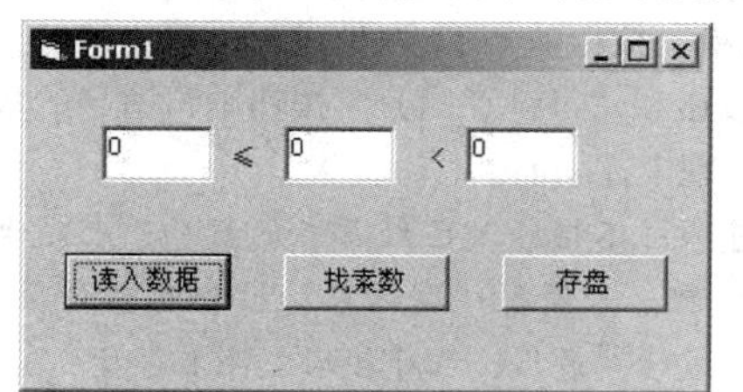

注意： 不得修改原有程序和控件的属性。在结束程序运行之前，必须单击“存盘”按钮，把结果存入 out5.dat 文件，否则无成绩。最后把修改后的文件按原文件名存盘。

第49套 上机操作题

一、基本操作题

请根据以下各小题的要求设计 Visual Basic 应用程序（包括界面和代码）。

（1）在名称为 Form1 的窗体上用名称为 Shape1 的形状控件画一个椭圆，高、宽分别为 1 000、2 000。请设置适当的属性满足以下要求：

① 椭圆的边线为红色（把相应的属性设置为：&H000000FF& 或 &HFF&）；

② 窗体的标题为“椭圆”，窗体的最大化按钮不可用。运行后的窗体如图 1 所示。

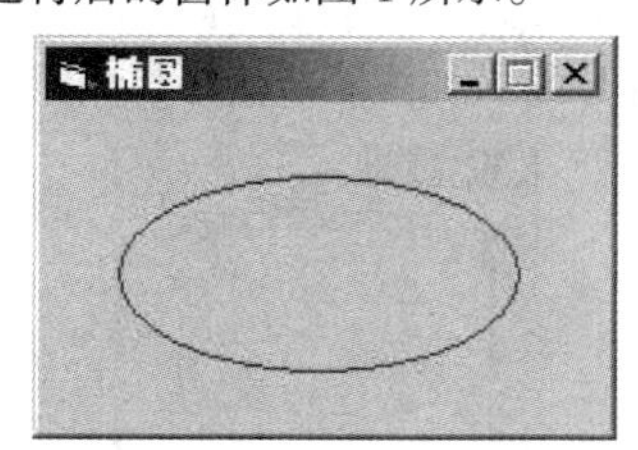

图1

注意： 存盘时必须存放在考生文件夹下，工程文件名为 sjt1.vbp，窗体文件名为 sjt1.frm。

（2）在文件名为 sjt2.vbp 的工程文件中建立两个窗体：名称分别为 Form1 和 Form2，其中 Form2 是启动窗体，其标题为“启动窗体”，在 Form2 上画一个命令按钮，名称为 Command1，标题为“结束”，如图 2 所示。

请编写适当的事件过程以满足以下要求。

① 单击 Form2 窗体，则显示 Form1 窗体（如图 3 所示）；

② 单击 Form1 窗体，则 Form1 窗体消失；

③ 单击“结束”按钮则结束程序运行。

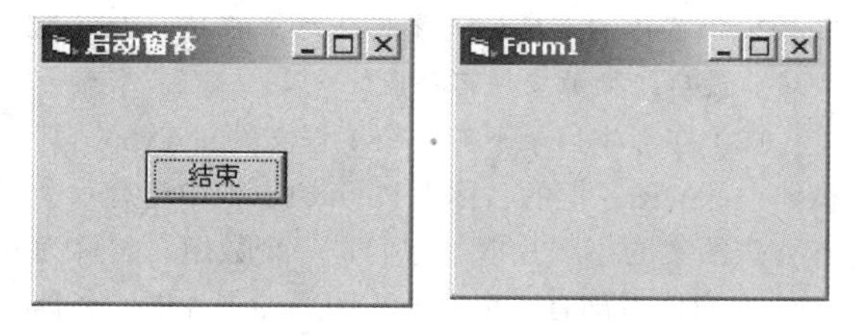

图 2　　图 3

注意： 要求程序中不能使用变量，每个事件过程中只能写一条语句。保存时必须存放在考生文件夹下，工程文件名为 sjt2.vbp，Form1 窗体文件名为 sjt21.frm，Form2 窗体文件名为 sjt22.frm。

二、简单应用题

（1）在考生目录下有一个工程文件 sjt3.vbp，窗体上给出了一个文本框 Text1 和两个命令按钮，命令按钮的标题分别是“读文件”、“计算”，名称分别是 Command1、Command2。请画三个单选按钮，名称分别为 Option1、Option2、Option3，标题分别为“大小写字母数之差”（即大写字母数减小写字母数）、“大小写字母数之和”、“大小写字母数乘积”；窗体如图 1 所示。

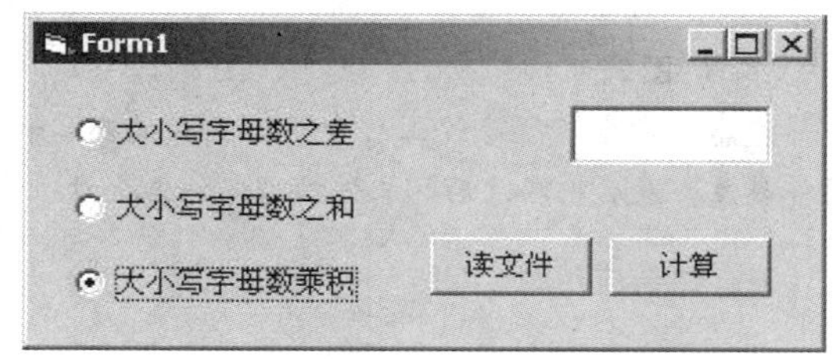

图1

程序运行时，请按以下顺序操作。

① 单击“读文件”按钮，可把考生目录下的文件 in3.dat 中的所有内容读到变量 s 中（此事件过程

已经给出）；

② 选中一个单选按钮；

③ 单击“计算”按钮，则可按选中的单选按钮的标题要求对 s 中的字符进行计算，结果放到文本框中（要求考生编写程序）；

④ 单击窗体右上角的关闭按钮结束程序。“读文件”按钮的 Click 事件过程已经给出，请为“计算”按钮编写适当的事件过程实现上述功能。

注意：*考生不得修改窗体文件中已经存在的程序，在结束程序运行之前，必须进行一次计算，并且必须用窗体右上角的关闭按钮结束程序，否则无成绩。最后，按原文件名存盘。*

（2）在考生目录下有一个工程文件 sjt4.vbp，其窗体左部的图片框的名称为 Picture1，框中还有六个有香蕉图案的小图片框，它们是一个数组，名称为 pic，在窗体右部有一个有香蕉图案的图片框，名称为 Picture2，如图 2 所示。

程序运行时，有六个香蕉图案的小图片框不显示。可以用鼠标拖曳的方法把右部的香蕉放到左部的图片框中（右部的香蕉不动），如图 3 所示。左部的图片框最多可放六个香蕉。实现此功能的方法是：刚运行程序时，图片框数组不显示，当拖曳一次香蕉时，就显示一个图片框数组元素，产生香蕉被放入的效果。文件中已经给出了所有控件和程序，但程序不完整，请去掉程序中的注释符，把程序中的“？”改为正确的内容。

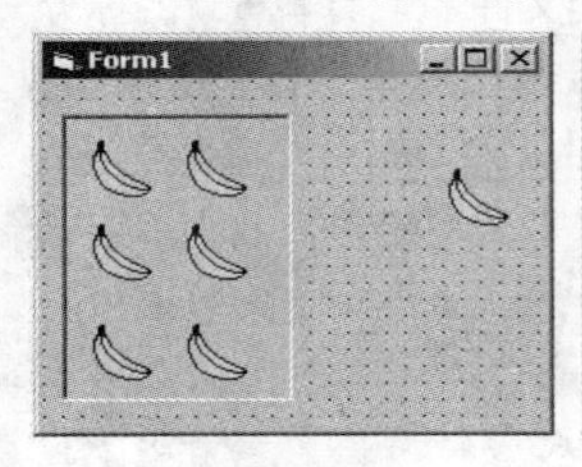

图 2

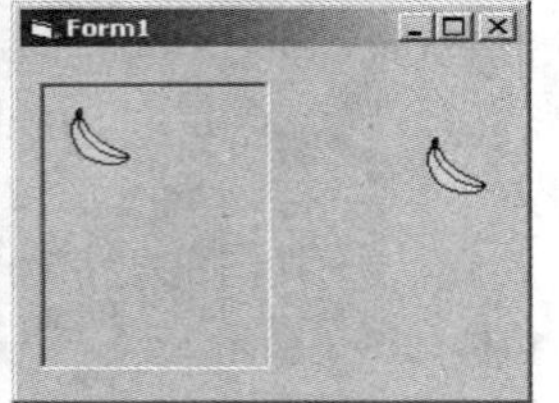

图 3

注意：*考生不得修改工程中已经存在的内容和控件属性，最后把修改后的文件按原文件名存盘。*

三、综合应用题

在考生文件夹下有一个工程文件 sjt5.vbp，其中文本框 Text1 用于显示五个学生的六门课成绩；右边的五个文本框是一个数组，名称为 Text2，用于显示每个学生的平均分；下方的六个文本框是一个数组，名称为 Text3，用于显示每门课的平均分。

程序的功能是：单击“读入文件”按钮，则把考生文件夹下的文件 in5.dat 中的姓名和成绩分别读到数组 n 和 a 中；单击“每人平均分”按钮，则计算每个学生的平均分，并显示在 Text2 数组中；单击“每科平均分”按钮，则计算每门课的平均分，并显示在 Text3 数组中，所有平均分的值均四舍五入取整或截尾取整；单击“存结果”按钮，则把 Text2，Text3 中的所有平均分存入 out5.dat 文件中。窗体中给出了所有控件（见图所示）和“读入文件”、“存结果”按钮的 Click 事件过程，请为“每人平均分”按钮和“每科平均分”按钮编写适当的事件过程，实现上述功能。

注意：*不得修改已经存在的程序；在结束程序运行之前，必须用“存结果”按钮存储计算结果，否则无成绩。最后，程序按原文件名存盘。*

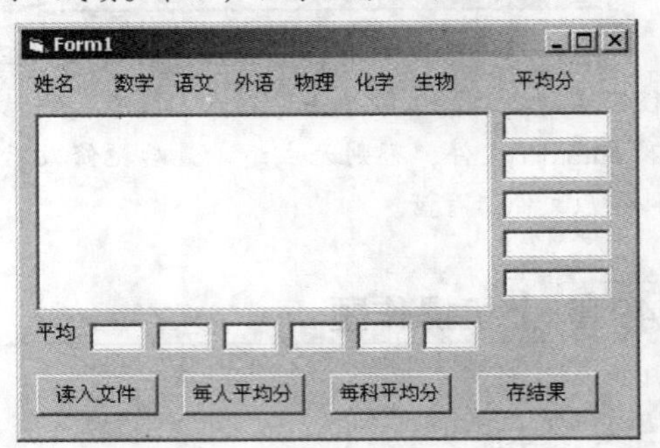

第50套 上机操作题

一、基本操作题

请根据以下各小题的要求设计 Visual Basic 应用程序（包括界面和代码）。

（1）在名称为 Form1 的窗体上画一个名称为 Text1 的文本框，请设置适当属性，使文本框中无初始内容，可显示多行，有垂直滚动条，且最多只能输入 1000 个字符，如图 1 所示。

图1

注意：存盘时必须存放在考生文件夹下，工程文件名为 sjt1.vbp，窗体文件名为 sjt1.frm。

（2）在名称为 Form1 的窗体上利用形状控件画一个矩形，名称为 Shape1，高和宽分别为 1000、1700；再画两个命令按钮，名称分别是 Command1、Command2，标题分别为"圆"、"椭圆"，如图 2 所示。

请编写适当的事件过程使得在运行时，单击"圆"按钮，则矩形变为一个圆；单击"椭圆"按钮，则矩形变为一个椭圆（如图 3 所示）。要求程序中不得使用变量，每个事件过程中只能写一条语句。

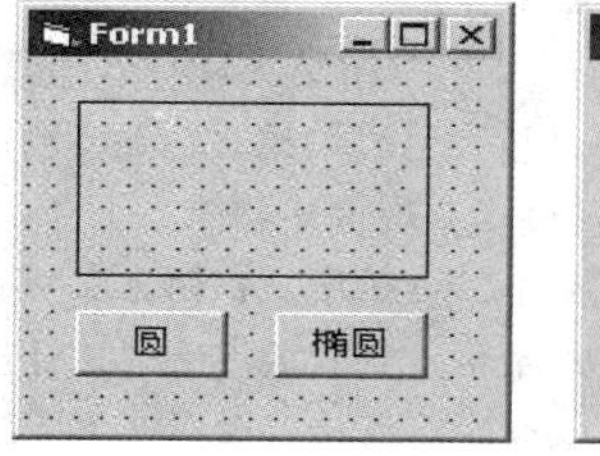

图 2

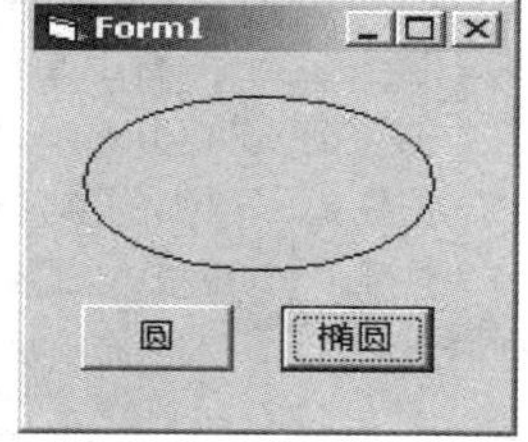

图 3

注意：存盘时必须存放在考生文件夹下，工程文件名为 sjt2.vbp，窗体文件名为 sjt2.frm。

二、简单应用题

（1）在考生目录下有一个工程文件 sjt3.vbp。窗体上有三条直线，是一个数组，数组的名称为 Line1。在运行时，用鼠标单击其中一条线的任何位置，则以单击的点为起始点，画一个正弦曲线（如图所示）；若鼠标单击在直线之外，则不画正弦曲线。文件中已经给出了所有控件和程序，但程序不完整，请去掉程序中的注释符，把程序中的"？"改为正确的内容。文件中的 drawsin 过程的作用是画一条正弦曲线，可以直接调用。

注意：不能修改程序中的其他部分和各控件的属性。最后把修改后的文件按原文件名存盘。

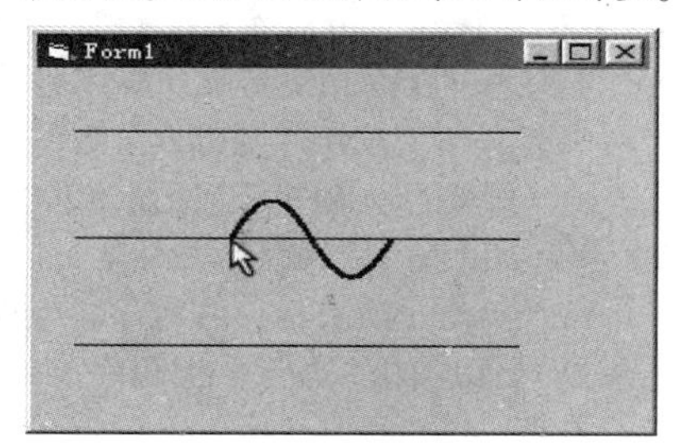

（2）在考生文件夹下有一个工程文件 sjt4.vbp。窗体上有三个文本框 Text1、Text2、Text3，其中 Text3 可显示多行，并已经输入了内容（如图所示），Text1 用来输入要查找的内容，Text2 用来输入要替换的新内容。程序运行时，在 Text1、Text2 中输入文字，单击"替换"按钮，则在 Text3 中找到 Text1 中的内容，并用 Text2 中的内容替换，若未找到，则不替换。此外窗体上还有两个单选按钮，名称依次为 Option1、Option2，标题依次为"第 1 个"和"全部"。程序运行后，若 Option1 被选中，则只替换 Text3 中第一个匹配的字串，若 Option2 被选中，则替换 Text3 中所有匹配的字串。在窗体文件中已经给出了全部控件，但程序不完整，要求去掉程序中的注释符，把程序中的"？"改为正确的内容。

注意：不能修改程序中的其他部分和控件的属性。最后把修改后的文件按原文件名存盘。

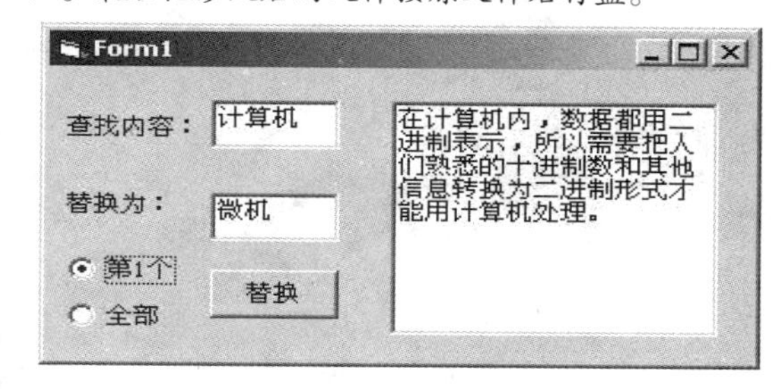

三、综合应用题

在考生目录下有一个工程文件 sjt5.vbp，其功能是：单击"读数据"按钮，则把考生目录下的文件 in5.dat 中的 100 个整数读到数组 a 中；单击"计算"按钮，则找出其中与所有数的平均值（平均值截尾取整）最接近的整数，放到文本框中；单击"存盘"按钮则把计算结果存盘。窗体中给出了所有控件（如图所示）和"读数据"按钮及"存盘"按钮的 Click 事件过程，请为"计算"按钮编写适当的事件过程实现上述功能。

注意：不得修改已经存在的程序，在结束程序运行之前，必须用"存盘"按钮存储计算结果，否则无成绩。最后，程序按原文件名存盘。

提示：与平均值最接近的数可能大于也可能小于平均值。

Form1

与平均值最接近的数：

读数据　计算　存盘

第51套 上机操作题

一、基本操作题

请根据以下各小题的要求设计 Visual Basic 应用程序（包括界面和代码）。

（1）在名称为 Form1 的窗体上建立一个如下表所示的下拉菜单，其中“设置”菜单项为灰色（不可用），如图所示。

注意： 存盘时必须存放在考生文件夹下，工程文件名为 sjt1.vbp，窗体文件名为 sjt1.frm。

标题	名称
收藏	m1
工具	m2
选项	a1
设置	a2
帮助	m3

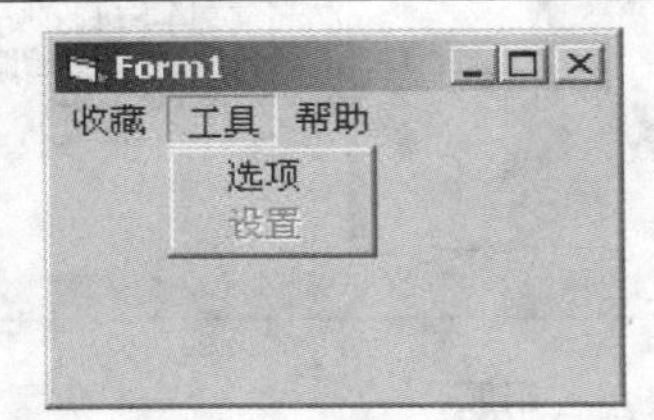

（2）在名称为 Form1 的窗体上画一个名称为 Hscroll1 的水平滚动条，其最大刻度为 100，最小刻度为 0；再画两个单选按钮，名称分别为 Option1、Option2，标题分别为“最大值”、“最小值”，且都未选中。再通过属性窗口设置适当属性使得程序刚运行时，焦点在滚动条上（如图所示）。请编写适当的事件过程，使得程序运行时，单击“最大值”单选按钮，则滚动条上的滚动框移到最右端；单击“最小值”单选按钮，则滚动框移到最左端。

注意： 程序中不得使用变量，事件过程中只能写一条语句。存盘时必须存放在考生文件夹下，工程文件名为 sjt2.vbp，窗体文件名为 sjt2.frm。

二、简单应用题

（1）在考生文件夹下有一个工程文件 sjt3.vbp，已给出了所有控件和部分程序。程序运行时，请按以下顺序操作。

① 单击“读入数据”按钮，可把考生目录下的文件 in3.dat 中的 100 个整数读到数组 a 中。

② 从名称为 List1 的列表框中选中一项（如图 1 所示）。

③ 单击“计算”按钮，则可按该选项的要求计算出结果并放到文本框中。

④ 单击窗体右上角的关闭按钮结束程序。“读入数据”按钮的 Click 事件过程已经给出，请为“计算”按钮编写适当的事件过程实现上述功能。

注意： 不得修改已经存在的程序，在结束程序运行之前，必须进行一次计算，且必须用窗体右上角的关闭按钮结束程序，否则无成绩。最后，程序按原文件名存盘。

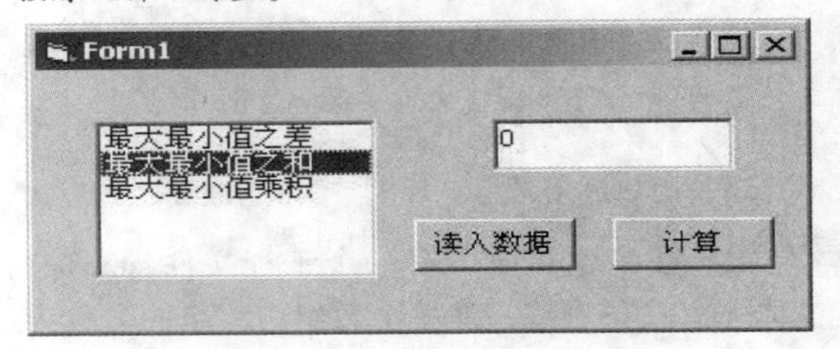

图1

（2）在考生文件夹下有一个工程文件 sjt4.vbp。窗体中的横线（横坐标）的名称为 Line1，竖线（纵坐标）的名称为 Line2；五个不同颜色的矩形是一个形状控件数组，名称为 Shape1，它们的 Visible 属性都为 False；从左到右的两个按钮的名称分别为 Command1、Command2；另有一个有五个元素的标签数组，名称为 Label1，其所有元素的 Visible 属性都为 False。如图 2 所示。程序运行时，单击“输入 5 个数据”按钮，可输入五个整数（最好在 100~2000 之间），并作为刻度值显示在纵坐标的左面；单击“画直方图”按钮，则按五个数的输入顺序显示直方图。例如若输入的五个数是 1 200、500、800、1 900、1 500，则结果如图 3 所示。

文件中已经给出了所有控件和程序，但程序不完整，请去掉程序中的注释符，把程序中的“？”改为正确的内容。

注意： 不能修改程序的其他部分和各控件的属性。最后把修改后的文件按原文件名存盘。

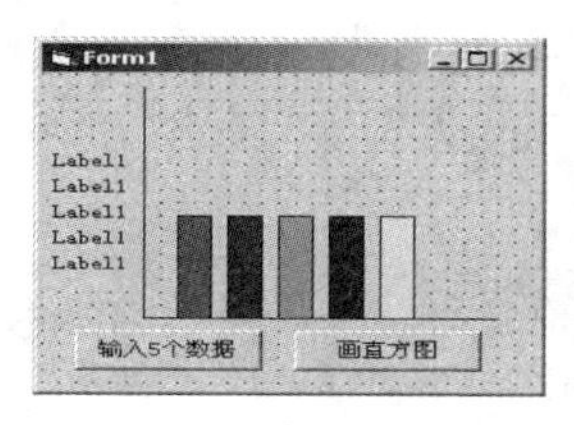

图 2

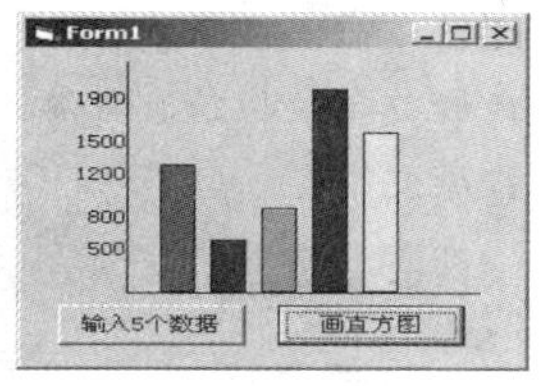

图 3

三、综合应用题

在考生文件夹下有一个工程文件 sjt5.vbp，已给出了所有控件（如图所示）和部分程序。程序运行时，请按以下顺序操作。

① 单击“读入文件”按钮，把考生目录下的文件 in5.dat 中的内容读入内存并显示在上面的文本框（Text1）中。

② 单击“加密”按钮，则可对 Text1 中的内容进行加密并显示在下面的文本框（Text2）中。

③ 单击“存结果”按钮则把 Text2 中的内容存到 out5.dat 文件中。加密规则：对于第奇数个字符，若是字母，则把它变为它后面的字符（若为“Z”则变为“A”），不是字母则不变；对于第偶数个字符，若是字母，则把它变为它前面的字符（若为“A”则变为“Z”），不是字母则不变。大小写字母都遵循此规则。

例如，若原有的字符是 AbbaZG Ha-MnnK Yzx，则加密后的字符是 BaczAF Gb-Nmoj Xaw。已经给出“存结果”按钮的 Click 事件过程和函数 isletter，函数 isletter（a As String）用于判断变量 a 中是否为一个字母，是则返回 True，否则返回 False，可以直接调用。请编写“读入文件”按钮和“加密”按钮的 Click 事件过程，以实现上述功能。（in5.dat 文件中只含英文单词和空格，不分段落和行）

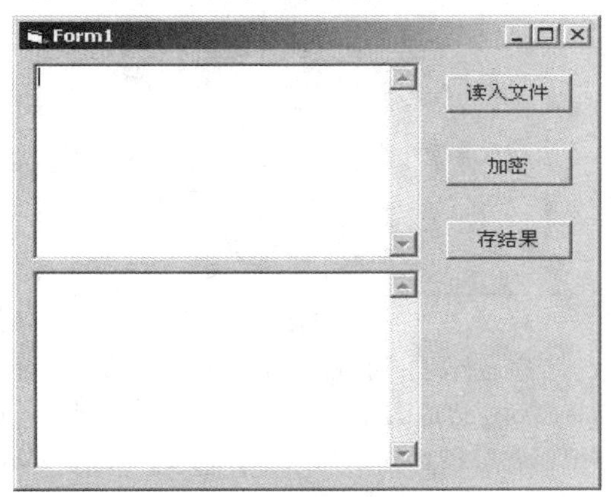

注意：考生不得修改已经存在的程序，必须用“存结果”按钮存储加密结果，否则无成绩。最后，按原文件名把程序存盘。

第52套 上机操作题

一、基本操作题

请根据以下各小题的要求设计 Visual Basic 应用程序（包括界面和代码）。

（1）在名称为 Form1 的窗体上画出如图所示的三角形。下表给出了直线 Line1、Line2 的坐标值，请按此表画 Line1、Line2，并画出直线 Line3，从而组成如图所示的三角形。

名称	X1	Y1	X2	Y2
Line1	600	1600	1600	600
Line2	600	1600	2600	1600

注意：存盘时必须存放在考生文件夹下，工程文件名为 sjt1.vbp，窗体文件名为 sjt1.frm。

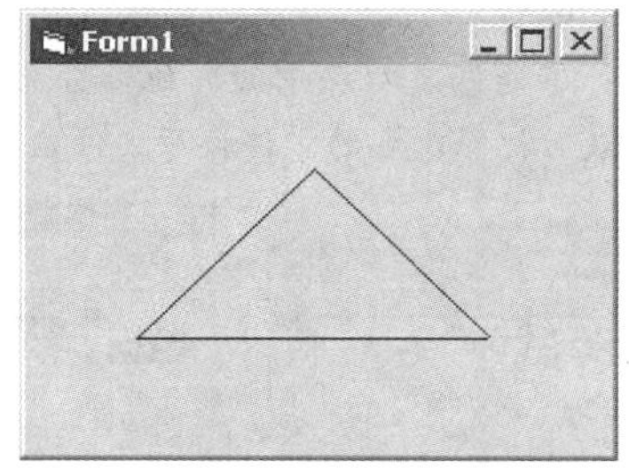

（2）在名称为 Form1 的窗体上画一个名称为 List1 的列表框，并任意输入若干列表项；再画一个名称为 Text1 的文本框，无初始内容。请编写 List1 和 Text1 的 Click 事件过程。程序运行后，如果单击列表框中的某一项，则在文本框中显示该项相应的顺序号，即：若单击第一项，则在文本框中显示 1，若单击第二项，则在文本框中显示 2，依此类推，（如图所示）；如果单击文本框，则把该列表项的内容显示在文本框中。

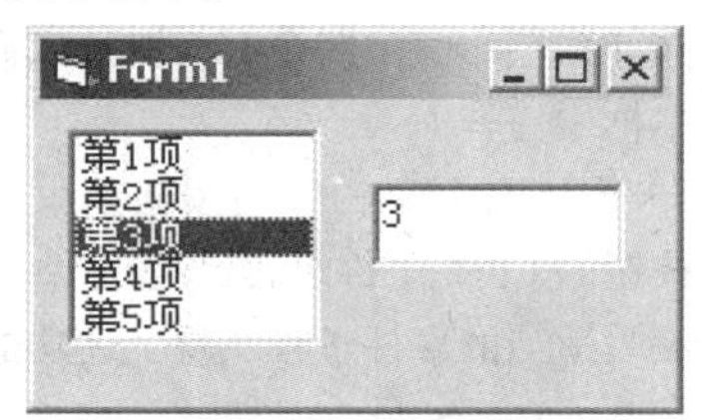

注意：要求程序中不得使用变量，事件过程中只能写一条语句。存盘时必须存放在考生文件夹下，

工程文件名为 sjt2.vbp，窗体文件名为 sjt2.frm。

二、简单应用题

（1）在考生目录下有一个工程文件 sjt3.vbp，有两个名称分别为 Form1 和 Form2 的窗体，Form1 为启动窗体，程序执行时 Form2 不显示。Form1 中有菜单（如图 1 所示），程序运行时，若单击“格式”菜单项，则显示 Form2 窗体（如图 2 所示），选中一种字号和字体后单击“确定”按钮，则可改变 Form1 上文本框的字号和字体，并使 Form2 窗体消失。若单击“退出”菜单项，则结束程序的运行。

文件中已经给出了所有控件和程序，但程序不完整，要求如下。

① 利用属性窗口设置适当的属性，使 Form1 窗体标题栏右上角的最大、最小化按钮消失（如图 1 所示）。

② 利用属性窗口把 Form2 窗体的标题设置为“格式”（如图 2 所示）。

③ 请去掉程序中的注释符，把程序中的“？”改为正确的内容。

注意：不能修改程序中的其他部分和其他控件的属性。最后把修改后的文件按原文件名存盘。

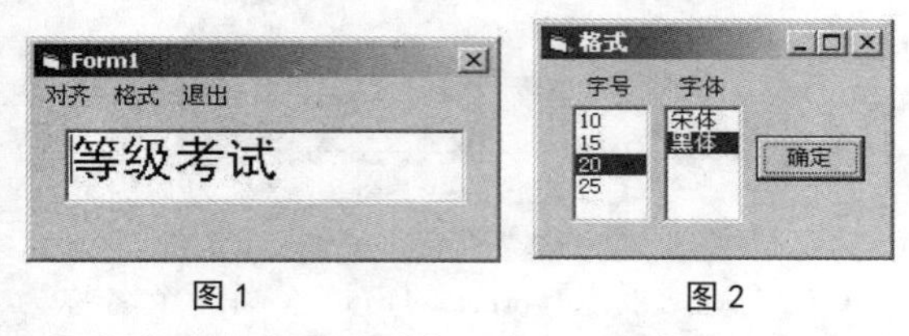

图 1　　图 2

（2）在考生目录下有一个工程文件 sjt4.vbp，包含了所有控件和部分程序。程序运行时，请按以下顺序操作。

① 单击“读入数据”按钮，可把考生目录下的文件 in4.dat 中的 100 个整数读到数组 a 中。

② 从名称为 Combo1 的组合框中选中一项（如图 3 所示）。

③ 单击“计算”按钮，则可按该选项的要求对 a 中的数计算平均值（四舍五入取整或截尾取整）并放到文本框中。

④ 单击窗体右上角的关闭按钮结束程序。“读入数据”按钮的 Click 事件过程已经给出，请为“计算”按钮编写适当的事件过程实现上述功能。

提示：存放前 n 个数之和的变量应使用 Long 类型。

注意：不得修改已经存在的程序，在结束程序运行之前，必须进行一次计算，且必须用窗体右上角的关闭按钮结束程序，否则无成绩。最后，程序按原文件名存盘。

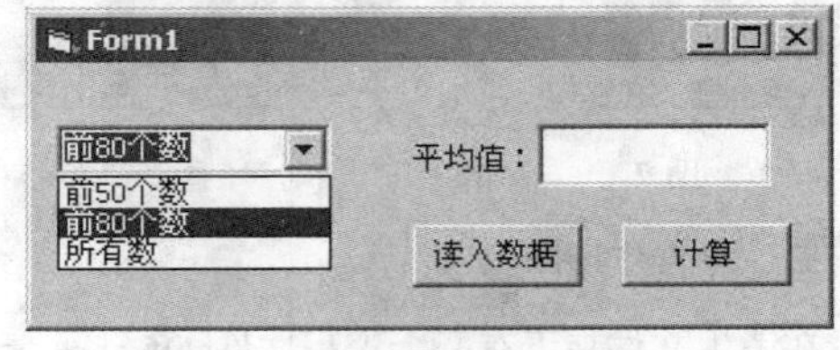

图3

三、综合应用题

在考生目录下有一个工程文件 sjt5.vbp。窗体左边的图片框名称为 Picture1，框中还有六个小图片框，它们是一个数组，名称为 Pic，在窗体右边从上到下有三个显示不同物品的图片框，名称分别为 Picture2、Picture3、Picture4，还有一个文本框 Text1 以及四个标签，如图 1 所示。

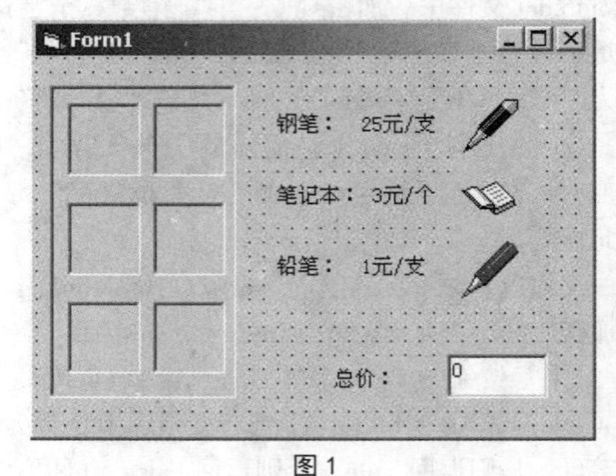

图 1

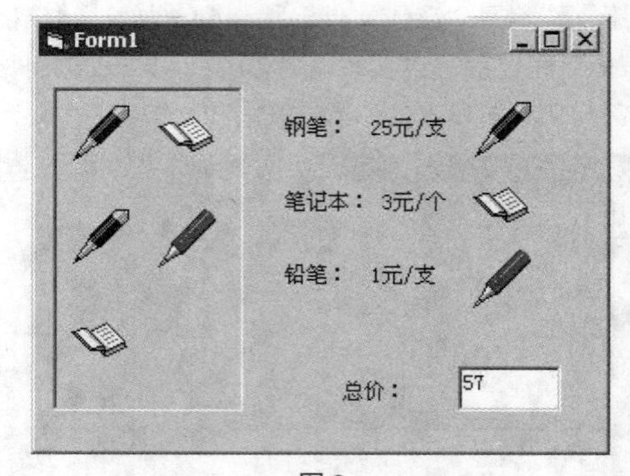

图 2

程序运行时，可以用鼠标拖曳的方法把右边的物品放到左边的图片框中（右边的物品不动），同时把该物品的价格累加到 Text1 中，如图 2 所示。

最多可放六个物品。实现此功能的方法是：程序刚运行时，Picture1 中的图片框数组不显示，当拖曳一次物品时，就显示一个图片框数组元素，并在该图片框数组元素中加载相应的图片，产生物品被放入的效果。文件中已经给出了所有控件和程序，但程序不完整，请去掉程序中的注释符，把程序中的“？”改为正确的内容。

注意：不得修改已经存在的内容和控件属性，最后把修改后的文件按原文件名存盘。

第53套 上机操作题

一、基本操作题

请根据以下各小题的要求设计 Visual Basic 应用程序（包括界面和代码）。

（1）在名称为 Form1 的窗体上画两个文本框，其名称分别为 Text1 和 Text2，内容分别为“文本框 1”和“文本框 2”，编写适当的事件过程。程序运行后，如果单击窗体，则 Text1 隐藏，Text2 显示，如图 1 所示；如果双击窗体，则 Text1 显示，Text2 隐藏，如图 2 所示。

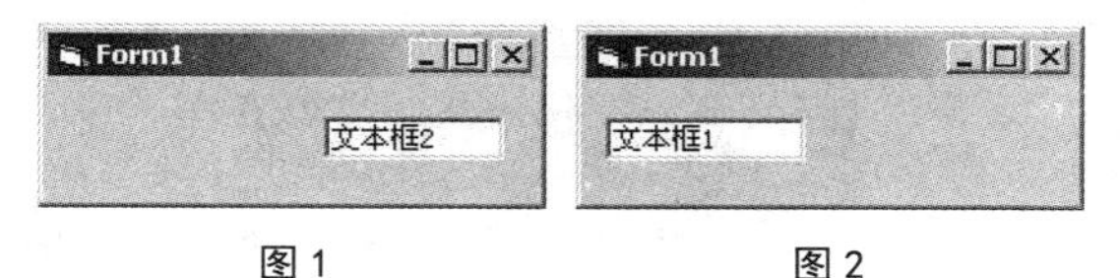

图 1　　　　图 2

注意：程序中不得使用变量。存盘时必须存放在考生文件夹下，工程文件名为 sjt1.vbp，窗体文件名为 sjt1.frm。

（2）在名称为 Form1 的窗体上画一个文本框，其名称为 Text1，初始内容为空白；再画一个水平滚动条，其名称为 HS1，SmallChange 属性为 4，LargeChange 属性为 10，Min 属性为 0，Max 属性为 200，编写适当的事件过程。程序运行后，如果在文本框内输入一个数值（0 ~ 200），然后单击窗体，则把滚动条的滚动框移到相应的位置，如图所示。

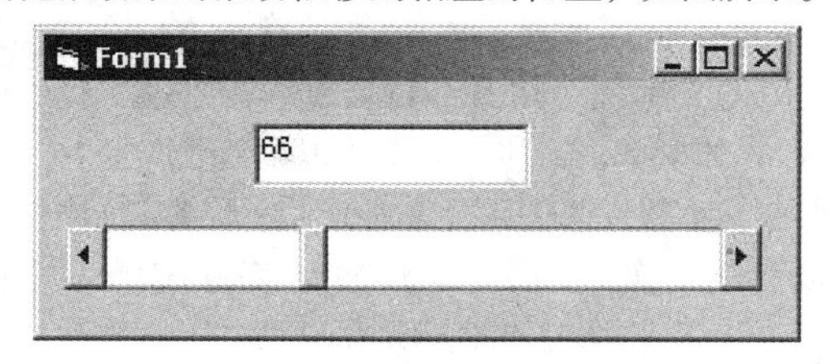

注意：程序中不要使用变量；存盘时必须存放在考生文件夹下，工程文件名为 sjt2.vbp，窗体文件名为 sjt2.frm。

二、简单应用题

（1）在考生文件夹下有一个工程文件 sjt3.vbp，相应的窗体文件为 sjt3.frm，在窗体上有一个命令按钮（名称为 Command1，标题为“计算并输出”）和两个文本框（名称分别为 Text1 和 Text2），如图所示。

程序运行后，单击命令按钮，即可计算出数组 Arr 中 10 个数的正数之和 pos 与负数之和 neg，并分别在两个文本框中显示出来。该程序不完整，请把它补充完整。

要求：去掉程序中的注释符，把程序中的“？”改为正确的内容，使其能正确运行，但不能修改程序中的其他部分，也不能修改控件的属性。最后用原来的文件名保存工程文件和窗体文件。

（2）在考生文件夹下有一个工程文件 sjt4.vbp，相应的窗体文件为 sjt4.frm。在窗体上有两个命令按钮，其名称分别为 Command1、Command2；一个标签，其名称为 Label1；一个计时器，其名称为 Timer1，如图 1 所示。

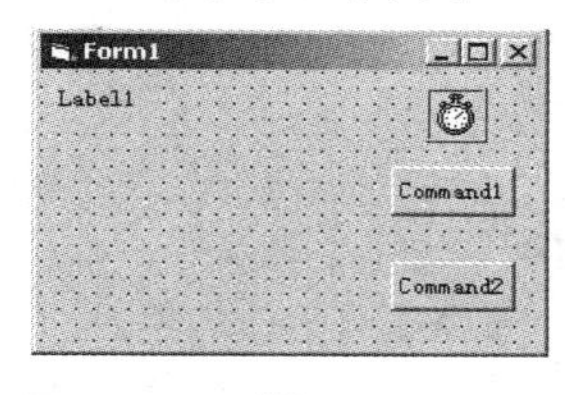

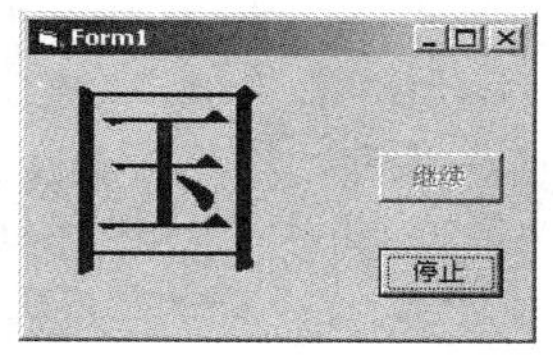

图 1　　　　图 2

程序运行后，如果单击“开始”命令按钮，则该按钮变为禁用，而标题变为“继续”，同时标签中的字体每隔 100 毫秒增大 0.2 倍（即变为原来的 1.2 倍），如图 2 所示，字体大小超过 100 后，自动缩小为 8；如果单击“停止”命令按钮，则该按钮变为禁用，“继续”命令按钮变为有效，同时标签中的字体停止变化；再次单击“继续”命令按钮后，标签中的字体继续变化。这个程序不完整，请仔细阅读已有内容，并把它补充完整，使之能正确运行。

要求：去掉程序中的注释符，把程序中的“?”改为正确的内容，使其实现上述功能，但不能修改程序中的其他部分。最后把修改后的文件按原文件名存盘。

三、综合应用题

在考生文件夹下有一个工程文件 sjt5.vbp，相应的窗体文件为 sjt5.frm。窗体上三个命令按钮的名称分别是 Command1、Command2 和 Command3，标题分别是“显示”、“统计”和“保存”。运行程序时，单击“显示”按钮，从文件 in5.txt 中读取文本，并显示在文本框 Text1 中，如图所示。

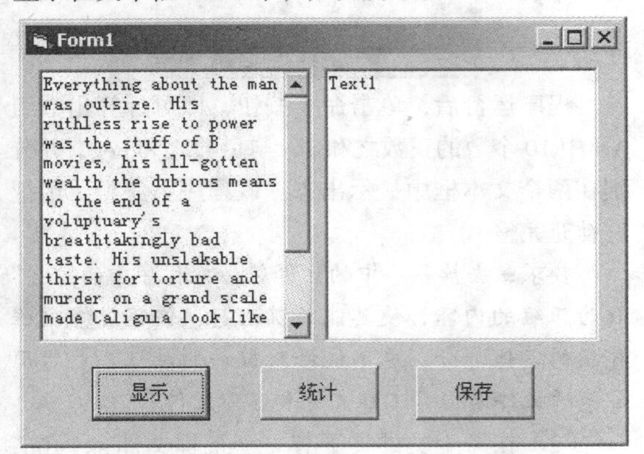

单击“统计”按钮，则统计 Text1 中字母 R、T、D（不区分大小写）出现的次数，统计结果分别保存在窗体变量 intR、intT、intD 中，同时显示在文本框 Text2 中（显示格式不限）。单击“保存”按钮，可将 intR、intT、intD 中的数据保存到考生文件夹下 out5.txt 文件中。

要求：

① 去掉“显示”按钮事件过程中的注释，把程序中的“?”改为能实现上述要求的正确内容。

② 编写统计字母 R、T、D 出现次数的事件过程。

③ 不要改动各控件的属性设置和程序的其他部分。最后把修改后的文件用原文件名存盘。

第54套 上机操作题

一、基本操作题

请根据以下各小题的要求设计 Visual Basic 应用程序（包括界面和代码）。

（1）在名称为 Form1 的窗体上画一个标签，其名称为 Label1，标题为“程序设计”，BorderStyle 属性为 1，且可以根据标题自动调整大小，编写适当的事件过程。程序运行后，其界面如图 1 所示，此时如果单击窗体，则标签消失，同时用标签的标题作为窗体的标题，如图 2 所示。

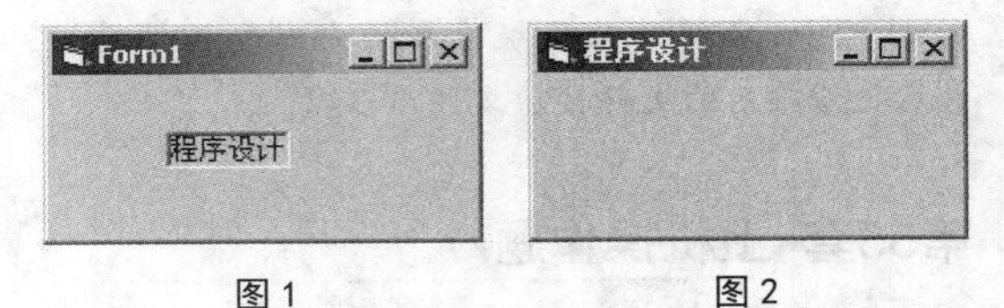

图 1　　图 2

注意：程序中不得使用变量。存盘时必须存放在考生文件夹下，工程文件名为 sjt1.vbp，窗体文件名为 sjt1.frm。

（2）在名称为 Form1 的窗体上画一个文本框，其名称为 Text1，初始内容为空白；然后再画三个单选按钮，其名称分别为 Op1、Op2 和 Op3，标题分别为“单选按钮 1”、“单选按钮 2”和“单选按钮 3”，编写适当的事件过程。程序运行后，如果单击“单选按钮 1”则在文本框中显示“1”，单击“单选按钮 2”则在文本框中显示“2”，依此类推。程序的运行情况如图 3 所示。

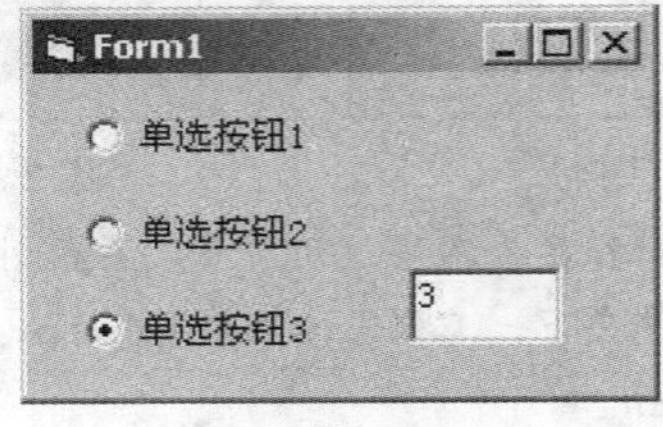

图3

注意：程序中不要使用变量，每个单选按钮的事件过程中只能写一条语句；存盘时必须存放在考生文件夹下，工程文件名为 sjt2.vbp，窗体文件名为 sjt2.frm。

二、简单应用题

（1）在考生文件夹下有一个工程文件 sjt3.vbp，相应的窗体文件为 sjt3.frm。在窗体上有一个名称为 Text1 的文本框，其 MultiLine 属性为 True。程序运行后，如果单击窗体，则用随机数函数产生 16 个 0 到 99 的整数，并按 4 行 4 列的矩阵形式在文本框中显示出来；然后在文本框中输出该矩阵对角线上的数。程序运行情况如图 1 所示。

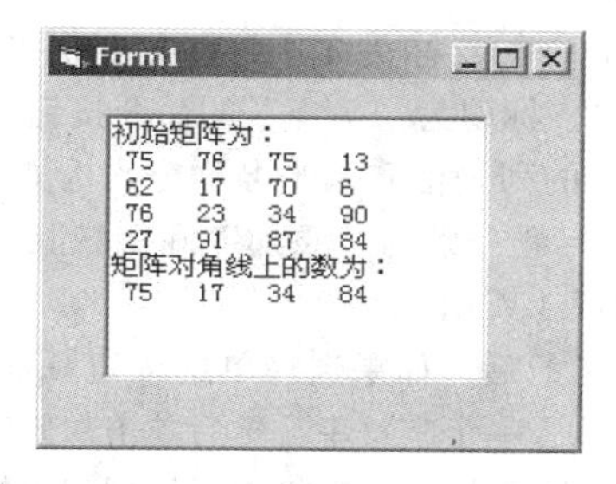

图1

这个程序不完整，请把它补充完整，并能正确运行。

提示：程序中的 vbCrLf 是回车换行符。

要求：去掉程序中的注释符，把程序中的“? ”改为正确的内容，使其能正确运行，但不能修改程序中的其他部分，也不能修改控件的属性。最后用原来的文件名保存工程文件和窗体文件。

（2）在考生文件夹下有一个工程文件 sjt4.vbp，相应的窗体文件为 sjt4.frm。在窗体上有两个命令按钮，其名称分别为 Command1 和 Command2，标题分别为“开始”和“停止”；有两个水平滚动条，其名称分别为 HScroll1 和 HScroll2，Min 属性均为 0，Max 属性均为 100；此外还有一个计时器，其名称为 Timer1，如图 2 所示。

程序的功能是，程序运行后，如果单击“开始”命令按钮，则滚动条 HScroll1 中的滚动框从左向右移动（每次移动一个刻度），移到最右端后，自动回到最左端，再重新向右移动；同时滚动条 HScroll2 中的滚动框从右向左移动（每次移动一个刻度），移到最左端后，自动回到最右端，再重新向左移动。如果单击“停止”按钮，则两个滚动条中的滚动框停止移动，如图 3 所示。该程序不完整，请把它补充完整。

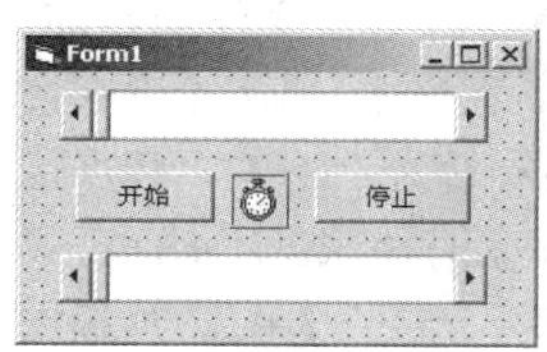

图 2

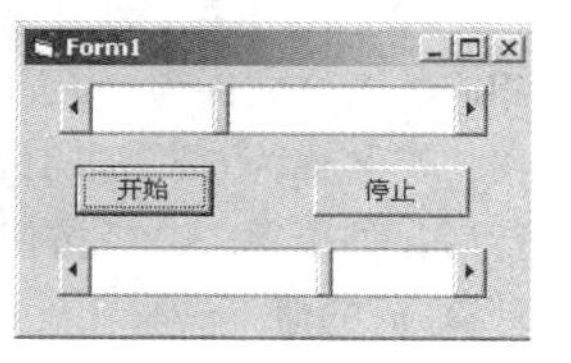

图 3

要求：去掉程序中的注释符，把程序中的“? ”改为正确的内容，使其能正确运行，但不能修改程序中的其他部分。最后用原来的文件名保存工程文件和窗体文件。

三、综合应用题

在考生文件夹下有一个工程文件 sjt5.vbp，装入该工程文件。窗体上有一个名称为 Text1 的文本框，三个命令按钮，名称分别为 Command1、Command2 和 Command3，标题分别为“读文件”、“删除”和“计算 / 保存”。程序运行后，单击“读文件”命令按钮，将 in5.txt 文件中的内容显示在 Text1 中，如图 1 所示；单击“删除”命令按钮，删除 Text1 中的字母“A”、“D”、“R”和“S”（小写字母也删），并将删除后的文本显示在 Text1 中，如图 2 所示；单击“计算 / 保存”命令按钮，则计算当前 Text1 中显示的所有字符（删除后）的 ASCII 码之和，并把结果保存到考生文件夹下的 out5.txt 文件中。

要求：

① 要删除的字母不区分大小写。

② 不要改变窗体中各控件的属性设置及事件过程。

③ 编写“计算 / 保存”按钮的事件过程。

④“删除”按钮的事件过程不完整，去掉程序中的注释符，把程序中的“? ”改为正确的内容，使程序能正常运行。最后把修改后的文件按原文件名存盘。

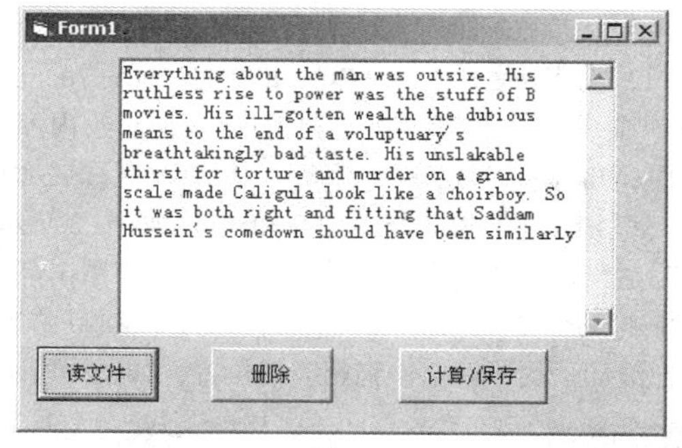

图 1

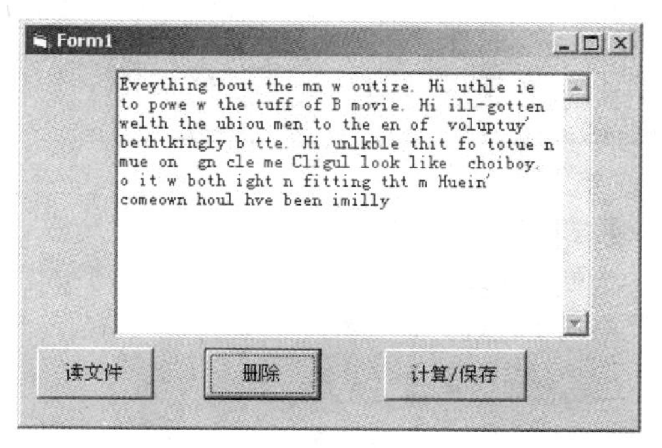

图 2

第55套 上机操作题

一、基本操作题

请根据以下各小题的要求设计 Visual Basic 应用程序（包括界面和代码）。

（1）在名称为 Form1 的窗体上画一个文本框，名称为 Text1，内容为"VB 程序设计"；再画两个命令按钮，其名称分别为 Command1 和 Command2，标题分别为"扩大"和"缩小"，如图 1 所示，编写适当的事件过程。程序运行后，每单击 Command1 命令按钮一次，文本框中文本的字体扩大 1.2 倍；每单击 Command2 单选按钮一次，文本框中文本的字体缩小 1.2 倍。

注意： *存盘时必须存放在考生文件夹下，工程文件名为 sjt1.vbp，窗体文件名为 sjt1.frm。*

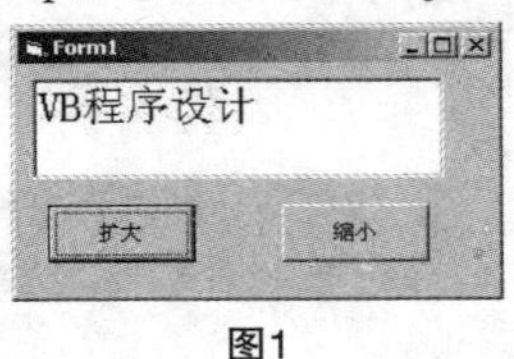

图1

（2）在名称为 Form1 的窗体上画一个列表框，其名称为 List1，通过属性窗口向列表框中输入 9 个项目，分别为 10、20、30、40、50、60、70、80、90；画一个文本框，其名称为 Text1，初始内容为空白；再画一个水平滚动条，其名称为 HScroll1，Min 属性和 Max 属性分别为 0 和 100，如图 2 所示，编写适当的事件过程。程序运行后，如果单击列表框中的某个项目，则在文本框中显示该项目内容，并把滚动条的滚动框移到相应的位置，如图 3 所示。

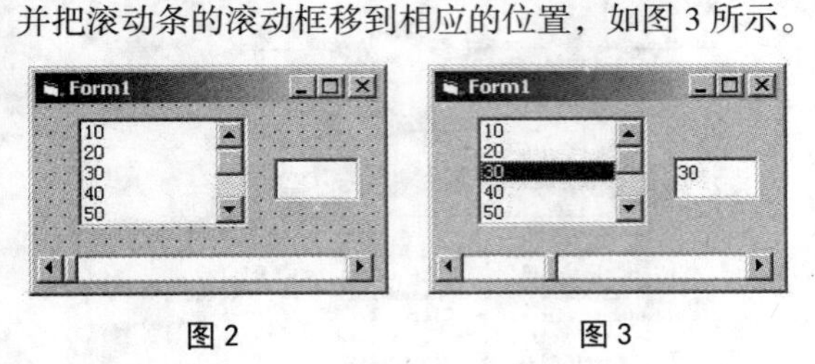

图 2　　图 3

要求： *不得使用任何变量。*

注意： *存盘时必须存放在考生文件夹下，工程文件名为 sjt2.vbp，窗体文件名为 sjt2.frm。*

二、简单应用题

（1）在考生文件夹下有一个工程文件 sjt3.vbp，相应的窗体文件为 sjt3.frm。在名称为 Form1 的窗体上有一个名称为 Text1 的文本框和名称为 Command1、标题为"确定"的命令按钮，一个名称为 List1 的列表框和两个名称分别为 Option1 和 Option2、标题分别为"添加"和"删除"的单选按钮，如图 1 所示。

程序运行后，如果选择单选按钮 Option1 并在文本框中输入一个字符串，然后单击"确定"命令按钮，则把文本框中的字符串添加到列表框中，并清除文本框，如图 2 所示；如果选择列表框中的一项和单选按钮 Option2，并单击"确定"命令按钮，则删除列表框中所选择的项目，如图 3 所示；如果不选择列表框中的项目，或者没有在文本框中输入字符串，则单击"确定"命令按钮后，将显示一个信息框"未输入或未选择项目"，如图 4 所示。该程序不完整，请把它补充完整。

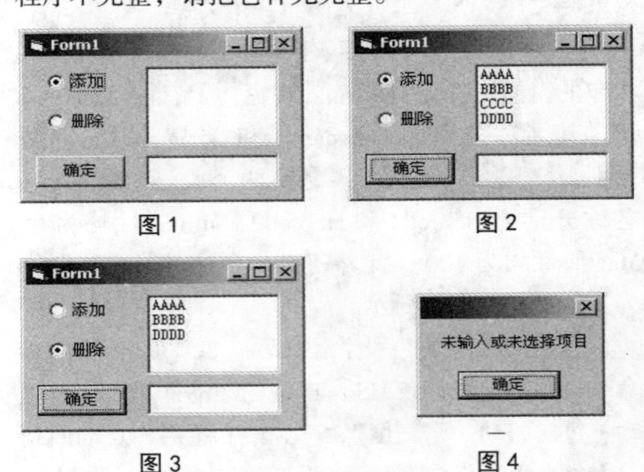

图 1　　图 2

图 3　　图 4

要求： *去掉程序中的注释符，把程序中的"？"改为正确的内容，使其能正确运行，但不能修改程序中的其他部分。最后用原来的文件名保存工程文件和窗体文件。*

（2）在考生文件夹下有一个工程文件 sjt4.vbp，相应的窗体文件为 sjt4.frm。在窗体上有一个命令按钮，其名称为 Command1，标题为"计算"。程序运行后，如果单击命令按钮，程序将根据下面的公式计算 π 的值：$\pi/4= 1 - 1/3 + 1/5 - 1/7 + ...$ 所提供的窗体文件已给出了命令按钮的事件过程，程序运行结果如图 5 所示。

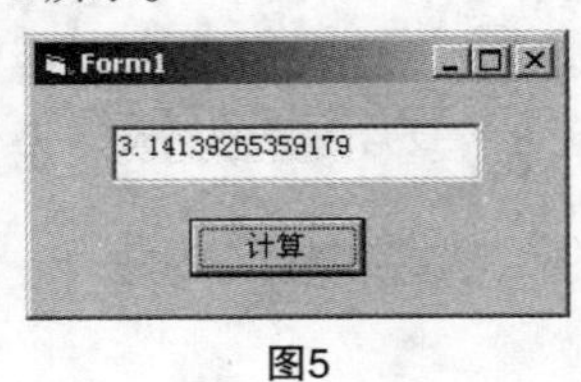

图5

该程序不完整，请把它补充完整。

要求：去掉程序中的注释符，把程序中的“？”改为正确的内容，使其能正确运行，但不能修改程序中的其他部分。最后用原来的文件名保存工程文件和窗体文件。

三、综合应用题

在考生文件夹下有一个工程文件 sjt5.vbp，相应的窗体文件为 sjt5.frm。窗体外观如图 1 所示。三个命令按钮的名称分别为 Command1、Command2 和 Command3，标题分别为“读取数据”、“首字母大写”和“存盘”。程序运行后，如果单击“读取数据”命令按钮，则读取考生文件夹下 in5.txt 中的全部文本（文本中的单词与单词之间或标点符号与单词之间均用一个空格分开），并在文本框中显示出来。文本内容如下：Tucked deep within the promises and policies of his State of the Union address, President Bush uttered three words that speak volumes about Washington's paralysis in addressing the plight of the forty million Americans who lack health insurance. In between his discourse on Medicare and his support for a low-income health care tax credit, Bush called for something called association health plans. 如果单击“首字母大写”命令按钮，则将文本框中每个单词的第一个字母变为大写字母（如果原来已是大写字母则不改变），并在文本框中显示出来，如图 2 所示；如果单击“存盘”命令按钮，则把文本框中的内容（首字母大写后）保存到考生文件夹下的文件 out5.txt 中。窗体文件中已给出了部分程序，请把它补充完整，使其实现上述功能。

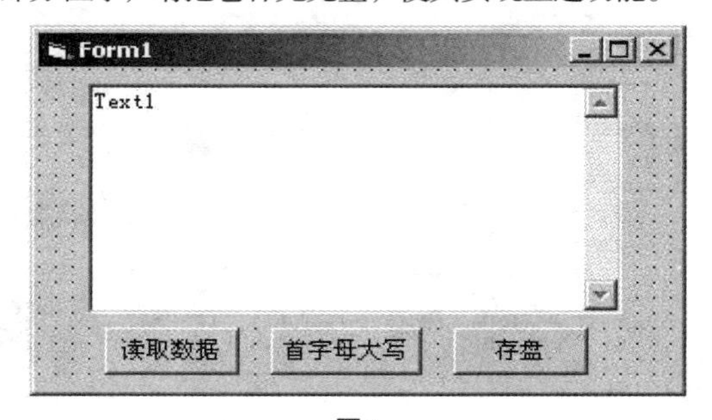

图 1

要求：

① 编写“读取数据”命令按钮的 Click 事件过程。

② 去掉“首字母大写”命令按钮和“存盘”命令按钮事件过程中的注释符，把程序中的“？”改为正确的内容，使其能正确运行。

③ 用原来的文件名保存工程文件和窗体文件。

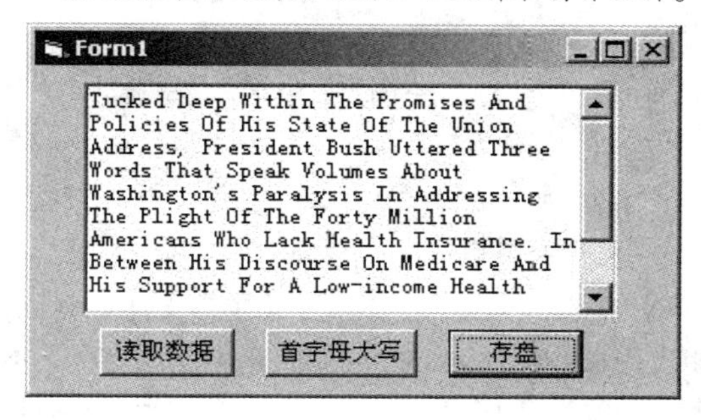

图 2

第56套　上机操作题

一、基本操作题

请根据以下各小题的要求设计 Visual Basic 应用程序（包括界面和代码）。

（1）在名称为 Form1，标题为“窗体”的窗体上画一个标签，其名称为 Label1，标题为“等级考试”，字体为“黑体”，BorderStyle 属性为 1，且可以自动调整大小，再画一个框架，名称为 Frame1，标题为“科目”，如图 1 所示。

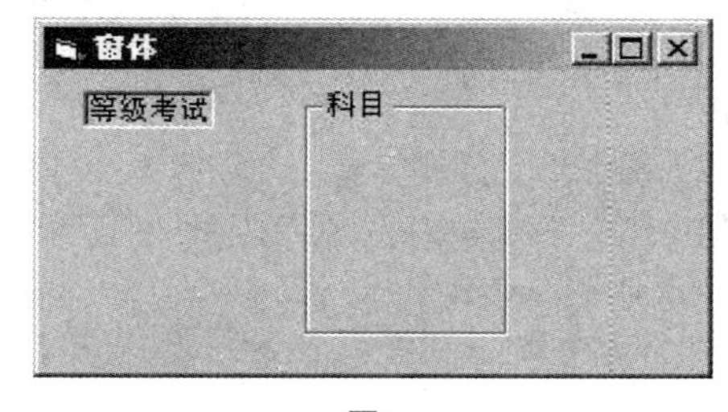

图1

注意：存盘时必须存放在考生文件夹下，工程文件名为 sjt1.vbp，窗体文件名为 sjt1.frm。

（2）在名称为 Form1 的窗体上画两个图像框，其名称分别为 Image1 和 Image2，Stretch 属性分别为 True 和 False，然后通过属性窗口在 Image1 中装入一个图形文件 pic.jpg（位于考生文件夹下），如图 2 所示，编写适当的事件过程。程序运行后，如果单击窗体，则可清除 Image1 中的图形，并把该图形复制到 Image2 中，如图 3 所示。

注意：要求程序中不得使用变量。存盘时必须存放在考生文件夹下，工程文件名为 sjt2.vbp，窗体文件名为 sjt2.frm。

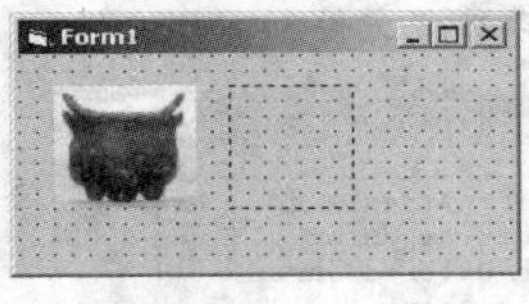

图 2

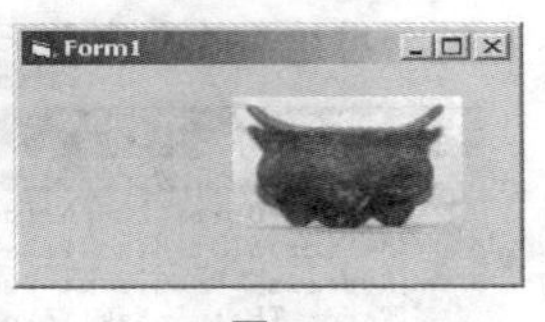

图 3

二、简单应用题

（1）在考生文件夹下有一个工程文件 sjt3.vbp，相应的窗体文件为 sjt3.frm。在窗体上有一个文本框，其名称为 Text1；另有一个命令按钮，其名称为 Command1，标题为“计算 / 输出”。程序运行后，如果单击命令按钮，则显示一个输入对话框，在该对话框中输入 n 的值，然后单击“确定”按钮，即可计算 1+(1+2)+(1+2+3)+...+(1+2+3+...+n) 的值，并把结果在文本框中显示出来，如图 1 所示。

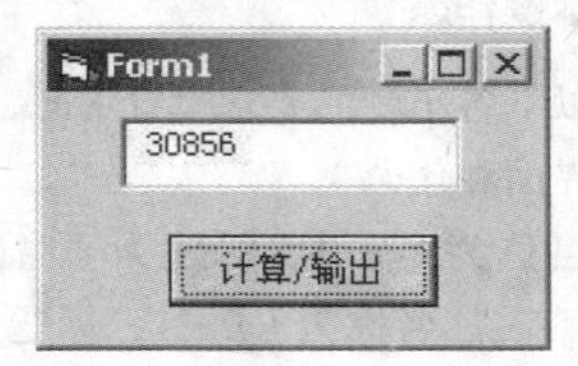

图1

注意：去掉程序中的注释符，把程序中的“？”改为正确的内容，使其实现上述功能，但不能修改程序中的其他部分。最后把修改后的文件按原文件名存盘。

（2）在考生文件夹下有一个工程文件 sjt4.vbp，相应的窗体文件为 sjt4.frm。在窗体上有两个文本框，其名称分别为 Text1 和 Text2，其中 Text1 中的内容为“计算机等级考试”；另有一个命令按钮，其名称为 Command1，标题为“反向显示”，如图 2 所示。

程序运行后，如果单击命令按钮，则在 Text2 中按相反方向显示 Text1 中的内容，如图 3 所示。该程序不完整，请把它补充完整。

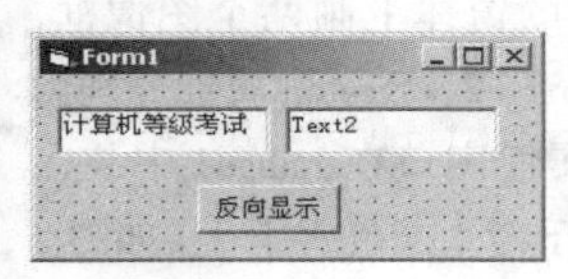

图 2

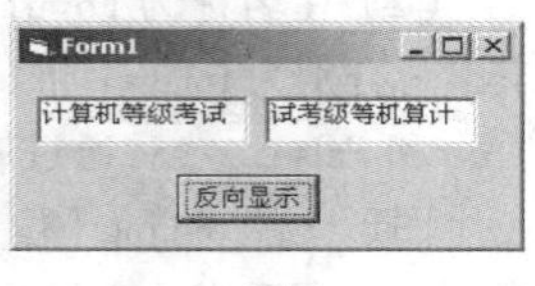

图 3

要求：去掉程序中的注释符，把程序中的“？”改为正确的内容，使其能正确运行，但不能修改程序中的其他部分。最后用原来的文件名保存工程文件和窗体文件。

三、综合应用题

在名称为 Form1 的窗体上画一个文本框，其名称为 Text1，可以多行显示，并有垂直滚动条；然后再画三个命令按钮，其名称分别为 Command1、Command2 和 Command3，标题分别为“取数”、“排序”和“存盘”，如图 1 所示，编写适当的事件过程。程序运行后，如果单击“取数”命令按钮，则将 in5.txt 文件中的 100 个整数读到数组中，并在文本框中显示出来，如图 2 所示；如果单击“排序”命令按钮，则对这 100 个整数按从大到小的顺序进行排序，并把排序后大于 500 的数在文本框中显示出来；如果单击“存盘”命令按钮，则把文本框中所有的数（即排序后大于 500 的）保存到考生文件夹下的文件 out5.txt 中。

注意：

① 必须把排序后大于 500 的所有整数保存到文件 out5.txt 中，否则没有成绩。

② 存盘时必须存放在考生文件夹下，工程文件名为 sjt5.vbp，窗体文件名为 sjt5.frm。

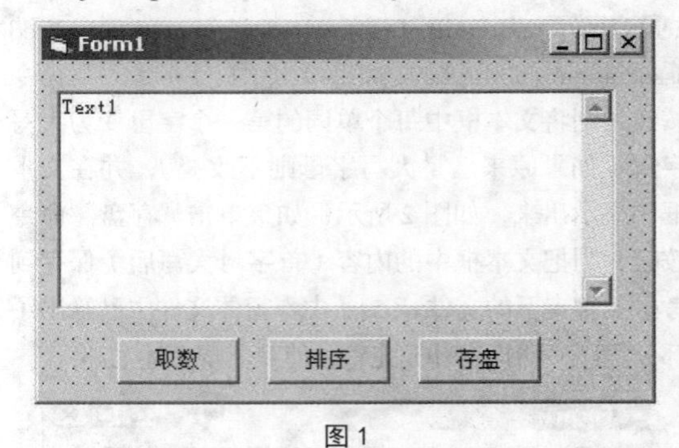

图 1

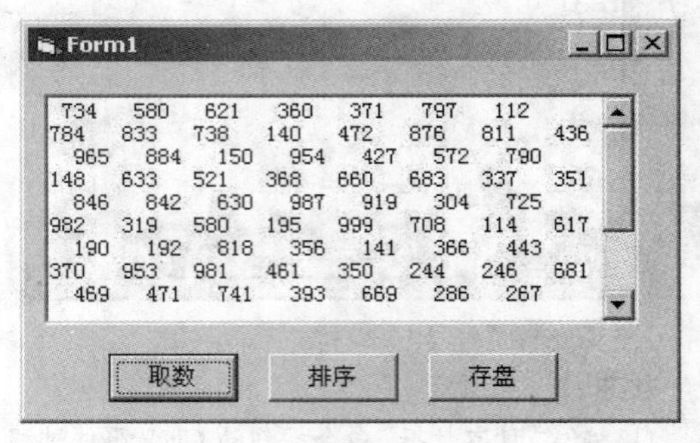

图 2

第57套 上机操作题

一、基本操作题

请根据以下各小题的要求设计 Visual Basic 应用程序（包括界面和代码）。

（1）在名称为 Form1 的窗体上画一个水平滚动条，其名称为 HScroll1，Min 属性为 0，Max 属性为 100，LargeChange 属性为 5，SmallChange 属性为 2，然后再画一个文本框，其名称为 Text1，初始内容为空白，编写适当的事件过程。程序运行后，在文本框中输入 0~100 之间的一个值，然后单击窗体，则滚动条的滚动框移到相应的位置，程序的运行情况如图 1 所示。

图1

要求：程序中不得使用任何变量。存盘时必须存放在考生文件夹下，工程文件名为 sjt1.vbp，窗体文件名为 sjt1.frm。

（2）在名称为 Form1 的窗体上画一个标签，其名称为 Label1，标题为"程序设计"，AutoSize 属性为 True；然后再画一个列表框，通过属性窗口输入 5 个项目，分别为 10、16、20、24、36，如图 2 所示，编写适当的事件过程。程序运行后，如果用鼠标选中列表框中的某个项目，则把标签中字体的大小设置为与该项目相同。程序的运行情况如图 3 所示。

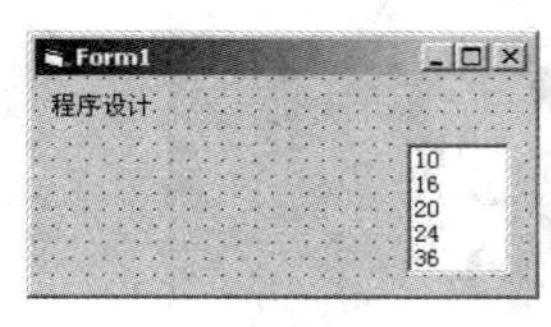

图 2

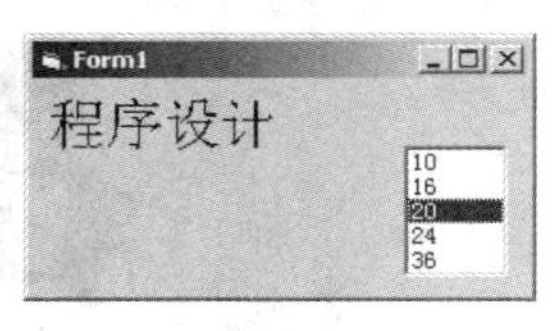

图 3

要求：程序中不得使用任何变量。存盘时必须存放在考生文件夹下，工程文件名为 sjt2.vbp，窗体文件名为 sjt2.frm。

二、简单应用题

（1）在考生文件夹下有一个工程文件 sjt3.vbp，相应的窗体文件为 sjt3.frm。在窗体上有一个命令按钮，其名称为 Command1，标题为"移动"；有一个文本框，名称为 Text1，可以多行显示；此外还有一个列表框，其名称为 List1。程序运行后，会在列表框中显示几行文字，如图 1 所示。

如果单击命令按钮，则把列表框中的文字移到文本框中，如图 2 所示。该程序不完整，请把它补充完整（程序中的 vbCrLf 表示回车换行符）。

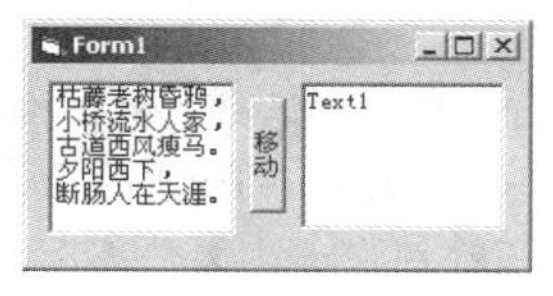

图 1

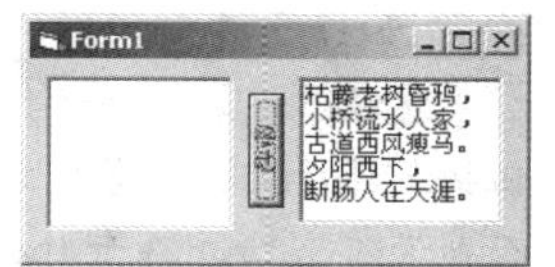

图 2

要求：去掉程序中的注释符，把程序中的"？"改为正确的内容，使其能正确运行，但不能修改程序中的其他部分。最后用原来的文件名保存工程文件和窗体文件。

（2）在考生文件夹下有一个工程文件 sjt4.vbp，相应的窗体文件为 sjt4.frm。在窗体上有一个标签（名称为 Label1）、一个计时器（名称为 Timer1）和二个命令按钮（名称分别为 Command1 和 Command2），如图 3 所示。

程序运行后，其初始界面如图 4 所示。此时如果单击"开始"命令按钮，则可使标签每隔 0.2 秒闪烁一次；如果单击"停止"命令按钮，则标签停止闪烁。该程序不完整，请把它补充完整。

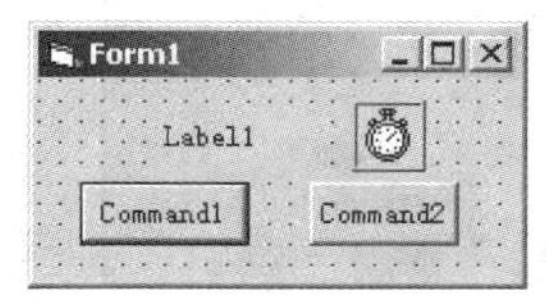

图 3

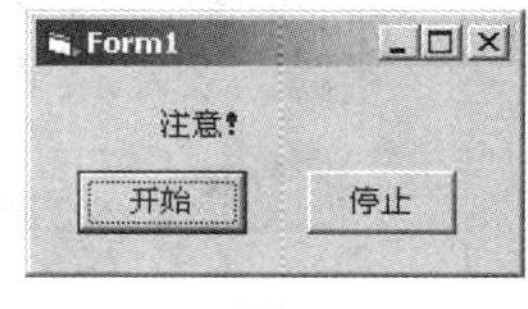

图 4

要求：去掉程序中的注释符，把程序中的"？"改为正确的内容，使其能正确运行，但不能修改程序中的其他部分。最后用原来的文件名保存工程文件和窗体文件。

三、综合应用题

在名称为 Form1 的窗体上画三个命令按钮（名称分别为 Command1、Command2 和 Command3，标题分别为"显示"、"统计"和"保存"），然后画一个文本框（名称为 Text1，MultiLine 属性设置为 True，ScrollBars 属性设置为 2），如图 1 所示。程序运行后，如果单击“显示”命令按钮，则读入in5.txt文件中的文本，并在文本框中显示出来，如图2所示；如果单击“统计”命令按钮，则统计文本框中ASCII码大于等于70，小于等于100的字符的个数，并把结果在文本框中显示出来，如图3所示（注意，图中所显示的统计次数是随便写的，不是实际的统计结果）；如果单击“保存”命令按钮，则把统计结果存入考生文件夹下的out5.txt文件中。

注意：*结束程序运行前必须用“保存”命令按钮把统计结果存入考生文件夹下的out5.txt文件中，否则没有成绩。存盘时必须存放在考生文件夹下，工程文件名为sjt5.vbp，窗体文件名为sjt5.frm。*

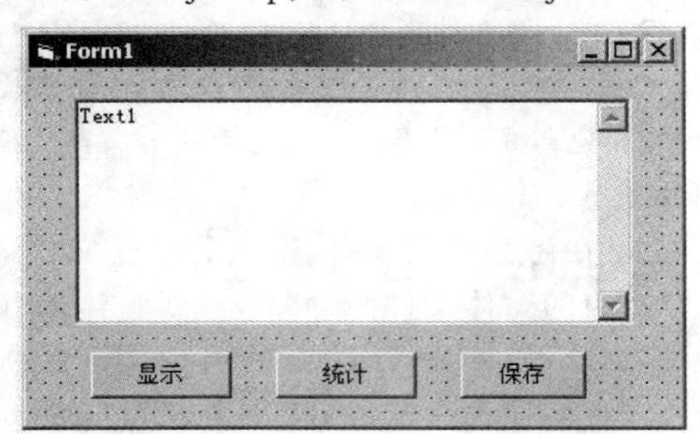

图 1

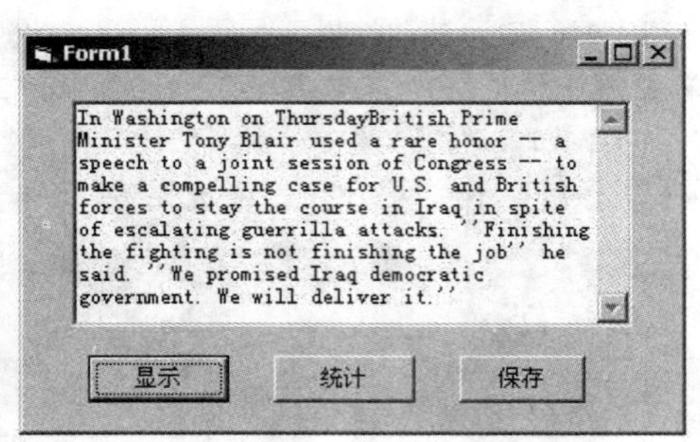

图 2

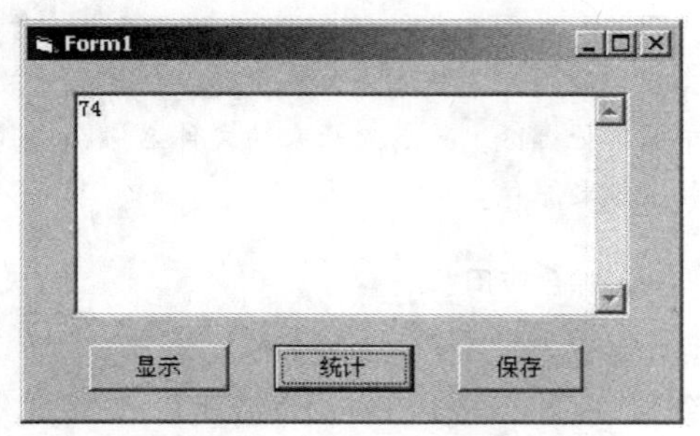

图 3

第58套 上机操作题

一、基本操作题

请根据以下各小题的要求设计Visual Basic应用程序（包括界面和代码）。

（1）在名称为Form1的窗体上画一个名称为Text1的文本框，其高、宽分别为400、2000。请在属性框中设置适当的属性满足以下要求：

①Text1的字体为“黑体”，字号为“四号”；

②窗体的标题为“输入”，不显示最大化按钮和最小化按钮，运行后的窗体如图所示。

注意：*存盘时必须存放在考生文件夹下，工程文件名为sjt1.vbp，窗体文件名为sjt1.frm。*

（2）在名称为Form1的窗体上画一个名称为Image1的图像框，利用属性窗口装入考生目录下的图像文件pic1.bmp，并设置适当属性使其中的图像可以适应图像框大小；再画两个命令按钮，名称分别为Command1、Command2，标题分别为“向右移动”、“向下移动”。请编写适当的事件过程，使得在运行时，每单击“向右移动”按钮一次，图像框向右移动100；每单击“向下移动”按钮一次，图像框向下移动100。运行时的窗体如图所示。

要求程序中不得使用变量，事件过程中只能写一条语句。

注意：*存盘时必须存放在考生文件夹下，工程文件名为sjt2.vbp，窗体文件名为sjt2.frm。*

二、简单应用题

（1）在考生目录下有一个工程文件 sjt3.vbp，窗体上有一个圆和一条直线（直线的名称为 Line1）构成一个钟表的图案；有两个命令按钮，名称分别为 Command1、Command2，标题分别为“开始”、“停止”；还有一个名为 Timer1 的计时器。程序运行时，钟表指针不动，单击“开始”按钮，则钟表上的指针（即 Line1）开始顺时针旋转（每秒转 6°，一分钟转一圈）；单击“停止”按钮，则指针停止旋转。运行时的窗体如图所示。

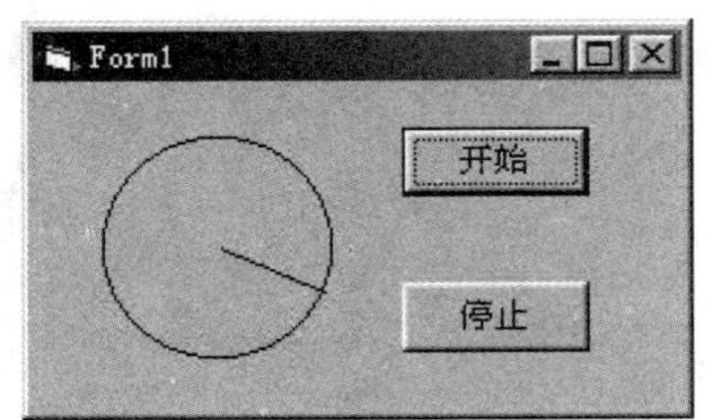

请设置计时器的适当属性，使得每秒激活计时器的 Timer 事件一次；并编写两个按钮的 Click 事件过程。

注意：文件中已经给出了所有控件和部分程序，不得修改已有程序和其他控件的属性；编写的事件过程中不得使用变量，且只能写一条语句。最后把修改后的文件按原文件名存盘。

（2）在考生文件夹下有一个工程文件 sjt4.vbp，窗体上有两个文本框、三个单选按钮和一个命令按钮。运行时，在 Text1 中输入若干个大写和小写字母，并选中一个单选按钮，再单击“转换”按钮，则按选中的单选按钮的标题进行转换，结果放入 Text2（如图所示）。在给出的窗体文件中已经给出了全部控件，但程序不完整。

要求：去掉程序中的注释符，把程序中的“？”改为正确的内容。

注意：不能修改程序中的其他部分。最后把修改后的文件按原文件名存盘。

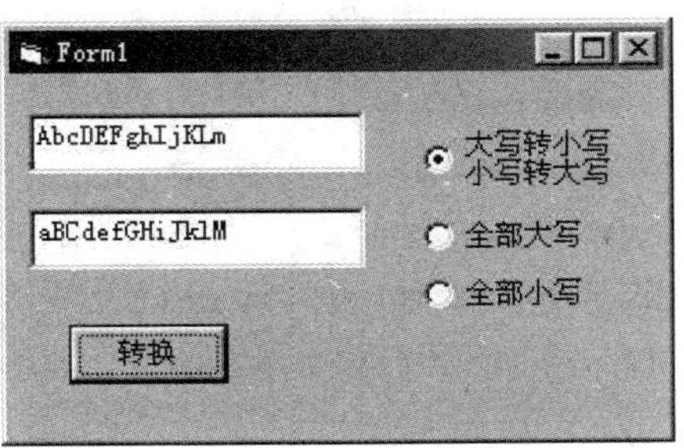

三、综合应用题

在考生目录下有一个工程文件 sjt5.vbp。窗体中已经给出了所有控件（如图所示）。请编写适当的事件过程完成以下功能：单击“读数”按钮，则把考生目录下的 in5.txt 文件中的一个整数放入 Text1；单击“计算”按钮，则计算出大于该数的第 1 个素数，并显示在 Text2 中；单击“存盘”按钮，则把找到的素数存到考生目录下的 out5.txt 文件中。

注意：在结束程序运行之前，必须单击“存盘”按钮，把结果存入 out5.txt 文件，否则无成绩。最后把修改后的文件按原文件名存盘。

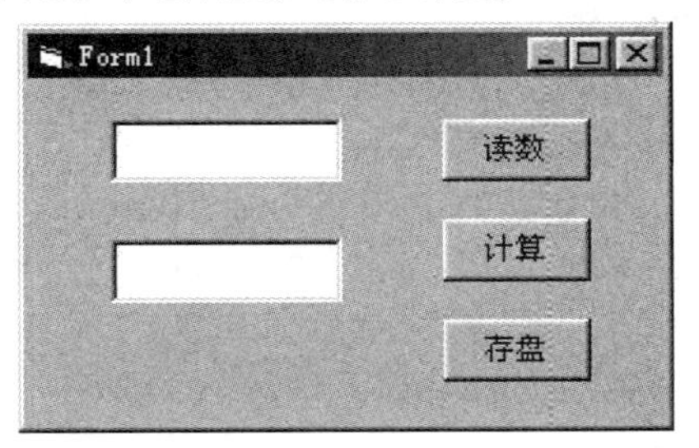

第59套　上机操作题

一、基本操作题

请根据以下各小题的要求设计 Visual Basic 应用程序（包括界面和代码）。

（1）在名称为 Form1 的窗体上用名称为 Shape1 的控件画一个圆，其直径为 1 500（即宽、高均为 1 500），并设置适当属性，使窗口标题为“圆”，窗体标题栏上不显示最大化和最小化按钮（如图所示）。

注意：存盘时必须存放在考生文件夹下，工程文件名为 sjt1.vbp，窗体文件名为 sjt1.frm。

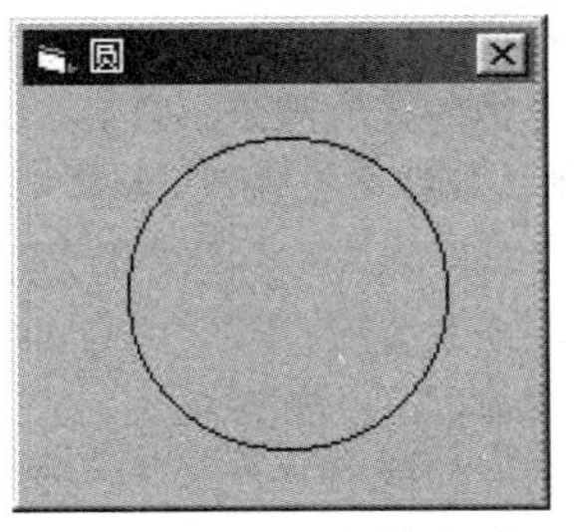

（2）在名称为 Form1 的窗体中建立一个弹出式菜单（程序运行时不显示），名称为 file，含两个菜

单项，其名称分别为 open、save，标题分别为“打开”、“存盘”。编写适当的事件过程。程序运行后，如果用鼠标右键单击窗体，则弹出此菜单（如图所示）。

注意：程序中不能使用变量。保存时必须存放在考生文件夹下，工程文件名为 sjt2.vbp，窗体文件名为 sjt2.frm。

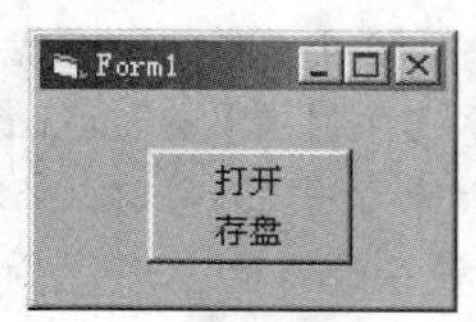

二、简单应用题

（1）在考生目录下有一个工程文件 sjt3.vbp，窗体上有一个组合框 Combo1，其中已经预设了内容；还有一个文本框 Text1 和三个命令按钮，名称分别为 Command1、Command2、Command3，标题分别为“修改”、“确定”、“添加”。程序运行时，“确定”按钮不可用，如图所示。

程序的功能是：在运行时，如果选中组合框中的一个列表项，单击“修改”按钮，则把该项复制到 Text1 中（可在 Text1 中修改），并使“确定”按钮可用；若单击“确定”按钮，则把修改后的 Text1 中的内容替换组合框中该列表项的原有内容，同时使“确定”按钮不可用；若单击“添加”按钮，则把在 Text1 中的内容添加到组合框中。所提供的窗体文件已经给出了所有控件和程序，但程序不完整，请去掉程序中的注释符，把程序中的“？”改为正确的内容。但不能修改程序中的其他部分，也不能修改控件的属性。最后把修改后的文件按原文件名存盘。

（2）在考生目录下有一个工程文件 sjt4.vbp，窗体中的两个滚动条分别表示红灯亮和绿灯亮的时间（秒），移动滚动框可以调节时间，调节范围为 1~10 秒。刚运行时，红灯亮。单击“开始”按钮则开始切换：红灯到时后自动变为黄灯，1 秒后变为绿灯；绿灯到时后自动变为黄灯，1 秒后变为红灯，如此切换（如图所示）。所提供的窗体文件已经给出了所有控件和程序，但程序不完整，请去掉程序中的注释符，把程序中的“？”改为正确的内容。

提示：在三个图片框 picture1、picture2、picture3 中分别放置了红灯亮、绿灯亮、黄灯亮的图标，并重叠在一起，当要使某个灯亮时，就使相应的图片框可见，而其他图片框不可见，并保持规定的时间，时间到就切换为另一个图片框可见，其他图片框不可见。

注意：考生不得修改工程中已经存在的内容和控件属性，最后把修改后的文件按原文件名存盘。

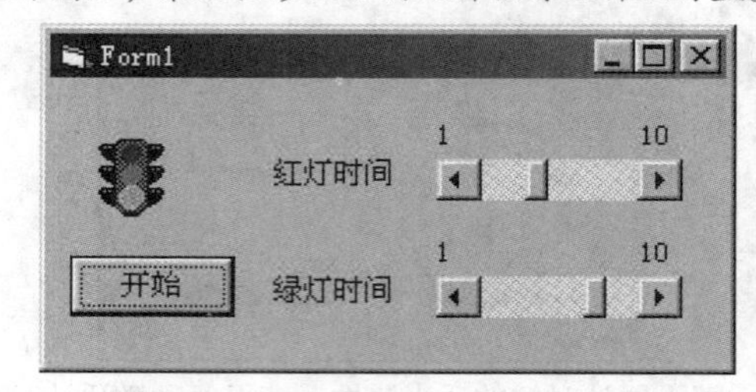

三、综合应用题

在考生文件夹下有一个工程文件 sjt5.vbp，相应的窗体文件是 sjt5.frm（如图所示）。该程序的功能是：单击“读数”按钮，读入考生文件夹下 in5.txt 文件中的一个整数，并放入 Text1 中；单击“计算”按钮，则计算小于该数的最大素数，并显示在 Text2 中；单击“存盘”按钮，则把该素数保存到考生文件夹下的 out5.txt 文件中。

要求：

① 程序已给出“存盘”按钮的事件过程代码。“读数”按钮的事件过程和判断 x 是否是素数的函数 prime（x）不完整，请去掉注释，并在“？”处填上正确的内容，使程序完整。

② 编写“计算”按钮的事件过程。计算小于 Text1 中数据的最大素数。

③ 请不要改动窗体上所有控件属性设置及相应的过程代码。最后将改动后的程序用原文件名保存。

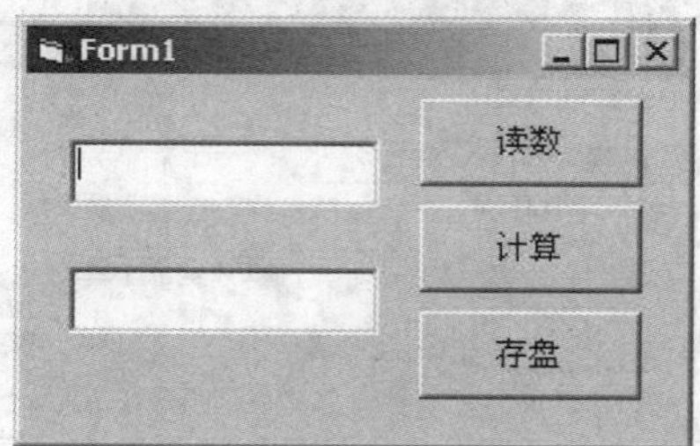

第60套 上机操作题

一、基本操作题

请根据以下各小题的要求设计 Visual Basic 应用程序（包括界面和代码）。

（1）在名称为 Form1 的窗体上画一个名称为 Frame1，标题为“目的地”的框架，在框架中添加三个复选框，名称分别为 Check1、Check2、Check3，其标题分别是“上海”、“广州”、“巴黎”，其中“上海”为选中状态，“广州”为未选状态，“巴黎”为灰色状态，如图所示。

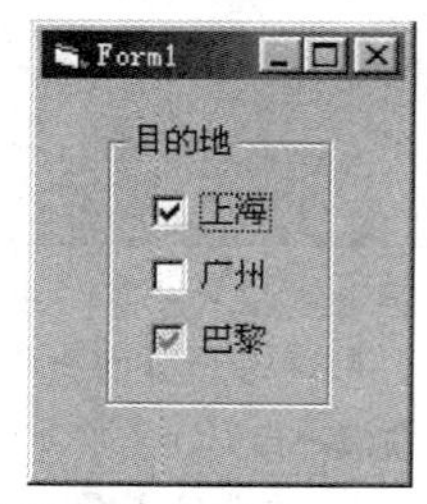

请画控件并设置相应属性。

注意： 存盘时必须存放在考生文件夹下，工程文件名为 sjt1.vbp，窗体文件名为 sjt1.frm。

（2）在名称为 Form1 的窗体上画一个名称为 Picture1 的图片框，其宽和高分别为 1700、1900。请编写适当事件过程，使得在运行时，单击图片框，则装入考生目录下的图形文件 pic1.bmp，如图所示。

单击窗体则图片框中的图形消失。要求程序中不得使用变量，每个事件过程中只能写一条语句。

注意： 存盘时必须存放在考生文件夹下，工程文件名为 sjt2.vbp，窗体文件名为 sjt2.frm。

二、简单应用题

（1）在考生目录下有一个工程文件 sjt3.vbp，窗体文件中已给出所有控件和部分程序，如图所示。

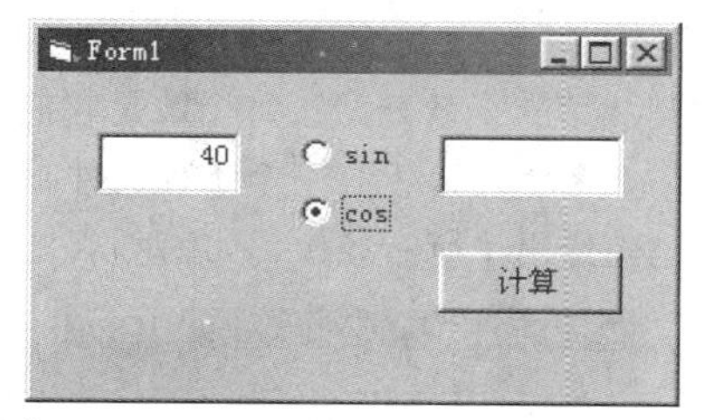

要求：

① 利用属性窗口设置适当的属性，使 Text1、Text2 中数据右对齐；

② 请编写适当的程序完成以下功能：在 Text1 中输入 40（度数），选择一个单选按钮，单击“计算”按钮，则根据所选择的单选按钮，计算出相应的正弦、余弦值（保留 3 位小数，第 4 位截去，π 取 3.14159），并显示在 Text2 中。

注意： 考生不得修改窗体文件中已经存在的程序，在结束程序运行之前，必须进行一种计算，在 Text1 中输入的必须是 40，必须用窗体右上角的关闭按钮结束程序，否则无成绩。最后，程序按原文件名存盘。

（2）在考生文件夹下有一个工程文件 sjt4.vbp，窗体上已经给出所有控件。程序运行时，单击“开始”按钮，则汽车图标向右运动；单击“停止”按钮则汽车停止运动；移动滚动条上的滚动框，可以改变汽车的运动速度（滚动框向右移动，速度减慢）。如图所示。

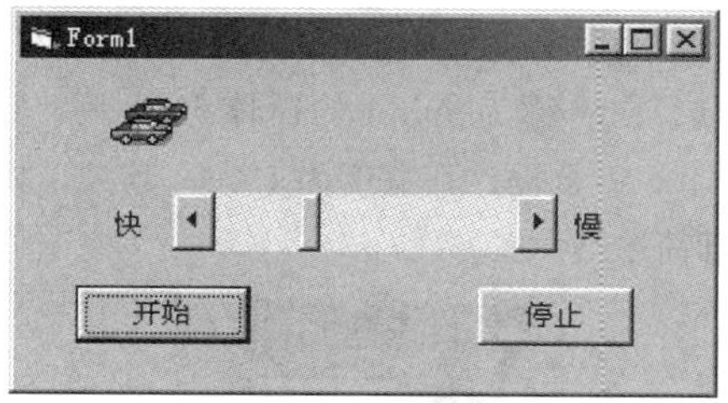

要求： 去掉程序中的注释符，把程序中的“？”改为正确的内容。

提示： 窗体上有一个计时器，计时器的事件过程每执行一次，汽车向右移动 10，程序通过改变计时器控件的 Interval 属性来改变汽车的运动速度。

注意：不得修改控件的属性。最后，按原文件名存盘。

三、综合应用题

以下数列：1，1，2，3，5，8，13，21，…，的规律是从第 3 个数开始，每个数是它前面两个数之和。在考生目录下有一个工程文件 sjt5.vbp。窗体中已经给出了所有控件，如图所示。

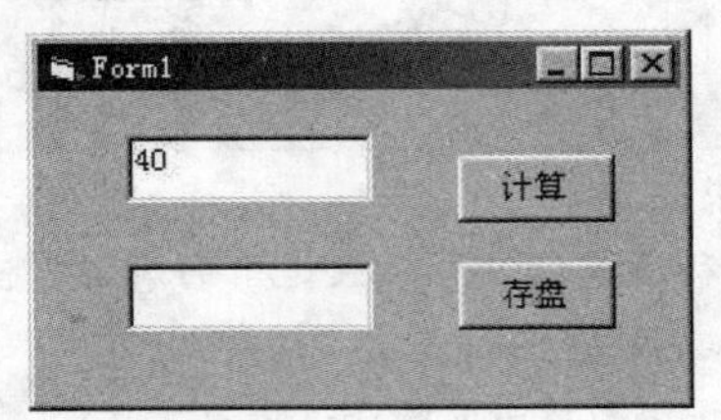

请编写适当的事件过程实现以下功能：在 Text1 中输入整数 40，单击“计算”按钮，则在 Text2 中显示该数列第 40 项的值；如果单击“存盘”按钮，则将计算的第 40 项的值存到考生目录下的 out5.txt 文件中。（提示：因数据较大，应使用 Long 型变量）

注意：在结束程序运行之前必须单击“存盘”按钮，把结果存入 out5.txt 文件，否则无成绩。最后把修改后的文件按原文件名存盘。

第61套 上机操作题

一、基本操作题

请根据以下各小题的要求设计 Visual Basic 应用程序（包括界面和代码）。

（1）在名称为 Form1 的窗体上画一个名称为 Combo1 的组合框，其宽度为 1200，其类型如图所示（即简单组合框）。

要求：

① 请按图中所示，通过属性窗口输入“北京”、“上海”、“广州”、“深圳”。

② 设置适当的属性，使得运行时，窗体的最大化按钮和最小化按钮消失。

注意：存盘时必须存放在考生文件夹下，工程文件名为 sjt1.vbp，窗体文件名为 sjt1.frm。

（2）在名称为 Form1 的窗体上画两个文本框，名称分别为 Text1、Text2，再画两个命令按钮，名称分别为 Command1、Command2，标题分别为“左”、“右”，见下图。

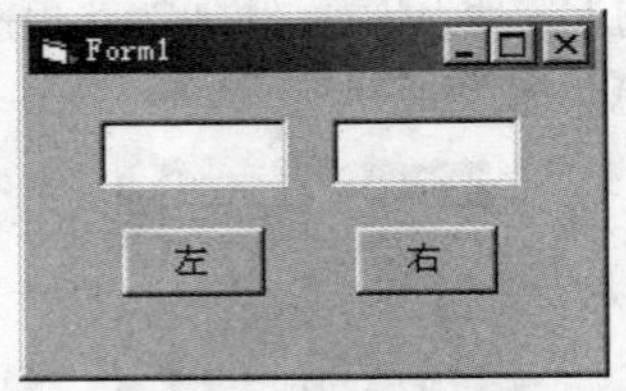

要求：编写适当的事件过程，使得程序运行时，单击“左”按钮，则焦点位于 Text1 上；单击“右”按钮，则焦点位于 Text2 上。

注意：程序中不得使用变量，事件过程中只能写一条语句。存盘时必须存放在考生文件夹下，工程文件名为 sjt2.vbp，窗体文件名为 sjt2.frm。

二、简单应用题

（1）在考生目录下有一个工程文件 sjt3.vbp，窗体上有一个命令按钮 Command1 标题为“下一个”）。

要求：在窗体上建立一个单选按钮数组 Option1，含 4 个单选按钮，标题分别为“选项 1”、“选项 2”、“选项 3”、“选项 4”，初始状态下，“选择 1”为选中状态。如图所示。

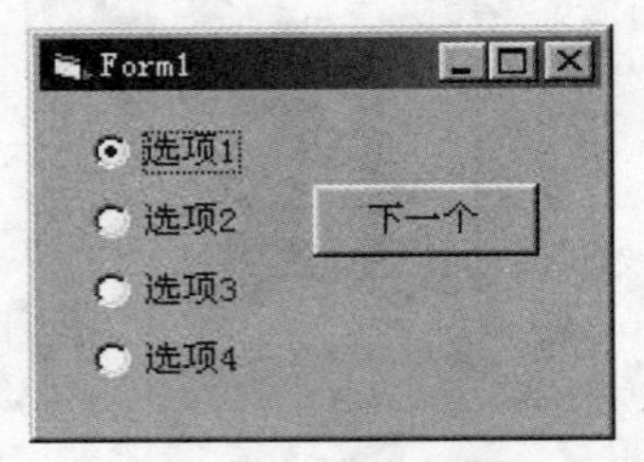

窗体文件中已经给出了命令按钮的 Click 事件过程，但不完整，请去掉程序中的注释符，把程序中的“？”改为正确的内容，使得每单击命令按钮一次，就选中下一个单选按钮，如果已经选中最后一个单选按钮，再单击命令按钮，则选中第 1 个单选按钮。

注意：不能修改程序中的其他部分。最后把修改后的文件按原文件名存盘。

（2）在考生文件夹下有一个工程文件 sjt4.vbp，窗体上已经画出所有控件。如图所示。

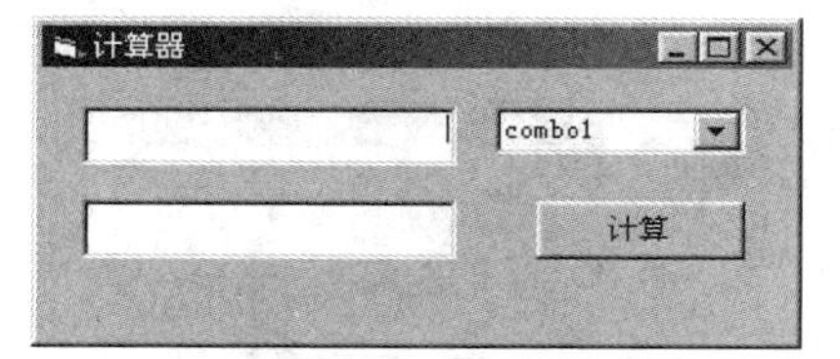

在 Text1 文本框中输入一个任意的字符串（要求串的长度≥ 10），然后选择组合框中的 3 个截取运算选项之一。单击“计算”按钮，将截取运算后的结果显示在 Text2 中。窗体文件中已经给出了程序，但不完整，请去掉程序中的注释符，把程序中的“？”改为正确的内容。

注意：不得修改已经给出的程序。最后把修改后的文件按原文件名存盘。

三、综合应用题

以下数列：1，1，3，5，9，15，25，41，…，的规律是从第 3 个数开始，每个数是它前面两个数的和加 1。在考生目录下有一个工程文件 sjt5.vbp。窗体中已经给出了所有控件，如图所示。

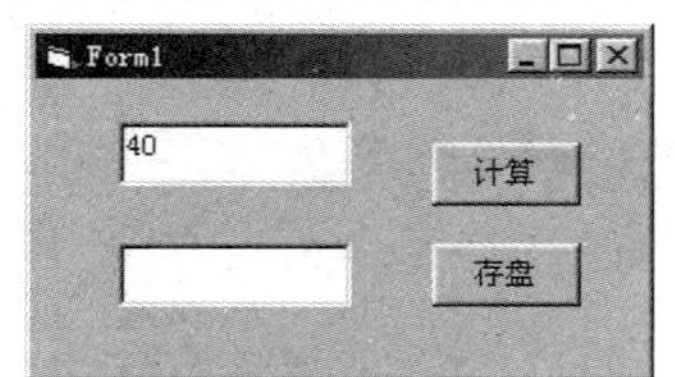

请编写适当的事件过程实现以下功能：在 Text1 中输入整数 40，单击“计算”按钮，则在 Text2 中显示该数列第 40 项的值。如果单击“存盘”按钮，则将计算的第 40 项的值存到考生目录下的 out5.txt 文件中。（提示：因数据较大，应使用 Long 型变量）

注意：在结束程序运行之前，必须单击“存盘”按钮，把结果存入 out5.txt 文件，否则无成绩。最后把修改后的文件按原文件名存盘。

第62套　上机操作题

一、基本操作题

请根据以下各小题的要求设计 Visual Basic 应用程序（包括界面和代码）。

（1）在名称为 Form1 的窗体上画一个名称 check1 的复选框数组（Index 属性从 0 开始），含三个复选框，其标题分别为“语文”、“数学”、“体育”，利用属性窗口设置适当的属性，使“语文”未选，“数学”被选中，“体育”为灰色，再把窗体的标题设置为“选课”，如图所示。

注意：存盘时必须存放在考生文件夹下，工程文件名为 sjt1.vbp，窗体文件名为 sjt1.frm。

（2）在名称为 Form1 的窗体上画两个文本框，名称分别为 Text1、Text2，再画两个命令按钮，名称分别为 Command1、Command2，标题分别为“复制”、“删除”。程序运行时，在 Text1 中输入一串字符，并用鼠标拖曳的方法选择几个字符，然后单击“复制”按钮，则被选中的字符被复制到 Text2 中（如图所示）。若单击“删除”按钮，则被选择的字符从 Text1 中被删除。请编写两个命令按钮的 Click 过程完成上述功能。

注意：要求程序中不得使用变量，事件过程中只能写一条语句。存盘时必须存放在考生文件夹下，工程文件名为 sjt2.vbp，窗体文件名为 sjt2.frm。

二、简单应用题

（1）在考生目录下有一个工程文件 sjt3.vbp，包含了所有控件和部分程序，如图所示。

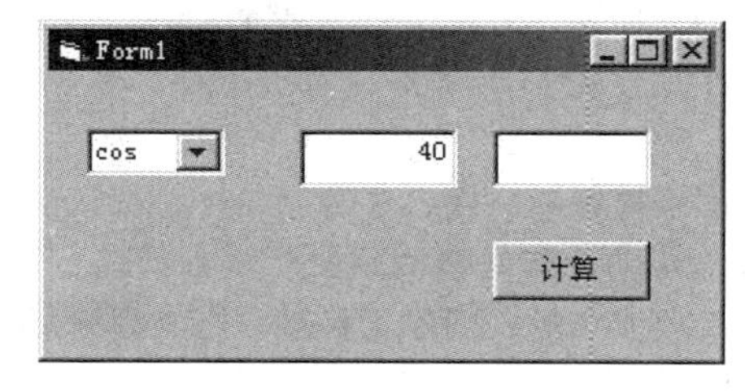

要求：

① 利用属性窗口设置适当的属性，使 Text1、Text2 中数据右对齐；

② 请编写适当的程序完成以下功能：在 Text1 中输入 40（度数），选择组合框中的一个项目，单击“计算”按钮，则根据所选择的项目，计算出相应的正弦、余弦值（保留 3 位小数，第 4 位截去，π 取 3.14159），并显示在 Text2 中。

注意：考生不得修改窗体文件中已经存在的程序，在结束程序运行之前，必须进行一种计算；在 Text1 中输入的必须是 40；必须用窗体右上角的关闭按钮结束程序，否则无成绩。最后，按原文件名存盘。

（2）在考生文件夹下有一个工程文件 sjt4.vbp，窗体上已经画出所有控件。程序的作用是构成一个简单的时钟。刚运行时，不计时，选择一个单选按钮后，再单击“计时”按钮，则开始计时，并根据所选的单选按钮决定是每秒显示一次秒数，还是每 10 秒显示一次秒数。Text2 用于显示秒，如图所示。窗体文件中已经给出了程序，但不完整，请去掉程序中的注释符，把程序中的“？”改为正确的内容。

注意：不得修改已经给出的程序。最后把修改后的文件按原文件名存盘。

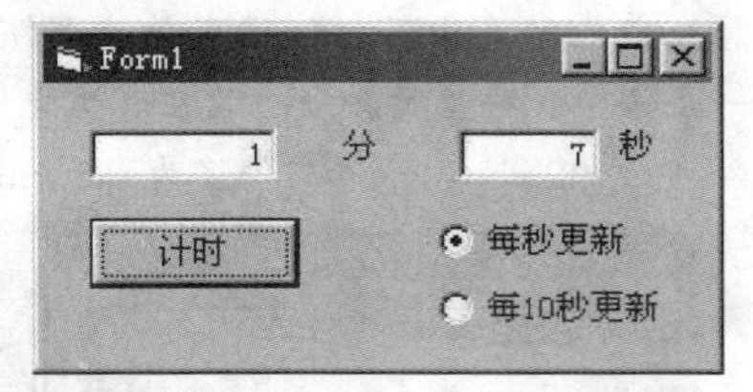

三、综合应用题

在考生文件夹下有一个工程文件 sjt5.vbp，窗体上有两个图片框，名称为 P1、P2，分别用来表示信号灯和汽车，其中在 P1 中轮流装入“黄灯 .ico”、“红灯 .ico”、“绿灯 .ico”文件来实现信号灯的切换；还有两个计时器 Timer1 和 Timer2，Timer1 用于变换信号灯，黄灯 1 秒，红灯 2 秒，绿灯 3 秒；Timer2 用于控制汽车向左移动。运行时，信号灯不断变换，单击“开车”按钮后。汽车开始移动，如果移动到信号灯前或信号灯下，遇到红灯或黄灯，则停止移动，当变为绿灯后再继续移动。窗体中已经给出了全部控件和程序，但程序不完整，要求阅读程序并去掉程序中的注释符，把程序中的“？”改为正确的内容，使其实现上述功能，但不能修改程序中的其他部分，也不能修改控件的属性。最后把修改后的文件以原文件名存盘。

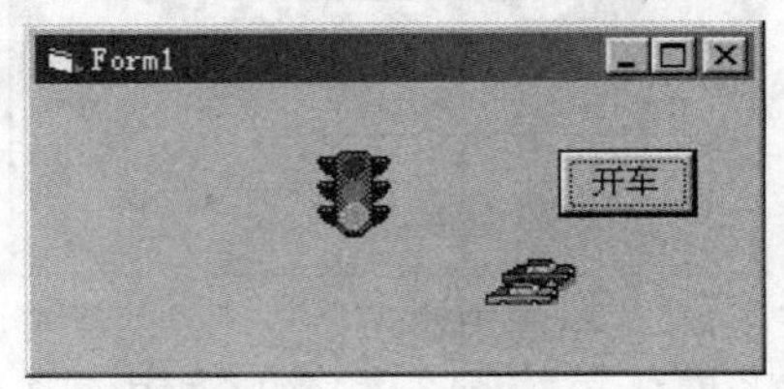

第63套 上机操作题

一、基本操作题

请根据以下各小题的要求设计 Visual Basic 应用程序（包括界面和代码）。

（1）在名称为 Form1 的窗体上画两个命令按钮，其名称分别为 C1 和 C2，标题分别为“命令按钮 1”和“命令按钮 2”，通过属性窗口设计适当的属性，使得程序运行后，“命令按钮 2”隐藏。编写适当的事件过程，使得单击“命令按钮 1”，则“命令按钮 2”出现，“命令按钮 1”隐藏；而如果单击“命令图所示。

注意：程序中不得使用变量。存盘时必须存放在考生文件夹下，工程文件名为 sjt1.vbp，窗体文件名为 sjt1.frm。

（2）在名称为 Form1 的窗体上画一个列表框，其名称为 L1；一个水平滚动条，其名称为 HS1，SmallChange 属性为 2，LargeChange 属性为 10，Min 属性为 0，Max 属性为 100，编写适当的事件过程。程序运行后，如果把滚动框移到某个位置，然后单击窗体，则在列表框中添加一个项目，其内容是“xx”，其中 xx 是滚动框所在的位置，如图所示。

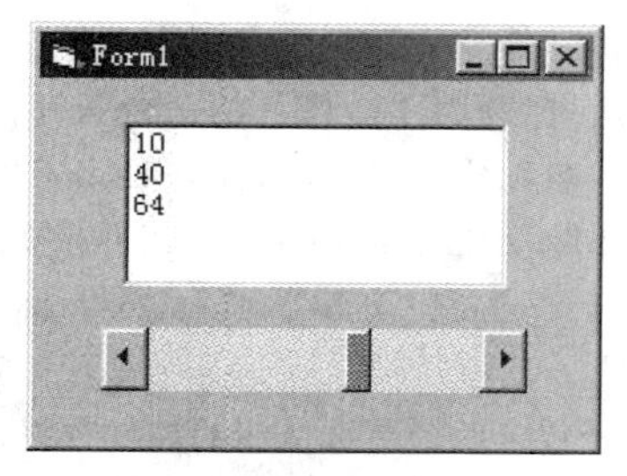

注意：程序中不要使用变量；存盘时必须存放在考生文件夹下，工程文件名为 sjt2.vbp，窗体文件名为 sjt2.frm。

二、简单应用题

（1）在考生文件夹下有一个工程文件 sjt3.vbp，相应的窗体文件为 sjt3.frm，在窗体上有一个命令按钮和一个文本框。程序运行后，单击命令按钮，即可计算出数组 arr 中每个元素与其下标相除所得的和，并在文本框中显示出来。在窗体的代码窗口中，已给出了部分程序，其中计算数组 arr 中每个元素与其下标相除所得的和的操作在通用过程 Fun 中实现，请编写该过程的代码。

要求：请勿改动程序中的其他部分，只在 Function Fun() 和 End Function 之间填入你编写的若干语句并运行程序。最后把修改后的文件按原文件名存盘。

说明：数组 arr 中共有 40 个元素，所谓"数组 arr 中每个元素与其下标相除所得的和"，指的是 arr(1)/1 + arr(2)/2 + arr(3)/3 + ... + arr(40)/40。

（2）在考生文件夹下有一个工程文件 sjt4.vbp，相应的窗体文件为 sjt4.frm。在窗体上有两个命令按钮，其名称分别为 Command1、Command2，一个标签控件，其名称为 Label1，一个计时器控件，其名称为 Timer1，如图 1 所示。

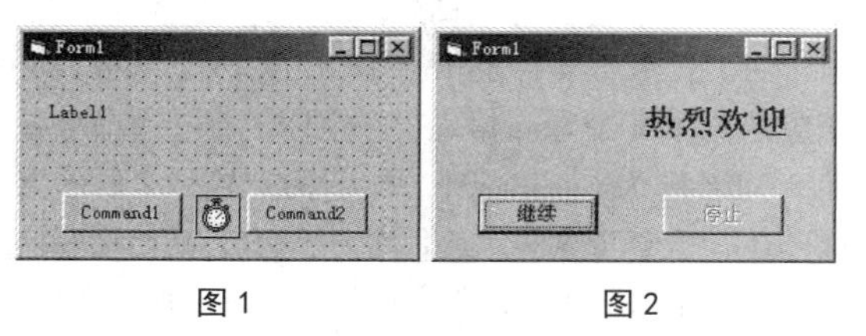

图 1　　图 2

程序运行后，在命令按钮 Command1 中显示"开始"，在命令按钮 Command2 中显示"停止"，在标签中用字体大小为 16 的粗体显示"热烈欢迎"（标签的 AutoSize 属性为 True），同时把计时器的 Interval 属性设置为 50，Enabled 属性设置为 True。此时如果单击"开始"命令按钮，则该按钮变为禁用，标题变为"继续"，同时标签自左至右移动，每个时间间隔移动 20，如图 2 所示，移动出窗体右边界后，自动从左边界开始向右移动；如果单击"停止"命令按钮，则该按钮变为禁用，"继续"命令按钮变为有效，同时标签停止移动；再次单击"继续"命令按钮后，标签继续移动。这个程序不完整，请把它补充完整，并能正确运行。

要求：去掉程序中的注释符，把程序中的"？"改为正确的内容，使其实现上述功能，但不能修改程序中的其他部分。最后把修改后的文件按原文件名存盘。

三、综合应用题

在考生目录下有一个工程文件 sjt5.vbp。窗体中已经给出了所有控件。其功能是：单击"显示"命令按钮，则把考生目录下的 in5.txt 文件中的所有字符放入 Text1（可多行显示），如图所示；如果单击"统计"命令按钮，则统计文本框中字母 A、B、C、D 各自出现的次数，并依次放到窗体变量 an，bn，cn，dn 之中（放在其他变量中将无成绩）；如果单击"保存"命令按钮，则把统计结果存入考生文件夹下的 out5.txt 文件中。文件中已给出了"显示"和"保存"按钮的 Click 事件过程。请编写"统计"按钮的 Click 事件过程。

要求：统计每个字母出现的次数时，不区分大小写。

注意：不能修改已经给出的程序部分；在结束程序运行之前，必须单击"保存"按钮，把结果存入 out5.txt 文件，否则无成绩。最后把修改后的文件按原文件名存盘。

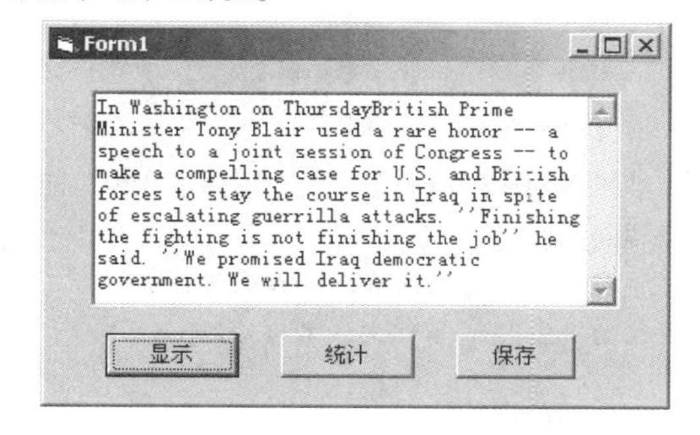

第64套 上机操作题

一、基本操作题

请根据以下各小题的要求设计 Visual Basic 应用程序（包括界面和代码）。

（1）在名称为 Form1 的窗体上画一个标签，其名称为 Label1，标题为“等级考试”，BorderStyle 属性为 1，可以根据标题自动调整大小；然后再画一个命令按钮，其名称和标题均为 Command1，编写适当的事件过程。程序运行后，其界面如图 1 所示，此时如果单击命令按钮，则标签消失，同时用标签的标题作为命令按钮的标题，如图 2 所示。

图 1

图 2

注意：存盘时必须存放在考生文件夹下，工程文件名为 sjt1.vbp，窗体文件名为 sjt1.frm。

（2）在名称为 Form1 的窗体上画一个文本框，其名称为 Text1，初始内容为空白；然后再画三个单选按钮，其名称分别为 Op1、Op2 和 Op3，标题分别为“北京”、“西安”和“杭州”，编写适当的事件过程。程序运行后，如果选择单选按钮 Op1，则在文本框中显示“颐和园”；如果选择单选按钮 Op2，则在文本框中显示“兵马俑”；如果选择单选按钮 Op3，则在文本框中显示“西湖”。程序的运行情况如图 3 所示。

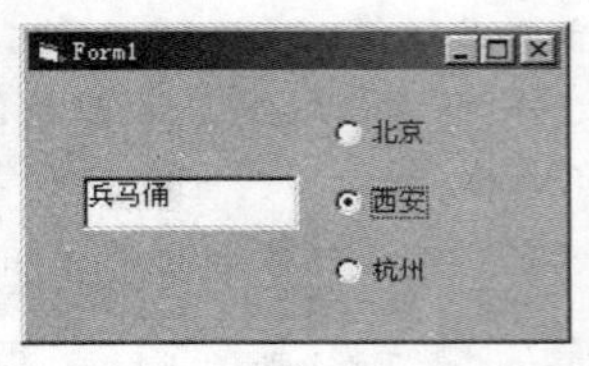

图3

要求程序中不得使用变量，事件过程中只能写一条语句。

注意：存盘时必须存放在考生文件夹下，工程文件名为 sjt2.vbp，窗体文件名为 sjt2.frm。

二、简单应用题

（1）在考生文件夹下有一个工程文件 sjt3.vbp，相应的窗体文件为 sjt3.frm。在窗体上有一个名称为 Command1、标题为“计算”的命令按钮；两个水平滚动条，名称分别为 Hscroll1 和 Hscroll2，其 Max 属性均为 100，Min 属性均为 1；四个标签，名称分别为 Label1、Label2、Label3 和 Label4，标题分别为“运算数 1”、“运算数 2”、“运算结果”和空白；此外还有一个包含四个单选按钮的控件数组，名称为 Option1，标题分别为“+”、“-”、“*”和“/”，如图 1 所示。程序运行后，移动两个滚动条中的滚动框，用滚动条的当前值作为运算数，如果选中一个单选钮，然后单击命令按钮，相应的计算结果将显示在 Label4 中，程序运行情况如图 2 所示。这个程序不完整，请把它补充完整，并能正确运行。

要求：去掉程序中的注释符，把程序中的“？”改为正确的内容，使其能正确运行，但不能修改程序中的其他部分，也不能修改控件的属性。最后用原来的文件名保存工程文件和窗体文件。

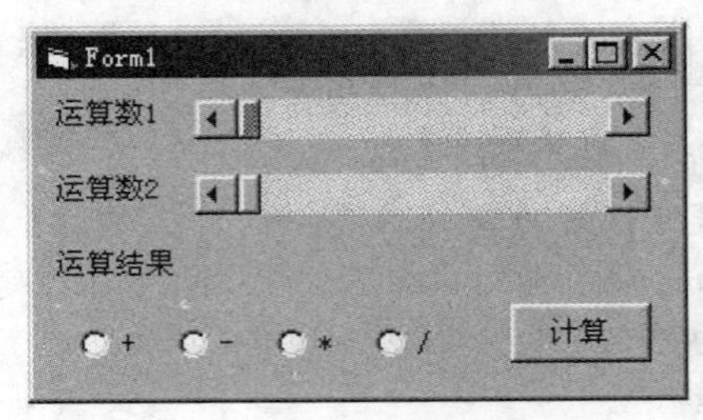

图 1

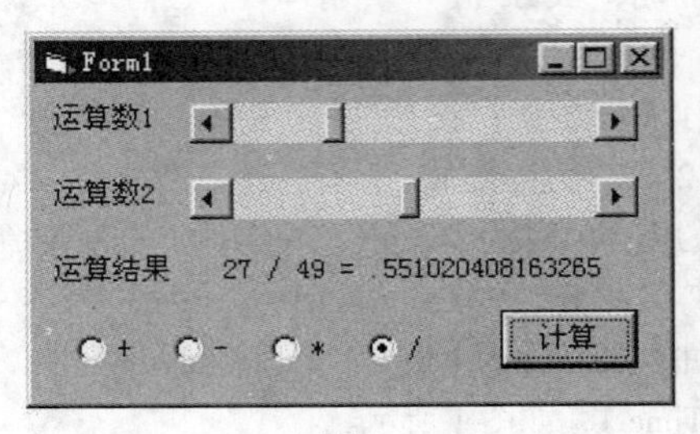

图 2

（2）在考生文件夹下有一个工程文件 sjt4.vbp，相应的窗体文件为 sjt4.frm。在窗体上有一个命令按钮，其名称为 Command1，标题为“输入 / 显示”；此外还有一个文本框，其名称为 Text1，初始内容为空白。程序的功能是，程序运行后，单击命令按钮，显示输入对话框，在对话框中输入某个月份的数值（1 ~ 12），然后单击“确定”按钮，即可在文本框中输出该月份所在的季节。例如输入 5，将输出“5 月份是夏季”，如图 3 所示。

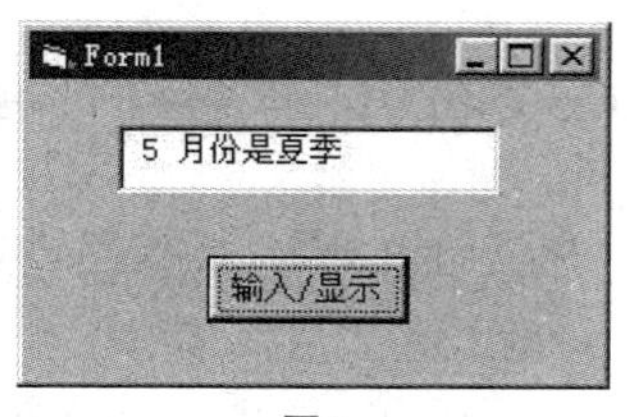

图3

该程序不完整，请把它补充完整。

要求：去掉程序中的注释符，把程序中的“？”改为正确的内容，使其能正确运行，但不能修改程序中的其他部分。最后用原来的文件名保存工程文件和窗体文件。

三、综合应用题

在考生的文件夹下有一个工程文件 sjt5.vbp，相应的窗体文件为 sjt5.frm。在窗体上有两个命令按钮，其名称分别为 Command1 和 Command2，标题分别为“写文件”和“读文件”，如图 1 所示。

其中“写文件”命令按钮事件过程用来建立一个通信录，以随机存取方式保存到文件 t5.txt 中；而“读文件”命令按钮事件过程用来读出文件 t5.txt 中的每个记录，并在窗体上显示出来。通信录中的每个记录由 3 个字段组成，结构如下。

姓名（Name）	电话（Tel）	邮政编码（Pos）
LiuMingliang	(010)62781234	100082
……	……	……

各字段的类型和长度为

姓名（Name）：　字符串 15

电话（Tel）：　字符串 15

邮政编码（Pos）：　长整型（Long）

程序运行后，如果单击“写文件”命令按钮，则可以随机存取方式打开文件 t5.txt，并根据提示向文件中添加记录，每写入一个记录后，都要询问是否再输入新记录，回答“Y”（或“y”）则输入新记录，回答“N”（或“n”）则停止输入；如果单击“读文件”命令按钮，则可以随机存取方式打开文件 t5.txt，读出文件中的全部记录，并在窗体上显示出来，如图 2 所示。该程序不完整，请把它补充完整。

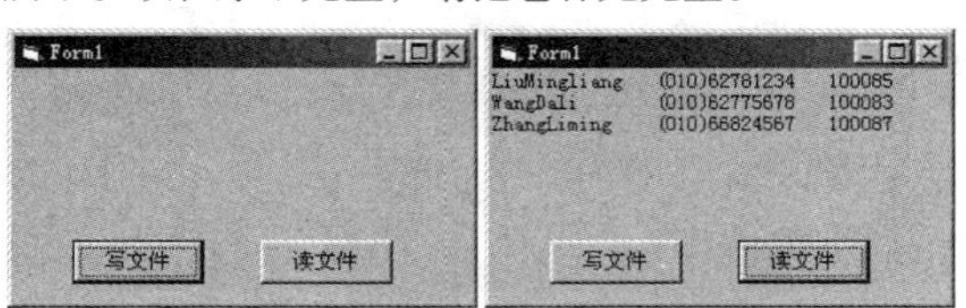

图 1　　图 2

要求：

① 去掉程序中的注释符，把程序中的“？”改为正确的内容，使其能正确运行，但不能修改程序中的其他部分。

② 文件 t5.txt 中已有 3 个记录（如图 2 所示），请运行程序，单击“写文件”命令按钮，向文件 t5.txt 中添加以下两个记录（全部采用西文方式）：

LiDaqing (027)87348765 430065

ChenQingshan (022)26874321 300120

③ 运行程序，单击“读文件”命令按钮，在窗体上显示全部记录（共 5 个）。

④ 用原来的文件名保存工程文件和窗体文件。

第65套　上机操作题

一、基本操作题

请根据以下各小题的要求设计 Visual Basic 应用程序（包括界面和代码）。

（1）在名称为 Form1 的窗体上画一个文本框，其名称为 T1，宽度和高度分别为 1400 为 400；再画两个命令按钮，其名称分别为 C1 和 C2，标题分别为“显示”和“扩大”，编写适当的事件过程。程序运行后，如果单击 C1 命令按钮，则在文本框中显示“等级考试”，如图 1 所示；如果单击 C2 命令按钮，则使文本框在高、宽方向上各增加一倍，文本框中的字体大小扩大到原来的 3 倍，如图 2 所示。

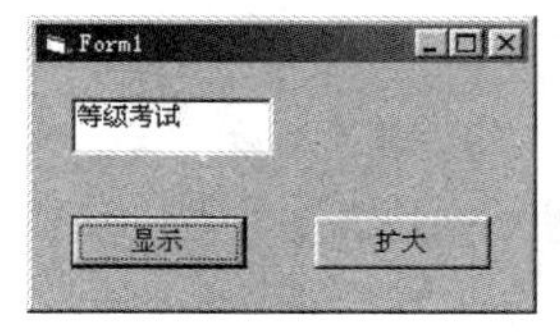

图 1

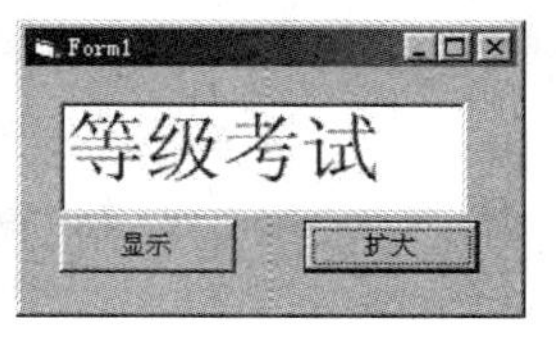

图 2

注意：要求程序中不得使用变量。存盘时必须存放在考生文件夹下，工程文件名为 sjt1.vbp，窗体文件名为 sjt1.frm。

（2）在名称为 Form1 的窗体上画一个命令按钮，其名称为 C1，标题为“转换”；然后再画两个文本框，其名称分别为 Text1 和 Text2，初始内容均为空白，编写适当的事件过程。程序运行后，在

Text1 中输入一行英文字符串，如果单击命令按钮，则 Text1 文本框中的字母都变为小写，而 Text2 中的字母都变为大写。例如，在 Text1 中输入 Visual Basic Programming，则单击命令按钮后，结果如图 3 所示。

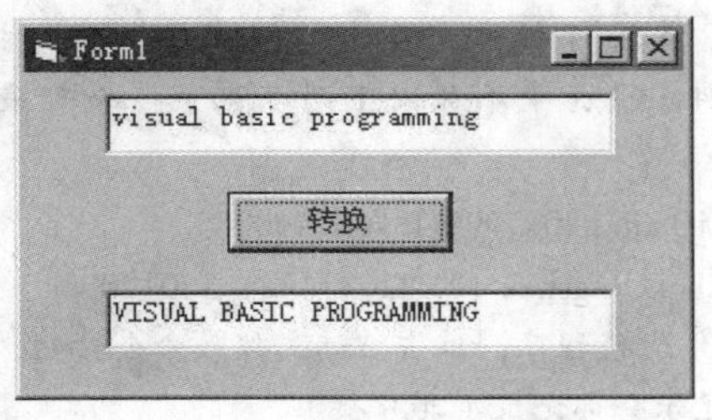

图3

要求： 不得使用任何变量。

注意： 存盘时必须存放在考生文件夹下，工程文件名为 sjt2.vbp，窗体文件名为 sjt2.frm。

二、简单应用题

（1）在考生文件夹下有一个工程文件 sjt3.vbp，相应的窗体文件为 sjt3.frm，包含了所有控件和部分程序，如图所示。

要求：

① 利用属性窗口向列表框添加四个项目：Visual Basic，Turbo C，C++，Java；

② 请编写适当的程序完成以下功能：当选择列表框中的一项和单选按钮 Option1，然后单击“确定”命令按钮，则文本框中显示“XXX 笔试”；当选择列表框中的一项和单选按钮 Option2，然后单击“确定”命令按钮，则文本框中显示“XXX 上机”。其中“XXX”是在列表框中所选择的项目。

注意： 考生不得修改窗体文件中已经存在的程序，退出程序时必须通过单击窗右上角的关闭按钮。在结束程序运行之前，必须至少要进行一次选择作（包括列表框和单选按钮），否则不得分。最后把修改后的文件按原文件名存盘。

（2）在考生文件夹下有一个工程文件 sjt4.vbp，相应的窗体文件为 sjt4.frm。在窗体上有一个命令按钮，其名称为 Command1，标题为“计算并输出”。程序运行后，如果单击命令按钮，程序将计算 500 以内两个数之间（包括开头和结尾的数）所有连续数的和为 1250 的正整数，并在窗体上显示出来。这样的数有多组，程序输出每组开头和结尾的正整数，并用“~”连接起来，如图所示。该程序不完整，请把它补充完整。

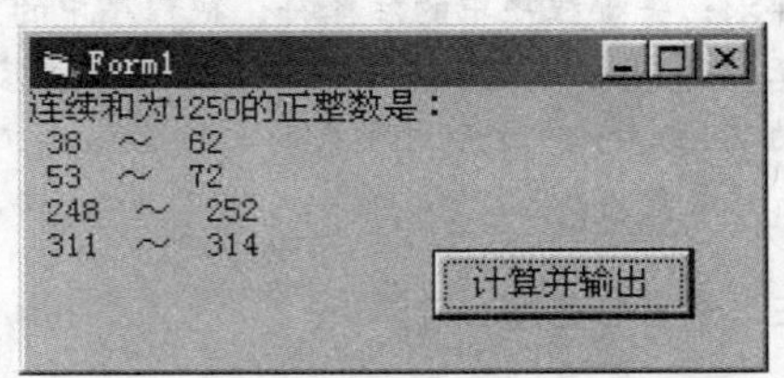

要求： 去掉程序中的注释符，把程序中的“？”改为正确的内容，使其能正确运行，但不能修改程序中的其他部分。最后用原来的文件名保存工程文件和窗体文件。

三、综合应用题

在窗体上画一个文本框，其名称为 Text1，初始内容为空白，并设置成多行显示格式；然后再画两个命令按钮，其名称分别为 Command1 和 Command2，标题分别为“显示”和“保存”，如图所示，编写适当的事件过程。程序运行后，如果单击“显示”命令按钮，则读取考生文件夹下的 in5.txt 文件，并在文本框中显示出来，该文件是一个用随机存取方式建立的文件，共有 5 个记录，要求按记录号顺序显示全部记录，每个记录一行；如果单击“保存”命令按钮，则把所有记录保存到考生文件夹下的顺序文件 out5.txt 中。随机文件 in5.txt 中的每个记录包括 3 个字段，分别为姓名、性别和年龄，其名称和长度分别为

Name 字符串 8

Sex 字符串 4

AgeInteger

其类型定义为

```
Private Type StudInfo
Name As String * 8
Sex As String * 4
Age As Integer
End Type
```

要求：

① 文件 out5.txt 以顺序存取方式建立和保存。

② 存盘时必须存放在考生文件夹下，工程文件名为 sjt5.vbp，窗体文件名为 sjt5.frm。

第66套 上机操作题

一、基本操作题

请根据以下各小题的要求设计 Visual Basic 应用程序（包括界面和代码）。

（1）在名称为 Form1 的窗体上画两个命令按钮，其名称分别为 Command1 和 Command2，标题分别为“扩大”和“移动”。如图所示，编写适当的事件过程。程序运行后，如果单击 Command1 命令按钮，则使窗体在高、宽方向上各增加 0.2 倍（变为原来的 1.2 倍）；如果单击 Command2 命令按钮，则使窗体向右移动 200，向下移动 100。

要求： 程序中不得使用变量。存盘时必须存放在考生文件夹下，工程文件名为 sjt1.vbp，窗体文件名为 sjt1.frm。

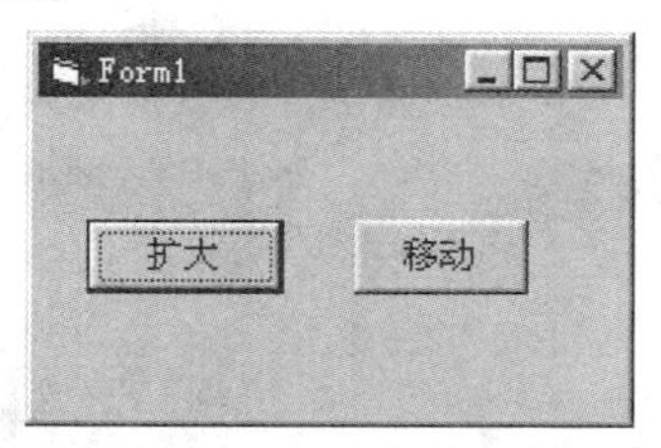

（2）在名称为 Form1 的窗体上画一个标签，其名称为 Label1，标题为“计算机等级考试”，Left 属性为 0；再画一个水平滚动条，其名称为 HScroll1，在属性窗口中设置其属性如下。

Min 0

Max 3000

SmallChange 10

LargeChange 100

编写适当的事件过程。程序运行后，如果移动滚动条上的滚动框，则可使标签向相应的方向移动，标签距窗体左边框的距离等于滚动框的位置，程序的运行情况如图所示。

要求： 程序中不得使用变量，每个事件过程中只能写一条语句。

注意： 存盘时必须存放在考生文件夹下，工程文件名为 sjt2.vbp，窗体文件为 sjt2.frm。

二、简单应用题

（1）在名称为 Form1 的窗体上画一个计时器，其名称为 Timer1；再画一个图像框，其名称为 Image1，在该图像框中装入一个图形文件 pic.ico；然后画一个水平滚动条，其名称为 HScroll1，Min 属性值为 100，Max 属性值为 1200，LargeChange 属性值为 100，SmallChange 属性值为 25，编写适当的事件过程。程序运行后，可以使图像框闪烁，其闪烁速度可以通过滚动条调节。

提示： 图像框的闪烁可以通过图像框交替地显示和隐藏来实现。

要求： 程序中不得使用变量，每个事件过程中只能写一条语句。

注意： 存盘时必须存放在考生文件夹下，工程文件名为 sjt3.vbp，窗体文件名为 sjt3.frm。

（2）在考生目录下有一个工程文件 sjt4.vbp，包含了所有控件和部分程序，如图所示。

要求：

① 利用属性窗口设置适当的属性：为 List1 列表

框添加 2 个项目：宋体、黑体；Text1 文本框设置初始值为“计算机”；Hscroll1 水平滚动条设置最小值和最大值分别为 10 和 50。

② 去掉程序中的注释符，把程序中的“？”改为正确的内容，完成以下功能：如果在列表框中选择一种字体，然后移动滚动条中的滚动框，则可使文本框中的文字按所选择的字体显示，并可随着滚动框的移动放大或缩小；如果不选择字体直接移动滚动框，则显示一个信息框，提示“请选择字体”。

注意：去掉程序中的注释符，把程序中的“？”改为正确的内容，使其实现上述功能，但不能修改程序中的其他部分。最后把修改后的文件按原文件名存盘。

三、综合应用题

在考生文件夹下有一个工程文件 sjt5.vbp，已给出了部分控件和部分程序。程序运行时，请在窗体上画三个标签，其名称分别为 Label1、Label2 和 Label3，标题分别为“姓名”、“电话号码”和“邮政编码”。再画三个文本框，其名称分别为 Text1、Text2 和 Text3，初始内容均为空白，如图所示。程序运行后，如果单击“显示第三个记录”命令按钮，则读取考生文件夹下 in5.txt 文件中的第三个记录，将该记录的三个字段分别显示在三个文本框中（该文件是一个用随机存取方式建立的文件，共有 5 个记录）。单击“保存”按钮，则把该记录（三个字段）保存到考生文件夹下的顺序文件 out5.txt 中。请编写“显示第三个记录”按钮的 Click 事件过程，以实现上述功能。

注意：考生不得修改已经存在的程序，必须用“保存”按钮存储结果，否则无成绩。最后，按原文件名把程序存盘。

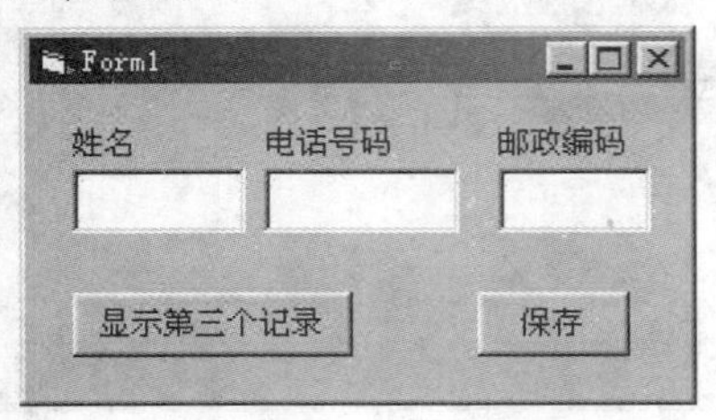

第67套 上机操作题

一、基本操作题

请根据以下各小题的要求设计 Visual Basic 应用程序（包括界面和代码）。

（1）在名称为 Form1 的窗体上画一个水平滚动条，其名称为 HScroll1，Min 属性为 1000，Max 属性为 1500，LargeChange 属性为 50，SmallChange 属性为 2；然后再画一个文本框，其名称为 Text1，初始内容为空白，编写适当的事件过程。程序运行后，移动滚动框，则在文本框中显示滚动框的当前位置。程序的运行情况如图 1 所示。

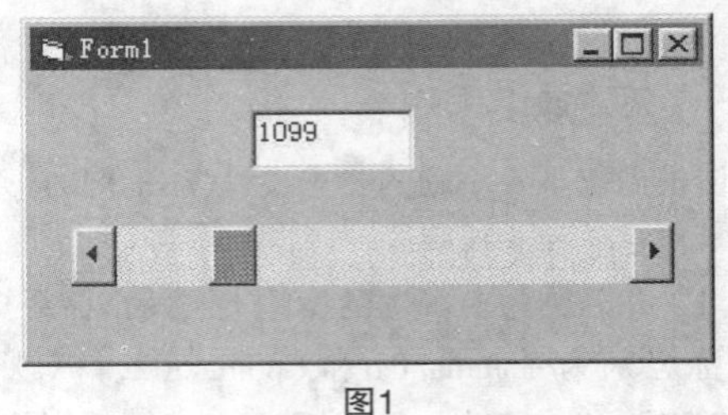

图1

要求：

① 不得使用任何变量；

② 存盘时必须存放在考生文件夹下，工程文件名为 sjt1.vbp，窗体文件名为 sjt1.frm。

（2）在名称为 Form1 的窗体上画一个命令按钮，其名称为 C1，标题为“移动”，位于窗体的左上部，如图 2 所示，编写适当的事件过程。程序运行后，每单击一次窗体，都使得命令按钮同时向右、向下移动 100。程序的运行情况如图 3 所示。

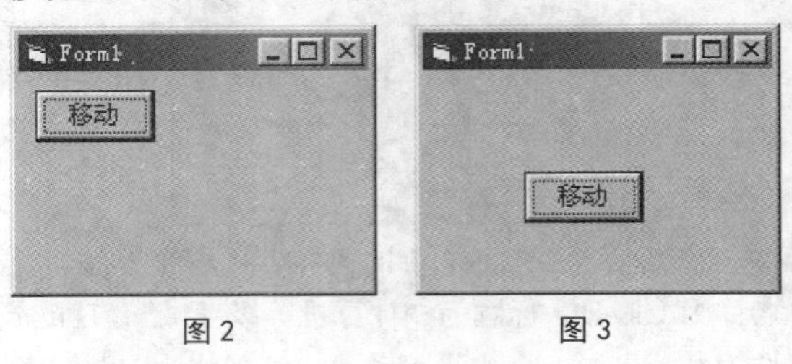

图 2　　图 3

要求：

① 不得使用任何变量；

② 存盘时必须存放在考生文件夹下，工程文件名为 sjt2.vbp，窗体文件名为 sjt2.frm。

二、简单应用题

（1）在考生文件夹下有一个工程文件 sjt3.vbp，窗体上有一个单选按钮数组，含三个单选按钮；还有一个标题为“显示”的命令按钮（如图所示）。程序的功能是，在运行时，如果选中一个单选按钮并单击“显示”按钮，则在窗体上显示相应的信息，例如若选中“小学生”，则在窗体上显示“我是小学生”。

要求：去掉程序中的注释符，把程序中的“？”改为正确的内容，使其实现上述功能，但不能修改程序中的其他部分，也不能修改控件的属性。最后把修改后的文件以原来的文件名存盘。

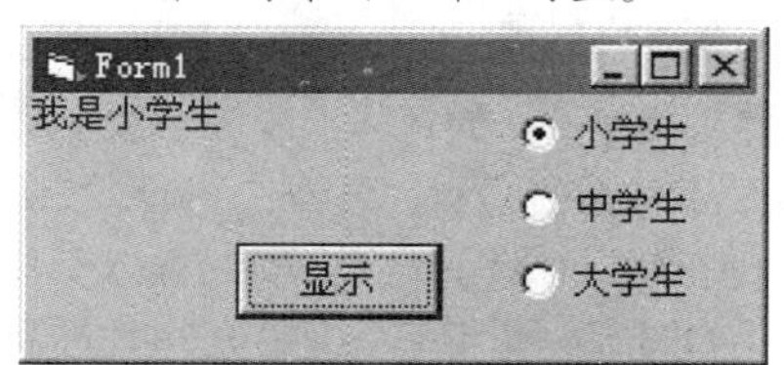

（2）在考生文件夹下有一个工程文件 sjt4.vbp，相应的窗体文件为 sjt4.frm。如图所示，窗体上有一个名称为 Command1 的命令按钮和一个名称为 Timer1 的计时器。请在窗体上画一个标签（名称为 Label1，标题为“请输入一个正整数”）、再画一个文本框（名称为 Text1，初始内容为空白）。已经给出了相应的事件过程。程序运行后，在文本框中输入一个正整数，此时如果按回车键，则可使文本框中的数字每隔 0.3 秒减 1（倒计数）；当减到 0 时，倒计数停止，清空文本框，并把焦点移到文本框中。

要求：去掉程序中的注释符，把程序中的“？”改为正确的内容，使其能正确运行，但不能修改程序中的其他部分。最后把修改后的文件按原文件名存盘。

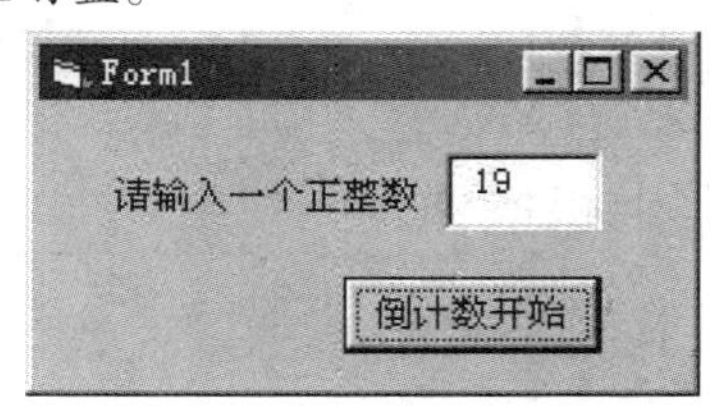

三、综合应用题

在考生文件夹下有一个工程文件 sjt5.vbp 和随机文件 in5.txt，文件中的每个记录包括 3 个字段，分别为姓名、电话号码和邮政编码，其名称、类型和长度分别为：

Name 字符串 8
Tel 字符串 10
Post Long

如图所示，窗体中有一个文本框和两个命令按钮。程序运行后，如果单击“读入并显示记录”命令按钮，则从考生文件夹下的 in5.txt 文件中读入所有记录并显示在文本框中（每条记录占一行，数据项的顺序是姓名、电话、邮编，可使用符号常量 vbCrLf 表示回车换行）；若单击“保存”按钮则把文本框中的内容存入 out5.txt 文件中。

要求：

① 编写“读入并显示记录”按钮的 Click 过程。

② 在文本框中把所有字母改为大写字母（可以手工修改）。

③ 单击“保存”按钮把修改后的文本框内容存盘，否则无成绩！（过程已给出，不能修改）。最后以原文件名将程序存放在考生文件夹下。

第68套　上机操作题

一、基本操作题

请根据以下各小题的要求设计 Visual Basic 应用程序（包括界面和代码）。

（1）在名称为 Form1 的窗体上建立一个名称为 Op1 的单选按钮数组，含三个单选按钮，它们的标题依次为“选择 1”、“选择 2”、“选择 3”，其下标分别为 0，1，2，初始状态下，“选择 2”为选中状态。运行后的窗体如图所示。

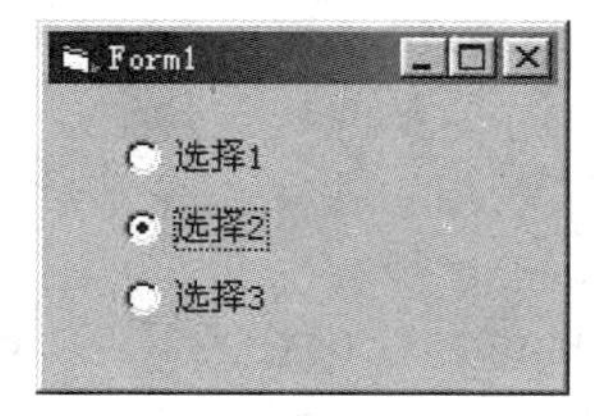

注意：存盘时必须存放在考生文件夹下，工程文件名为 sjt1.vbp，窗体文件名为 sjt1.frm。

（2）在窗体上建立一个二级菜单，第一级含2个菜单项，标题分别为“编辑”、“帮助”，名称分别为edit、help。其中“编辑”菜单含有子菜单，共有3个菜单项，其标题依次为“剪切”、“复制”、“粘贴”，名称分别为“cut”、“copy”、“paste”（如图所示）。

注意：*存盘时必须存放在考生文件夹下，工程文件名为sjt2.vbp，窗体文件名为sjt2.frm。*

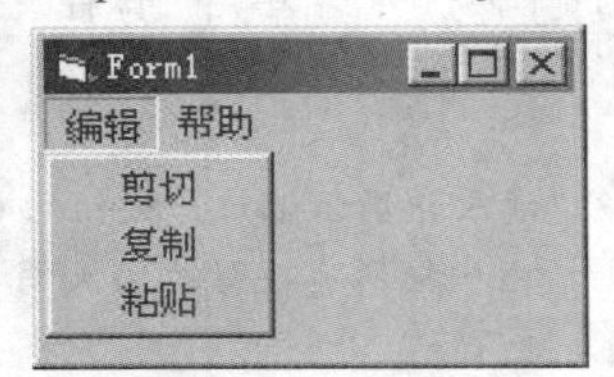

二、简单应用题

（1）在考生文件夹下有一个工程文件sjt3.vbp，它的功能是在运行时只显示名为Form2的窗体，单击Form2上的“C2”按钮，则显示名为Form1的窗体；单击Form1上的“C1”按钮，则Form1的窗体消失。

这个程序并不完整，要求：

① 把Form2设为启动窗体；把Form1上按钮的标题改为“隐藏”，把Form2上按钮的标题改为“显示”。

② 去掉程序中的注释符，把程序中的“？”改为正确的内容，使其实现上述功能，但不能修改程序中的其他部分。最后把修改后的文件存盘。

③ 工程文件和窗体文件仍以原来的文件名存盘。正确程序运行后的界面如图所示。

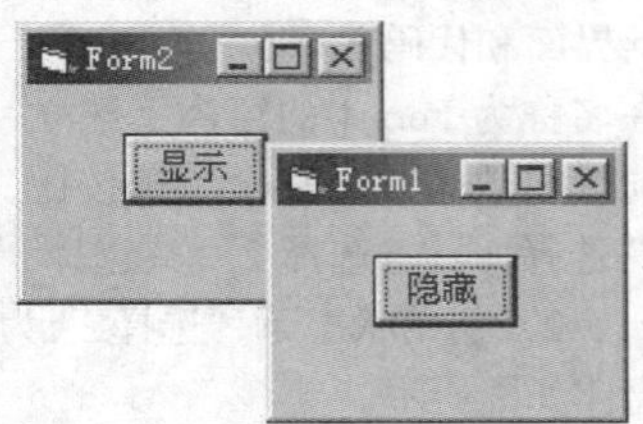

（2）在考生文件夹下有一个工程文件sjt4.vbp，它的功能是在文本框中输入一个整数，单击“移动”按钮后，如果输入的是正数，滚动条中的滚动框向右移动与该数相等的刻度，但如果超过了滚动条的最大刻度，则不移动，并且显示“文本框中的数值太大”；如果输入的是负数，滚动条中的滚动框向左移动与该数相等的刻度，但如果超过了滚动条的最小刻度，则不移动，并且显示“文本框中的数值太小”，如图所示。

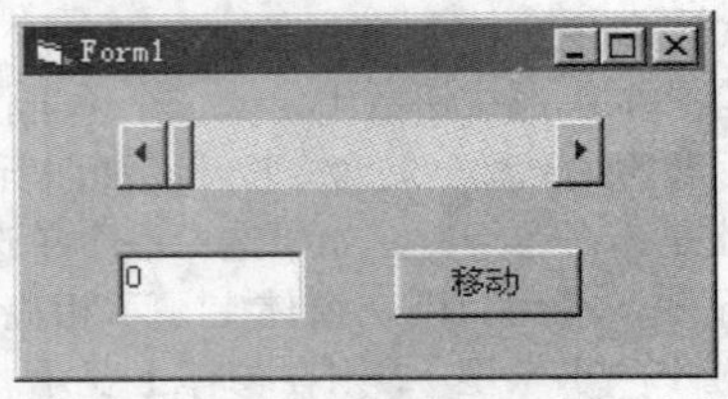

要求：*去掉程序中的注释符，把程序中的“？”改为正确的内容，使其实现上述功能，但不能修改程序中的其他部分，也不能修改控件的属性。最后把修改后的程序以原来的文件名存盘。*

三、综合应用题

在名称为Form1的窗体上画一个文本框，名称为Text1，允许多行显示；再画三个命令按钮，名称分别为C1、C2、C3，标题分别为“输入”、“转换”、“存盘”（如图所示）。请编写适当的事件过程，使得在运行时，单击“输入”按钮，则从考生文件夹中读入in5.txt文件（文件中只有字母和空格），放入Text1中；单击“转换”按钮，则把Text1中的所有小写字母转换为大写字母；单击“存盘”按钮，则把Text1中的内容存入out5.txt文件中。

注意：*考生必须把转换后的内容用“存盘”按钮存入out5.txt文件，否则无成绩。考生的工程文件以文件名sjt5.vbp存盘，窗体文件以文件名sjt5.frm存盘。*

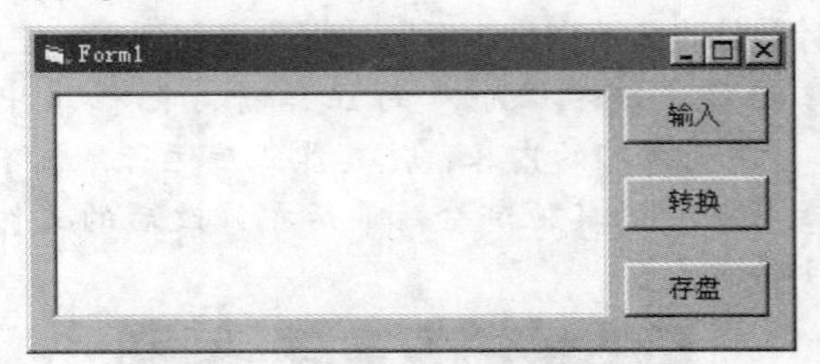

第69套 上机操作题

一、基本操作题

请根据以下各小题的要求设计Visual Basic应用程序（包括界面和代码）。

（1）在名称为Form1的窗体上画一个文本框，名称为Text1，字体为“黑体”，文本框中的初始内容为“程序设计”；再画一个命令按钮，名称为

C1，标题为“改变字体”（如图所示）。请编写适当事件过程，使得在运行时，单击命令按钮，则把文本框中文字的字体改为“宋体”。程序中不得使用任何变量。

注意：保存时必须存放在考生文件夹下，工程文件名为 sjt1.vbp，窗体文件名为 sjt1.frm。

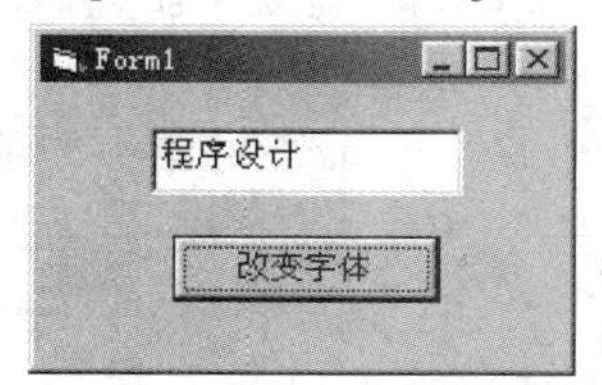

（2）在名称为 Form1 的窗体上画一个图片框，名称为 P1，高为 1800，宽为 1600，并放入文件名为 pic1.bmp 的图片（如图所示）。请编写适当的事件过程，使得在运行时，如果双击窗体，则图片框中的图片消失。程序中不得使用任何变量。

注意：保存时必须存放在考生文件夹下，工程文件名为 sjt2.vbp，窗体文件名为 sjt2.frm。

二、简单应用题

（1）在名称为 Form1 的窗体中画一个名称为 L1 的标签，其标题为“0”，BorderStyle 属性为 1；再添加一个名称为 Timer1 的计时器。请设置适当的控件属性，并编写适当的事件过程，使得在运行时，每隔一秒钟标签中的数字加 1。如图所示的是程序刚启动时的情况。程序中不得使用任何变量。

注意：存盘时必须存放在考生文件夹下，工程文件名为 sjt3.vbp，窗体文件名为 sjt3.frm。

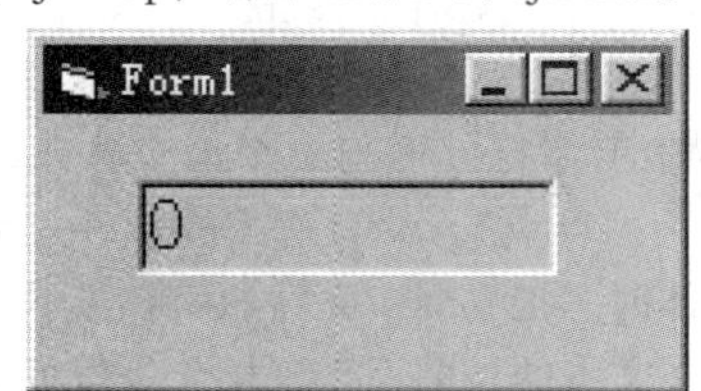

（2）在考生文件夹下有一个工程文件 sjt4.vbp，要求程序运行后，如果多次单击列表框中的项，则可同时选择这些项。而如果单击“显示”按钮，则在窗体上输出所有选中的列表项（如图所示）。

要求：修改列表框的适当属性，使得运行时可以多选，并去掉程序中的注释符，把程序中的“？”改为正确的内容，使其实现上述功能，但不得修改程序中的其他部分。最后把修改后的程序以原来的文件名存盘。

三、综合应用题

在考生文件夹下有一个工程文件 sjt5.vbp，在该工程中为考生提供了一个通用过程，考生可以直接调用。请在窗体上画一个名称为 Text1 的文本框；画一个名称为 C1，标题为“计算”的命令按钮；再画两个单选按钮，名称分别为 Op1、Op2，标题分别为“求 500 到 600 之间能被 7 整除的数之和”、“求 500 到 600 之间能被 3 整除的数之和”（如图所示）。请编写适当的事件过程，使得在运行时，选中一个单选按钮，再单击“计算”按钮，就可以按照单选按钮后的文字要求计算，并把计算结果放入文本框中，最后把已经修改的工程文件和窗体文件以原来的文件名存盘。

注意：考生不得修改窗体文件中已经存在的程序，退出程序时必须通过单击窗体右上角的关闭按钮。在结束程序运行之前，必须至少要进行一种计算，否则不得分。

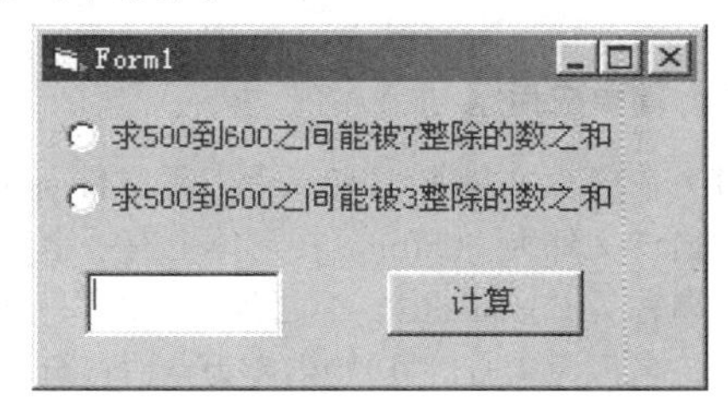

第70套 上机操作题

一、基本操作题

请根据以下各小题的要求设计 Visual Basic 应用程序（包括界面和代码）。

（1）在名称为 Form1 的窗体上画一个图片框，名称为 P1，高为 1800，宽为 1700，通过属性窗口把图形文件 pic1.bmp 放到图片框中（如图所示）。

注意： 存盘时必须存放在考生文件夹下，工程文件名为 sjt1.vbp，窗体文件名为 sjt1.frm。

（2）在名称为 Form1 的窗体上画两个文本框，名称分别为 Text1、Text2，都显示垂直滚动条和水平滚动条，都可以显示多行文本；再画一个命令按钮，名称为 C1，标题为“复制”（如图所示）。请编写适当的事件过程，使得在运行时，在 Text1 中输入文本后，单击“复制”按钮，就把 Text1 中的文本全部复制到 Text2 中。程序中不得使用任何变量。

注意： 存盘时必须存放在考生文件夹下，工程文件名为 sjt2.vbp，窗体文件名为 sjt2.frm。

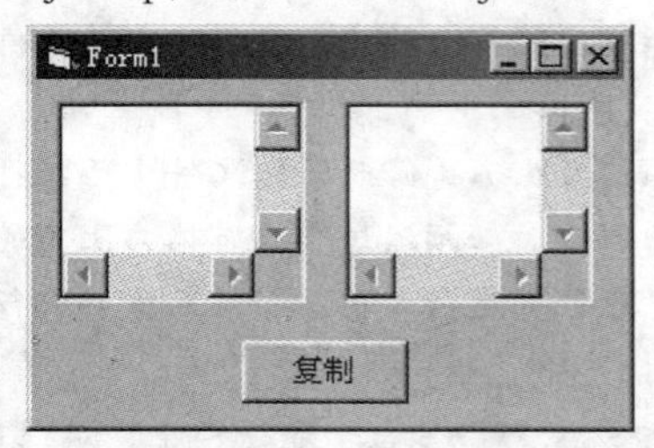

二、简单应用题

（1）在考生文件夹下有一个工程文件 sjt3.vbp，相应的窗体文件为 sjt3.frm。在窗体上有一个命令按钮，其名称为 Command1，标题为“添加”；有一个文本框，名称为 Text1，初始内容为空白；有一个列表框，名称为 List1。程序运行后，在文本框中输入一个英文句子（由多个单词组成，各单词之间用一个空格分开），然后单击命令按钮，程序将把该英文句子分解为单词，并把每个单词作为一个项目添加到列表框中，如图所示。

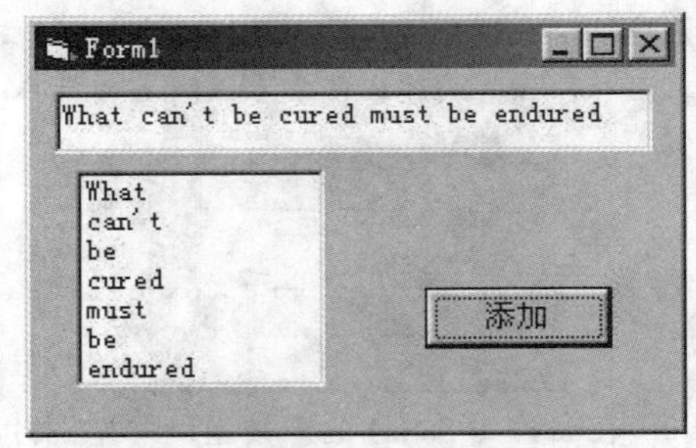

该程序不完整，请把它补充完整。

要求： 去掉程序中的注释符，把程序中的“？”改为正确的内容，使其能正确运行，但不能修改程序中的其他部分。最后把修改后的文件按原文件名存盘。

（2）在考生文件夹下有一个工程文件 sjt4.vbp，其中的窗体中有一个组合框和一个命令按钮（如图所示）。程序的功能是在运行时，如果在组合框中输入一个项目并单击命令按钮，则搜索组合框中的项目，如果没有此项，则把此项添加到列表中；如果有此项，则弹出提示：“已有此项”，然后清除输入的内容。

要求： 去掉程序中的注释符，把程序中的“？”改为正确的内容，使其实现上述功能，但不能修改程序中的其他部分，也不能修改控件的属性。最后把修改后的文件以原来的文件名存盘。

三、综合应用题

在考生文件夹下有文件 in5.txt，文件中有几行汉字。请在 Form1 的窗体上画一个文本框，名称为 Text1，能显示多行；再画一个命令按钮，名称为 C1，标题为“存盘”。编写适当的事件过程，使得在加载窗体时，把 in5.txt 文件的内容显示在文本框中，然后在文本的最前面手工插入一行汉字：计算机等级考试（如图所示）。最后单击“存盘”按钮，把文本框中修改过的内容存到文件 out5.txt 中。

注意：只能在最前面插入文字，不能修改原有文字。文件必须存放在考生文件夹下，以 sjt5.vbp 为文件名存储工程文件，以 sjt5.frm 为文件名存储窗体文件。

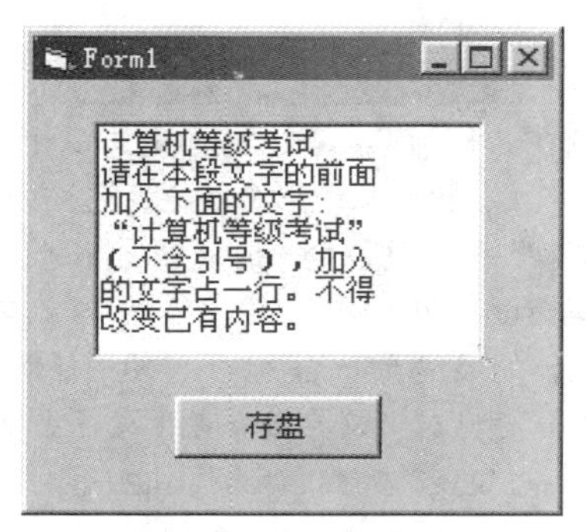

第71套 上机操作题

一、基本操作题

请根据以下各小题的要求设计 Visual Basic 应用程序（包括界面和代码）。

（1）请在名称为 Form1 的窗体上建立一个二级下拉菜单，第一级共有两个菜单项，标题分别为“文件”、“编辑”，名称分别为 file、edit；在“编辑”菜单下有第二级菜单，含有三个菜单项，标题分别为“剪切”、“复制”、“粘贴”，名称分别为 cut、copy、paste。其中“粘贴”菜单项设置为无效（如图所示）。

注意：存盘时必须存放在考生文件夹下，工程文件名为 sjt1.vbp，窗体文件名为 sjt1.frm。

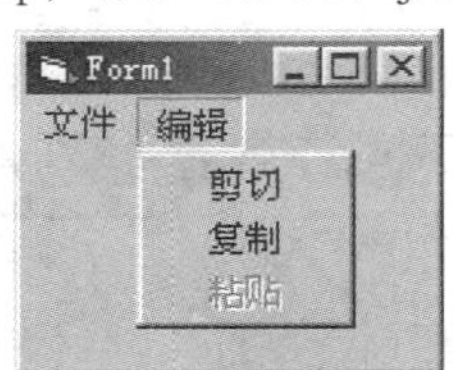

（2）在窗体上画两个文本框，名称分别为 Text1、Text2。请设置适当的控件属性，并编写适当的事件过程，使得在运行时，如果在 Text1 中每输入一个字符，则显示一个“*”，同时在 Text2 中显示输入的内容（如图所示）。程序中不得使用任何变量。

注意：存盘时必须存放在考生文件夹下，工程文件名为 sjt2.vbp，窗体文件名为 sjt2.frm。

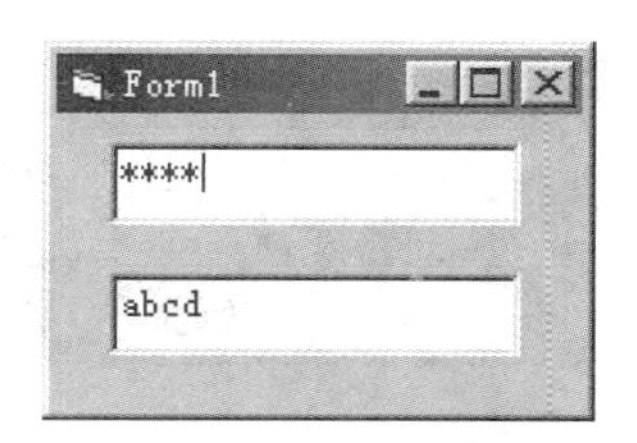

二、简单应用题

（1）在名称为 Form1 的窗体上画两个图片框，名称分别为 P1、P2，高度均为 1900，宽度均为 1700，通过属性窗口把图片文件 pic1.bmp 放入 P1 中，把图片文件 pic2.jpg 放入 P2 中；再画一个命令按钮，名称为 C1，标题为“交换图片”（如图所示）。编写适当的事件过程，使得在运行时，如果单击命令按钮，则在 P1 中显示 Pic2.jpg，在 P2 中显示 Pic1.bmp。程序中不得使用任何变量，也不能使用第三个图片框。

注意：存盘时必须存放在考生文件夹下，工程文件名为 sjt3.vbp，窗体文件名为 sjt3.frm。

（2）在考生文件夹下有一个工程文件 sjt4.vbp，请在窗体上画两个复选框，名称分别为 Ch1、Ch2，标题分别为“程序设计”、“数据库原理”；然后画一个文本框，名称为 Text1；再画一个命令按钮，名称为 C1，标题为“确定”（如图所示）。请编写适当的事件过程，使得在运行时，选中复选框并单击“确定”按钮，就可以按照下表的要求把结果显示在文本框中。存盘时，工程文件名为 sjt4.vbp，窗体文件名为 sjt4.frm。

注意：考生不得修改窗体文件中已经存在的程序，退出程序时必须通过单击窗体右上角的关闭按钮。在结束程序运行之前，必须进行产生下表结果的操作。

“程序设计”	数据库原理	在文本框中显示的内容
不选	不选	我选的课是
选中	不选	我选的课是程序设计
不选	选中	我选的课是数据库原理
选中	选中	我选的课是程序设计数据库原理

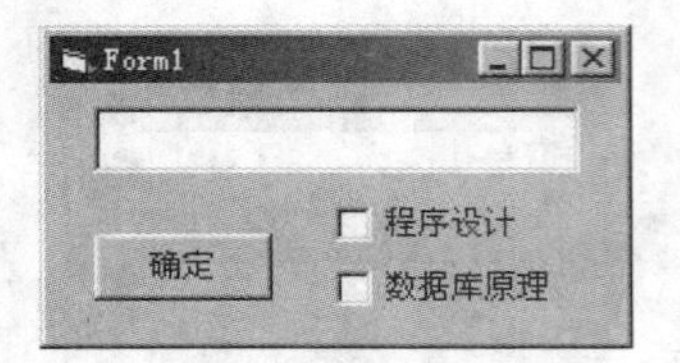

三、综合应用题

在考生文件夹下有一个工程文件 sjt5.vbp，其窗体上有两个文本框，名称分别为 Text1、Text2；还有三个命令按钮，名称分别为 C1、C2、C3，标题分别为“输入”、“计算”、“存盘”(如图所示)。并有一个函数过程 isprime(a) 可以在程序中直接调用，其功能是判断参数 a 是否为素数，如果是素数，则返回 True，否则返回 False。请编写适当的事件过程，使得在运行时，单击“输入”按钮，就把文件 in5.txt 中的整数放入 Text1 中；单击“计算”按钮，则找出大于 Text1 中的整数的第 1 个素数，并显示在 Text2 中；单击“存盘”按钮，则把 Text2 中的计算结果存入 out5.txt 文件中。

注意：*考生不得修改 isprime 函数过程和控件的属性，必须把计算结果通过“存盘”按钮存入 out5.txt 文件中。*

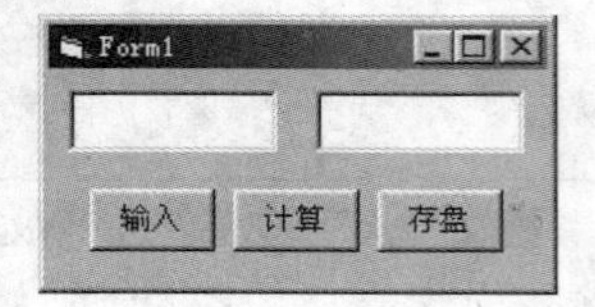

第72套 上机操作题

一、基本操作题

请根据以下各小题的要求设计 Visual Basic 应用程序(包括界面和代码)。

(1)在名称为 Form1 的窗体上画两个文本框，名称分别为 T1、T2，初始情况下都没有内容。请编写适当的事件过程，使得在运行时，在 T1 中输入的任何字符，立即显示在 T2 中(如图所示)。程序中不得使用任何变量。

注意：*存盘时必须存放在考生文件夹下，工程文件名为 sjt1.vbp，窗体文件名为 sjt1.frm。*

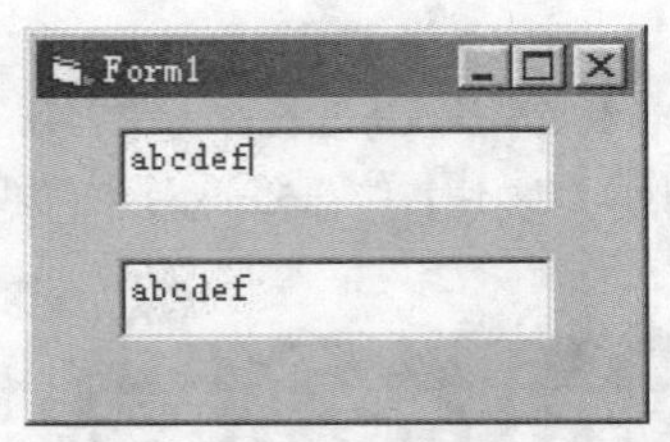

(2)在名称为 Form1 的窗体上画一个文本框，名称为 Text1；再画一个命令按钮，名称为 C1，标题为“移动”(如图所示)。请编写适当的事件过程，使得在运行时，单击“移动”按钮，则文本框水平移动到窗体的最左端。程序中不得使用任何变量。

注意：*存盘时必须存放在考生文件夹下，工程文件名为 sjt2.vbp，窗体文件名为 sjt2.frm。*

二、简单应用题

(1)在考生文件夹下有一个工程文件 sjt3.vbp，其窗体上有一个名称为 Text1 的文本框；一个名称为 L1 的列表框；一个命令按钮，名称为 C1，标题为“添加”(如图所示)。程序的功能是，在运行时，如果在文本框中输入一行内容并单击“添加”按钮，则把文本框中的内容作为列表项添加到列表中。如果单击列表中的某一项，则立即从列表中删除该项。

要求：*去掉程序中的注释符，把程序中的“？”改为正确的内容，使其实现上述功能，但不能修改程序中的其他部分，也不能修改控件的属性。最后把修改后的文件以原来的文件名存盘。*

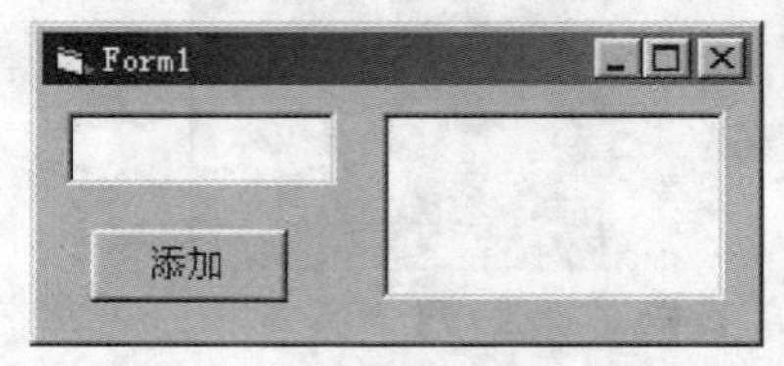

(2)在考生文件夹下有一个工程文件 sjt4.vbp，请在窗体上画一个文本框，名称为 Text1；画一个命令按钮，名称为 C1，标题为“确定”；再画三个单选按钮，名称分别为 Op1、Op2、Op3，标题分别为“飞机”、“火车”、“汽车”(如图所示)。请编写适当的事件过程，使得在运行时，选中一个单选按钮并单击“确定”按钮后，按照下表在文本框中显

示相应内容。

注意：不得修改已经给出的程序。退出程序时必须通过单击窗体右上角的关闭按钮。在结束程序运行之前，必须选中一个单选按钮，并单击“确定”按钮。否则可能无成绩。

飞机	火车	汽车	在文本框中显示的内容
选中			需要1小时
	选中		需要10小时
		选中	需要15小时

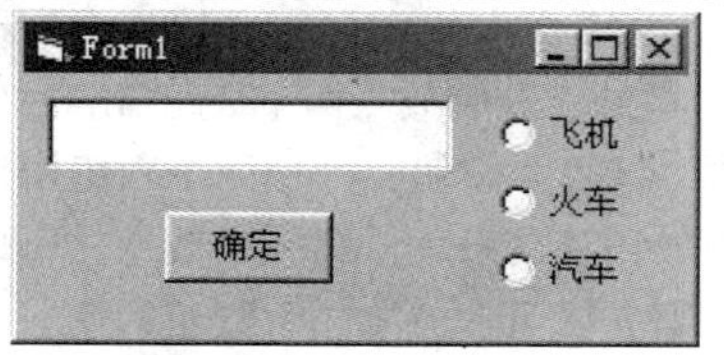

三、综合应用题

在考生文件夹下有一个工程文件 sjt5.vbp，其功能是：

① 单击“读数据”按钮，则把考生文件夹下 in5.dat 文件中的 100 个 0~999 之间的整数读入数组 a 中；

② 单击“计算”按钮，则对这 100 个整数中的所有水仙花数（当一个数的值等于该数中各位数字的立方和时，此数被称为水仙花数。如：$153=1^3+5^3+3^3$，所以 153 就是一个水仙花数）求平均值，并对该平均值截尾取整后显示在文本框 Text1 中。

窗体中给出了所有控件（如图所示），以及“读数据”按钮的 Click 事件过程，请为“计算”按钮编写适当的事件过程实现上述功能。

注意：不得修改已经存在的控件和程序，在结束程序运行之前，必须进行计算，且必须用窗体右上角的关闭按钮结束程序，否则无成绩。最后，程序按原文件名存盘。

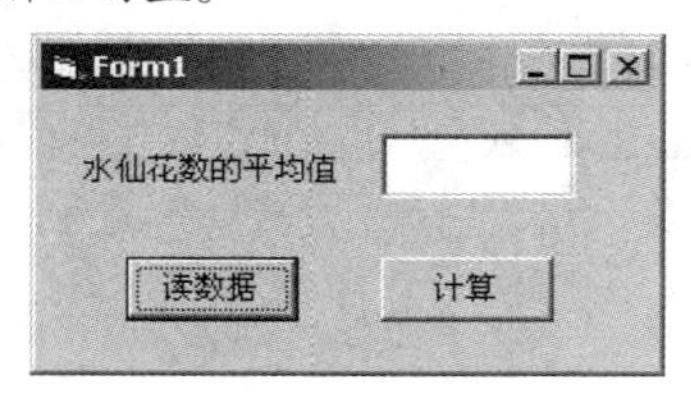

第73套 上机操作题

一、基本操作题

请根据以下各小题的要求设计 Visual Basic 应用程序（包括界面和代码）。

（1）在 Form1 的窗体上画一个名称为 Text1 的文本框，然后建立一个主菜单，标题为“操作”，名称为 Op，该菜单有两个子菜单，其标题分别为“显示”和“退出”，其名称分别为 Dis 和 Exit，编写适当的事件过程。程序运行后，如果单击“操作”菜单中的“显示”命令，则在文本框中显示“等级考试”；如果单击“退出”命令，则结束程序运行。程序的运行情况如图所示。

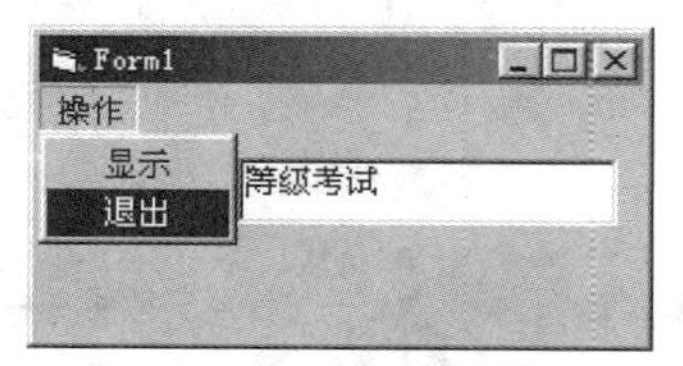

注意：存盘时必须存放在考生文件夹下，工程文件名为 sjt1.vbp，窗体文件名为 sjt1.frm。

（2）在 Form1 的窗体上画一个列表框，名称为 L1，通过属性窗口向列表框中添加四个项目，分别为“AAAA”、“BBBB”、“CCCC”和“DDDD”，编写适当的事件过程。程序运行后，如果单击列表框中的某一项，则该项就从列表框中消失。程序的运行情况如图所示。

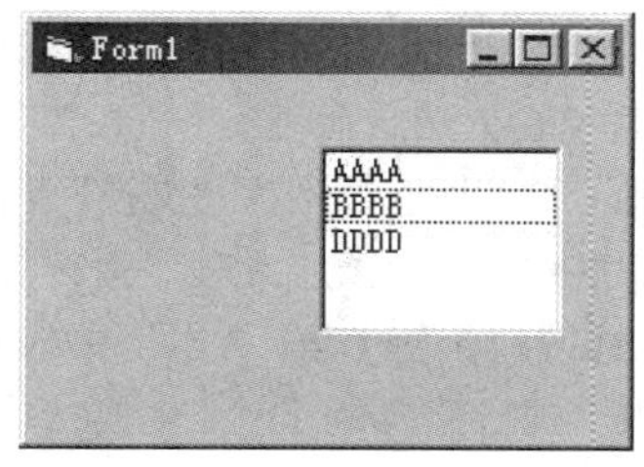

注意：存盘时必须存放在考生文件夹下，工程文件名为 sjt2.vbp，窗体文件名为 sjt2.frm。

二、简单应用题

（1）在考生文件夹下有一个工程文件 sjt3.vbp，请在窗体上画两个框架，其名称分别为 F1 和 F2，标题分别为“交通工具”和“到达目标”。在 F1 中画两个单选按钮，名称分别为 Op1 和 Op2，标题分别为“飞机”和“火车”。在 F2 中画两个单选按钮，名称分别为 Op3 和 Op4，标题分别为“广州”和“昆明”。然后画一个命令按钮，其名称为 C1，标题为“确定”。再画一个文本框，其名称为 Text1。编写适当事件过程。程序运行后，选择不同单选按钮并单击命令按钮后在文本框中显示的结果见下表。

	选中的单选按钮		单击“确定”按钮后产生的结果（文本框中显示的内容）
	交通工具	到达目标	
第一种情况	飞机	广州	坐飞机去广州
第二种情况	飞机	昆明	坐飞机去昆明
第三种情况	火车	广州	坐火车去广州
第四种情况	火车	昆明	坐火车去昆明

程序的运行情况如图所示。

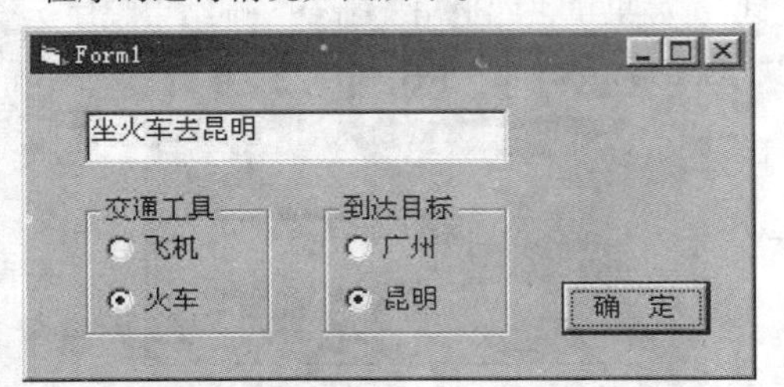

存盘时，工程文件名为 sjt3.vbp，窗体文件名为 sjt3.frm。

注意： 考生不得修改窗体文件中已经存在的程序，在结束程序运行之前，必须至少进行上面的一种操作。退出程序时必须通过单击窗体右上角的关闭按钮。

（2）在考生文件夹下有一个工程文件 sjt4.vbp，请在窗体上画三个文本框，其名称分别为 Text1、Text2 和 Text3，文本框内容分别设置为“等级考试”、“计算机”和空白。然后画两个单选按钮，其名称分别为 Op1 和 Op2，标题分别为“交换”和“连接”，编写适当的事件程序。要求在程序运行时，先单击“交换”单选按钮，使 Text1 文本框中内容与 Text2 文本框中内容进行交换，并使“交换”单选按钮消失；然后单击“连接”单选按钮，则把交换后的 Text1 和 Text2 的内容以 Text1 在前，Text2 在后的顺序连接起来，并在 Text3 文本框中显示连接后的内容。存盘时，工程文件名为 sjt4.vbp，窗体文件名为 sjt4.frm。

注意： 不得修改已经给出的程序。在结束程序运行之前，必须先单击“交换”单选按钮，后单击“连接”单选按钮。退出程序时必须通过单击窗体右上角的关闭按钮，否则可能无成绩。

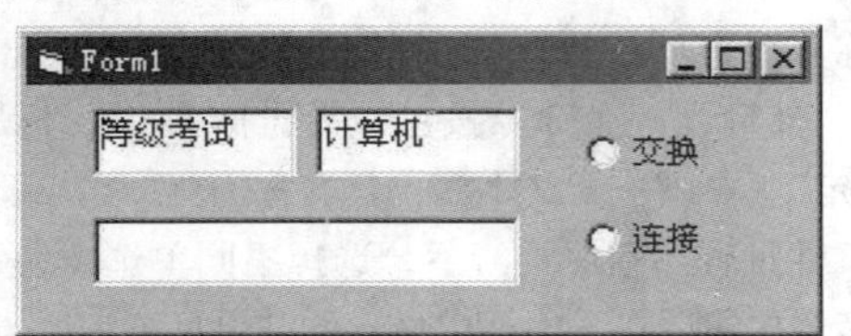

三、综合应用题

在考生文件夹下有一个工程文件 sjt5.vbp，请先装入该工程文件，然后完成以下操作：在名称为 Form1 的窗体上画三个命令按钮，其名称分别为 C1、C2 和 C3，标题分别为“读入数据”、“计算”和“存盘”（如图所示）。程序运行后，如果单击“读入数据”按钮，则利用题目中提供的 ReadData1、ReadData2 过程读入 datain1.txt 和 datain2.txt 文件中的各 20 个整数，分别放入两个数组 Arr1 和 Arr2 中；如果单击“计算”按钮，则把两个数组中对应下标的元素相加，其结果放入第三个数组中（即：第一个数组的第 n 个元素与第二个数组的第 n 个元素相加，其结果作为第三个数组的第 n 个元素。这里的 n 为 1、2、...、20），最后计算第三个数组各元素之和，并把所求得的和在窗体上显示出来；如果单击“存盘”按钮，则调用题目中给出的 WriteDate 过程将计算结果存入考生文件夹下的 dataout.txt 文件中。

注意： 请仔细阅读已有程序。考生不得修改窗体文件中已经存在的程序，必须把求得的结果用“存盘”按钮存入考生文件夹下的 dataout.txt 文件中，否则没有成绩。最后把修改后的文件以原来的文件名存盘。

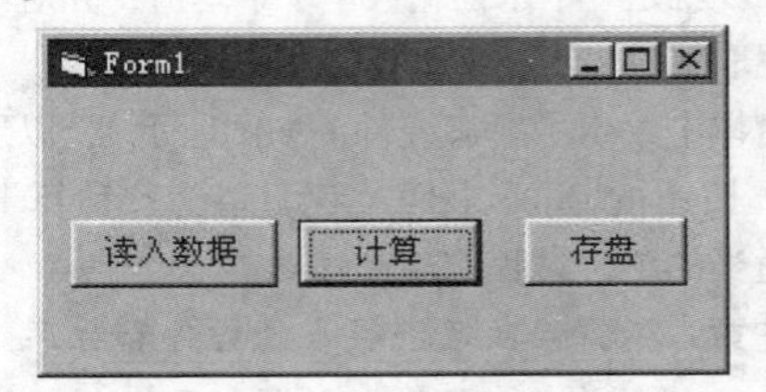

第74~98套 上机操作题

本部分对应的内容在图书配套软件中。先安装二级 Visual Basic 软件，启动软件后在“强化练习”模块进行练习。

第 4 部分

参考答案及解析

第1套 参考答案及解析

一、基本操作题

（1）【微步骤】

步骤 1： 新建一个窗体，在窗体中添加一个标签，然后按照题目要求建立标签控件并设置其属性。程序中用到的控件及属性见下表。

控件	标签					
属性	Name	Caption	Width	Height	Alignment	BorderStyle
设置值	Labe11	等级考试	2 000	300	2	

步骤 2： 调试并运行程序，关闭程序后按题目要求存盘。

（2）【微步骤】

步骤 1： 建立界面，在窗体中添加一个图像框，三个命令按钮并设置控件的属性。程序中涉及的控件及属性见下表。

控件	图像框			命令按钮1	
属性	Name	BorderStyle	Stretch	Name	Caption
设置值	Image1	1	Ture	Command1	红桃

控件	命令按钮2		命令按钮3	
属性	Name	Caption	Name	Caption
设置值	Command2	黑桃	Command3	清除

步骤 2： 编写程序代码。

【微答案】

```
Private Sub Command1_Click()
Image1.Picture = LoadPicture(App.Path & "\MISC34.ico")
End Sub
Private Sub Command2_Click()
Image1.Picture = LoadPicture(App.Path & "\MISC37.ico")
End Sub
Private Sub Command3_Click()
Set Image1.Picture = Nothing
End Sub
```

步骤 3： 调试并运行程序，关闭程序后按题目要求存盘。

二、简单应用题

（1）【微步骤】

步骤 1： 打开本题工程文件。

步骤 2： 分析并编写程序代码。

程序提供代码如下。

```
Private Sub Command1_Click()
Dim k As Integer, s As Single, a As Single, b As Single
a = Val(Text1(0). Text)
s = a
b = a
'   For k = 1 To ?
s = s + Val(Text1(k). Text)
'   If ? < Val(Text1(k). Text) Then
            a = Val(Text1(k). Text)
        End If
        If b > Val(Text1(k). Text) Then
            b = Val(Text1(k). Text)
End If
Next k
'   s = (s - a - b) / ?
'   s = ? * 3 * Val(Text2.Text)
'   ?  = Int(s * 100) / 100
End Sub
```

程序结束。

【微答案】

第 1 个？处填入 5

第 2 个？处填入 a

第 3 个？处填入 4

第 4 个？处填入 s

第 5 个？处填入 Text3

步骤 3： 调试并运行程序，关闭程序后按题目要求存盘。

（2）【**微步骤**】

步骤 1： 打开本题工程文件。

步骤 2： 分析并编写程序代码。

程序提供代码如下。

```
Dim n As Integer
' 需考生编写的程序
Private Sub Command1_Click()
End Sub
Private Sub Command2_Click()
Open App.Path + "\out4.dat" For Output As #1
Print #1, n, Option1.Value, Option2.Value, Text1
Close #1
End Sub
Private Sub m10_Click()
n = 10
End Sub
Private Sub m2000_Click()
n = 2000
End Sub
Private Sub m12_Click()
n = 12
End Sub
Private Sub m1000_Click()
n = 1000
End Sub
Private Sub Option1_Click()
n = 0
m1000.Enabled = False
m2000.Enabled = False
m10.Enabled = True
m12.Enabled = True
End Sub
Private Sub Option2_Click()
n = 0
m10.Enabled = False
m12.Enabled = False
m1000.Enabled = True
m2000.Enabled = True
End Sub
```

程序结束。

【**微答案**】

```
Private Sub Command1_Click()
Dim i As Integer
Dim j As Integer
Dim m As Long
Dim sum As Long
m = 1
If n = 10 Or n = 12 Then
For i = 2 To n
   m = i * m
Next
Text1.Text = m
End If
sum = 0
If n = 2000 Or n = 1000 Then
For j = 1 To n
   sum = sum + j
Next
Text1.Text = sum
End If
End Sub
```

步骤 3： 调试并运行程序，关闭程序后按题目要求存盘。

三、综合应用题

【**微步骤**】

步骤 1： 打开本题工程文件。

步骤 2： 分析并编写程序代码。

程序提供代码如下。

```
Private Sub Command1_Click()
Text4 = ""
a = Val(Text1)
b = Val(Text2)
n = Val(Text3)
'   Text4 = Text4 & a & "  " & ?
k = 2
Do While k < n
            c = a * b
            k = k + 1
            If c < 10 Then
                  Text4 = Text4 & "  " & c
```

```
'  a = ?
        b = c
    Else
        d = c \ 10
        Text4 = Text4 & "  " & d
        a = d
        k = k + 1
'  If k <= ? Then
            d = c Mod 10
            Text4 = Text4 & "  " & d
'  ?  = d
        End If
    End If
Loop
End Sub
```

程序结束。

【微答案】

第 1 个? 处填入 b

第 2 个? 处填入 b

第 3 个? 处填入 n

第 4 个? 处填入 b

步骤 3： 调试并运行程序，关闭程序后按题目要求存盘。

第2套 参考答案及解析

一、基本操作题

（1）【微步骤】

步骤 1： 建立界面，在窗体中添加一个图片框和一个图像框并设置控件的属性。程序中用到的控件及属性见下表。

控件	图片框			图像框		
属性	Name	Width	Height	BorderSyle	Name	Picture
设置值	Picture1	1 000	1 000	1	Image1	Point11

步骤 2： 调试并运行程序，关闭程序后按题目要求存盘。

（2）【微步骤】

步骤 1： 新建一个窗体，在窗体中添加一个命令按钮和一个通用对话框，然后设置控件的属性。程序中用到的控件及属性见下表。

控件	命令按钮		通用对话框		
属性	Name	Caption	Name	FileName	DialogTitle
设置值	Command1	保存文件	CommonDialog1	cut2	保存文件

步骤 2： 编写程序代码。

【微答案】

```
Private Sub Command1_Click()
CommonDialog1.ShowSave
End Sub
```

步骤 3： 调试并运行程序，关闭程序后按题目要求存盘。

二、简单应用题

（1）【微步骤】

步骤 1： 打开本题工程文件。

步骤 2： 分析并编写程序代码。

程序提供代码如下。

```
Const y0& = 1110, x0& = 1100, radius& = 750
Private Function oncircle(X As Single, Y As Single) As Boolean
precision = 55000
If Abs((X - x0) * (X - x0) + (y0 - Y) * (y0 - Y) - radius * radius) < precision Then
oncircle = True
Else
oncircle = False
End If
End Function
Private Sub Form_MouseDown(Button As Integer, Shift as Integer, X As Single, Y As Single)
Const LEFT BUTTON = 1
If oncircle(X, Y) Then
        Line1.X1 = x0
        Line1.Y1 = y0
        If Button = LEFT BUTTON Then
            Line1.X2 = X
'  Line1.Y2 = ?
        Else
'  Line1.X2 = Line1.?
'  Line1.Y2 = y0 - ?
        End If
        Label1.Caption = ""
```

```
Else
'  ? = " 鼠标位置不对 "
End If
End Sub
```

程序结束。

【微答案】

第 1 个？处填入 Y

第 2 个？处填入 X1

第 3 个？处填入 radius&

第 4 个？处填入 Label1

步骤 3：调试并运行程序，关闭程序后按题目要求存盘。

（2）【微步骤】

步骤 1：打开本题工程文件。

步骤 2：分析并编写程序代码。

程序提供代码如下。

```
Dim n As Integer
Private Sub Command1_Click()
n = Val(InputBox(" 请输入整数 (8 — 12)", " 输入 "))
'   If n > ? Or n < 8 Then
            MsgBox (" 数据错误，请重新输入 ")
            Command2.Enabled = False
            Command3.Enabled = False
Else
            Command2.Enabled = True
            Command3.Enabled = True
End If
End Sub
Private Sub Command2_Click()
Dim s As Long, k As Integer
' 考生应编写的程序
End Sub
Function f(n As Integer) As Long
'    s = ?
For k = 2 To n
            s = s * k
Next
'    f = ?
End Function
Private Sub Command3_Click()
Open App.Path & "\out4.dat" For Output As #1
Print #1, n, Text1
Close #1
End Sub
```

程序结束。

【微答案】

第 1 个？处填入 12

第 2 个？处填入 1

第 3 个？处填入 s

```
' 考生应编写的程序
  s = 0
  For k = 1 To n
    s = s + f(k)
  Next
  Text1 = s
```

步骤 3：调试并运行程序，关闭程序后按题目要求存盘。

三、综合应用题

【微步骤】

步骤 1：打开本题工程文件。

步骤 2：分析并编写程序代码。

程序提供代码如下。

```
Form1
Private Sub Command1_Click()
Form2.Text1 = ""
Form2.Text2 = ""
Form2.Text3 = ""
Label1.Caption = ""
Form2.Show
End Sub
Private Sub Command2_Click()
Form3.Text2 = ""
Label1.Caption = ""
Form3.Show
End Sub
Form2
Private Sub Command1_Click()
Text1 = ""
Text2 = ""
```

```
Text3 = ""
End Sub
Sub writeusers()
'   n = n + ?
users(n, 1) = Text1
users(n, 2) = Text2
End Sub
Private Sub Command2_Click()
If Text1 = "" Then
        MsgBox ("必须输入用户名！")
        Text1.SetFocus
'   ElseIf finduser(Trim$(Text1)) > ? Then
        MsgBox ("此用户名已经存在！")
ElseIf Text2 <> Text3 Then
        MsgBox ("口令验证错误！")
Else
        writeusers
'       ? = "注册成功！"
        Form2.Hide
End If
End Sub
Form3
Private Sub Command1_Click()
k = finduser(Trim$(Text1))
'   If k = ? Then
        MsgBox ("没有注册！")
'   ElseIf Trim$(Text2) <> users( ? ) Then
        MsgBox ("口令错误！")
Else
        Form1.Label1.Caption = "登录成功！"
        Form3.Hide
End If
End Sub
```

程序结束。

【微答案】

Form2 中第 1 个? 处填入 1

Form2 中第 2 个? 处填入 0

Form2 中第 3 个? 处填入 Form1.Label1

Form3 中第 1 个? 处填入 0

Form3 中第 2 个? 处填入 k, 2

步骤 3： 调试并运行程序，关闭程序后按题目要求存盘。

第3套 参考答案及解析

一、基本操作题

（1）【微步骤】

步骤 1： 建立界面，并设置控件的属性。程序中用到的控件及属性见下表。

控件	文本框							窗体
属性	Name	Text	Width	Height	ScrollBars	MultiLine	Font	Caption
设置值	Text1		1 800	2 000	1	true	斜体	文本框

步骤 2： 调试并运行程序，关闭程序后按题目要求存盘。

（2）【微步骤】

步骤 1： 建立界面，并设置控件的属性。程序中用到的控件及属性见下表。

控件	列表框	
属性	Name	List
设置值	List1	数学 物理 化学 语文

步骤 2： 编写程序代码。

【微答案】

```
Private Sub Form_Click()
List1.List(3) = ""
End Sub
Private Sub Form_Load()
List1.List(3) = "英语"
End Sub
```

步骤 3： 调试并运行程序，关闭程序后按题目要求存盘。

二、简单应用题

（1）【微步骤】

步骤 1： 建立界面，并设置控件的属性。程序中用到的控件及属性见下表。

控件	文本框1	框架1		框架2	
属性	Name	Name	Caption	Name	Caption
设置值	Text	Frame1	对齐方式	Frame2	字体

控件	单选按钮1		单选按钮2	
属性	Name	Caption	Name	Caption
设置值	Option1	左对齐	Option2	居中

控件	单选按钮3		单选按钮4		单选按钮5	
属性	Name	Caption	Name	Caption	Name	Caption
设置值	Option3	右对齐	Option4	宋体	Option5	黑体

【微答案】

```
Private Sub Option1_Click()
Text1.Alignment = 0
End Sub
Private Sub Option2_Click()
Text1.Alignment = 2
End Sub
Private Sub Option3_Click()
Text1.Alignment = 1
End Sub
Private Sub Option4_Click()
Text1.FontName = " 宋体 "
End Sub
Private Sub Option5_Click()
Text1.FontName = " 黑体 "
End Sub
```

步骤 2： 调试并运行程序，关闭程序后按题目要求存盘。

（2）**【微步骤】**

步骤 1： 打开本题工程文件。

步骤 2： 分析并编写程序代码。

程序提供代码如下。

```
Const x0 = 1200, y0 = 1200, radius = 1000
Dim a, b, len1, len2
Private Sub Command1_Click()
Timer1.Enabled = True
End Sub
Private Sub Command2_Click()' ?

End Sub
Private Sub Form_Activate()
'For k = 0 To 359 Step ?
'x = radius * Cos(k * 3.14159 / 180) + ?
y = y0 – radius * Sin(k * 3.14159 / 180)
Form1.Circle (x, y), 20
Next k
a = 90
b = 90
len1 = Line1.Y1 – Line1.Y2
len2 = Line2.Y1 – Line2.Y2
End Sub
Private Sub Timer1_Timer()
a = a – 30
Line1.X2 = len1 * Cos(a * 3.14159 / 180) + x0
'Line1.? = y0 – len1 * Sin(a * 3.14159 / 180)
'b = ? – 30 / 12
Line2.X2 = len2 * Cos(b * 3.14159 / 180) + x0
Line2.Y2 = y0 – len2 * Sin(b * 3.14159 / 180)
End Sub
```

程序结束。

【微答案】

第 1 个？处填入 Timer1.Enabled = False

第 2 个？处填入 30

第 3 个？处填入 x0

第 4 个？处填入 Y2

第 5 个？处填入 b

步骤 3： 调试并运行程序，关闭程序后按题目要求存盘。

三、综合应用题

【微步骤】

步骤 1： 打开本题工程文件。

步骤 2： 分析并编写程序代码。

程序提供代码如下。

```
Option Base 1
Dim a(5, 8) As Single, athlete(5) As String * 8
Private Sub Command1_Click()
Dim ch As String
Text1 = ""
Open App.Path & "\in5.dat" For Input As #1
For k = 1 To 5
Input #1, ch
        athlete(k) = ch
        Text1 = Text1 & ch & " "
        For j = 1 To 8
                Input #1, ch
                a(k, j) = Val(ch)
                Text1 = Text1 & ch & "  "
        Next j
        Text1 = Text1 & Chr(13) & Chr(10)
Next k
Close #1
End Sub
Private Function getmark(n As Integer) As Single
```

```
' s = ?
maxnum = s
minnum = s
'For k =2 To ?
s = s + a(n, k)
        If maxnum < a(n, k) Then
              maxnum = a(n, k)
        End If
        If minnum > a(n, k) Then
              minnum = a(n, k)
    End If
Next k
s = (s - maxnum - minnum) / 5
'   getmark= s * 3 * ?
End Function
Private Sub Command2_Click()
' 要求考生编写的程序
End Sub
Private Sub Command3_Click()
Open App.Path & "\out5.dat" For Output As #1
Print #1, Text2, Text3
Close #1
End Sub
```

程序结束。

【微答案】

第 1 个? 处填入 a(n, 1)

第 2 个? 处填入 7

第 3 个? 处填入 a(n, 8)

```
Private Sub Command2_Click()
Dim n As Integer
For n = 1 To 5
If m < getmark(n) Then m = getmark(n)
Next
Text3.Text = m
For n = 1 To 5
If m = getmark(n) Then Text2.Text = athlete(n)
Next n
End Sub
```

步骤 3：调试并运行程序，关闭程序后按题目要求存盘。

第4套 参考答案及解析

一、基本操作题

（1）【微步骤】

步骤 1：新建一个窗体，按照题目要求建立列表框控件并设置窗体及列表框属性。程序中用到的控件及属性见下表。

控件	窗体	列表框			
属性	Caption	Name	Width	Style	List
设置值	列表框	List1	1100	1	数学 语文 历史 地理

步骤 2：调试并运行程序，关闭程序后按题目要求存盘。

（2）【微步骤】

步骤 1：建立界面，添加一个命令按钮，将 Name 属性设置为 Command1，Caption 属性设置为弹出菜单。程序中用到的控件及属性见下表。

标题	文件	打开	关闭	保存
名称	menu1	m1	m2	m3
内缩符号	0	1	1	1

步骤 2：编写程序代码。

【微答案】

```
Private Sub Command1_Click()
PopupMenu menu1
End Sub
```

步骤 3：调试并运行程序，关闭程序后按题目要求存盘。

二、简单应用题

（1）【微步骤】

步骤 1：打开本题工程文件。

步骤 2：分析并编写程序代码。

程序提供代码如下。

```
Dim n As Integer
Private Sub Text1_Change()
Dim ch As String
'   ch = Right$( ? )
If ch >= "A" And ch <= "Z" Then
        Label1.Caption = LCase(ch)
        n = n + 1
ElseIf ch >= "a" And ch <= "z" Then
```

```
        Label1.Caption = UCase(ch)
        n = n + 1
    Else
'   Label1.Caption = ?
    End If
'   Label2.Caption = ?
    End Sub
```

程序结束。

【微答案】

第 1 个? 处填入 Text1, 1

第 2 个? 处填入 ch

第 3 个? 处填入 n

步骤 3：调试并运行程序，关闭程序后按题目要求存盘。

（2）【微步骤】

步骤 1：打开本题工程文件。

步骤 2：分析并编写程序代码。

程序提供代码如下。

```
Dim left0 As Integer
Const blue color =&HFF0000, red color = &HFF&
Private Sub Command1_Click()
'   Timer1.Enabled = ?
End Sub
Private Sub Command2_Click()
Timer1.Enabled = False
End Sub
Private Sub Form_Load()
left0 = Shape1.Left
End Sub
Private Sub Timer1_Timer()
If Shape1.FillColor = blue color Then
        If Shape1.Left > 0 Then
            Shape1.Height = Shape1.Height + 100
            Shape1.Width = Shape1.Width + 100
            Shape1.Left = Shape1.Left - 50
            Shape1.Top = Shape1.Top - 50
        Else
'   Shape1.FillColor = ?
        End If
End If
If Shape1.FillColor = red color Then
        If Shape1.Left < left0 Then
            Shape1.Height = Shape1.Height - 100
            Shape1.Width = Shape1.Width - 100
'   ?  = Shape1.Left + 50
'   ?  = Shape1.Top + 50
        Else
'   Shape1.FillColor = ?
        End If
End If
End Sub
```

程序结束。

【微答案】

第 1 个? 处填入 True

第 2 个? 处填入 red_color

第 3 个? 处填入 Shape1.Left

第 4 个? 处填入 Shape1.Top

第 5 个? 处填入 blue_color

步骤 3：调试并运行程序，关闭程序后按题目要求存盘。

三、综合应用题

【微步骤】

步骤 1：打开本题工程文件。

步骤 2：分析并编写程序代码。

程序提供代码如下。

```
Private Sub Command1_Click()
Dim s As String
CommonDialog1.Filter = "所有文件|*.*|文本文件|*.txt"
'   CommonDialog1.FilterIndex = ?
On Error GoTo openerr
CommonDialog1.InitDir = App.Path
CommonDialog1.ShowOpen
'   Open ? For Input As #1
Input #1, s
Close #1
'   Text1.Text = ?
openerr:
End Sub
Private Sub Command2_Click()
```

```
'考生需要编写的程序
End Sub
Private Sub Command3_Click()
CommonDialog1.Filter = "文本文件|*.txt|所有文件|*.*"
CommonDialog1.FilterIndex = 1
On Error GoTo openerr
CommonDialog1.FileName = "out5.txt"
CommonDialog1.InitDir = App.Path
'  CommonDialog1.Action = ?
Open CommonDialog1.FileName For Output As #1
Print #1, Text1
Close #1
openerr：
End Sub
```

程序结束。

【微答案】

第1个？处填入2

第2个？处填入CommonDialog1.FileName

第3个？处填入s

第4个？处填入2

```
'考生需要编写的程序
Private Sub Command2_Click()
Dim ch As String
Dim s As String
Dim n As Long
s = Text1.Text
Text1.Text = ""
For n = 1 To Len(s)
ch = Mid(s, n, 1)
If ch = "E" Or ch = "N" Or ch = "T" Then
  ch = LCase(ch)
ElseIf ch = "e" Or ch = "n" Or ch = "t" Then
  ch = UCase(ch)
End If
Text1.Text = Text1 & ch
Next
End Sub
```

步骤3：调试并运行程序，关闭程序后按题目要求存盘。

第5套 参考答案及解析

一、基本操作题

（1）**【微步骤】**

步骤1：建立界面，在窗体中添加一个框架和两个单选按钮，并设置控件的属性。程序中的控件属性见下表。

控件	框架			单选按钮1		单选按钮2		
属性	Name	Caption	Enabled	Name	Caption	Name	Caption	Value
设置值	Frame1	框架	False	Option1	第一项	Option2	第二项	True

步骤2：调试并运行程序，关闭程序后按题目要求存盘。

（2）**【微步骤】**

步骤1：新建一个窗体，按照题目要求建立驱动器列表框、目录列表框、文件列表框控件并设置其属性。

步骤2：按照步骤1建立其他控件并设置相关属性，程序中用到的控件及属性见下表。

控件	标签1		标签2		
属性	Name	Caption	Name	Caption	BorderStyle
设置值	Label1	文件名	Label2		1

控件	窗体	驱动器表框	目录列表框	文件列表框
属性	Caption	Name	Name	Name
设置值	文件系统控件	Drive1	Dir1	File1

步骤3：编写程序代码。

【微答案】

```
Private Sub Dir1_Change()
File1.Path = Dir1.Path
End Sub
Private Sub Drive1_Change()
Dir1.Path = Drive1.Drive
End Sub
Private Sub File1_Click()
Label2 = File1.FileName
End Sub
```

步骤4：调试并运行程序，关闭程序后按题目要求存盘。

二、简单应用题

(1)【微步骤】

步骤 1： 打开本题工程文件。

步骤 2： 分析并编写程序代码。

程序提供代码如下。

```
Private Sub Command1_Click()
        '   Combo1.?
        Text1.Text = ""
End Sub
Private Sub Text1_KeyPress(KeyAscii As Integer)
        '   If KeyAscii > 57 Or KeyAscii < ? Then
                MsgBox "请输入数字！ "
                '   KeyAscii = ?
        End If
End Sub
```

程序结束。

【微答案】

第 1 个？处填入 AddItem Text1.Text

第 2 个？处填入 48

第 3 个？处填入 0

步骤 3： 调试并运行程序，关闭程序后按题目要求存盘。

(2)【微步骤】

步骤 1： 打开本题工程文件。

步骤 2： 分析并编写程序代码。

程序提供代码如下。

```
Private Sub Command1_Click()
        Dim m As Integer
        Dim n As Integer
        Dim s As Long
        Dim i As Integer
        m = Val(Text1.Text)
        n = Val(Text2.Text)
        s = 0
        '  For i = ?   To n
                '   t =?
                '   s = s + ?
        Next
        lblResult.Caption = s
End Sub
Private Function f(ByRef x As Integer) As Long
        Dim t As Long
        t = 1
        For i = 1 To x
                '   t = ?
        Next
        'f = ?
End Function
```

程序结束。

【微答案】

第 1 个？处填入 m

第 2 个？处填入 f(i)

第 3 个？处填入 t

第 4 个？处填入 t * i

第 5 个？处填入 t

步骤 3： 调试并运行程序，关闭程序后按题目要求存盘。

三、综合应用题

【微步骤】

步骤 1： 打开本题工程文件。

步骤 2： 分析并编写程序代码。

程序提供代码如下。

窗体代码

```
Private Sub Command1_Click()
'===考生编写程序开始====
'===考生编写程序结束====
'不要改动以下内容
save Label1
End Sub
```

模块代码

```
Public Sub save(l As Control)
Open App.Path & "\out5.txt" For Output As #1
Print #1, l.  Caption
Close #1
End Sub
```

程序结束。

【微答案】

```
Private Sub Command1_Click()
Dim i As Integer
Dim j As Integer
Dim k As Integer
For i = 1 To 60
```

```
For j = 1 To 60
  For k = 1 To 60
    If i ^ 2 = j ^ 2 + k ^ 2 Then
      m = m + 1
    End If
  Next k
Next j
Next i
Label1 = m / 2
```

步骤3：调试并运行程序，关闭程序后按题目要求存盘。

第6套　参考答案及解析

一、基本操作题

（1）**【微步骤】**

步骤1：建立界面，并设置控件的属性。程序中用到的控件及属性见下表。

控件	滚动条					标签		
属性	Name	Min	Max	Small Change	Value	Name	Caption	Auto Size
设置值	Hscroll1	1	80	2	30	Label1	设置速度	True

步骤2：调试并运行程序，关闭程序后按题目要求存盘。

（2）**【微步骤】**

步骤1：建立界面，并设置控件的属性。程序中用到的控件及属性见下表。

控件	命令按钮1		命令按钮2		形状控件
属性	Name	Caption	Name	Caption	Name
设置值	Command1	圆形	Command2	红色边框	Shape1

步骤2：编写程序代码。

【微答案】

```
Private Sub Command1_Click()
Shape1.Shape = 3
End Sub
Private Sub Command2_Click()
Shape1.BorderColor = &HFF&
End Sub
```

步骤3：调试并运行程序，关闭程序后按题目要求存盘。

二、简单应用题

（1）**【微步骤】**

步骤1：打开本题工程文件。

步骤2：分析并编写程序代码。

程序提供代码如下。

窗体1的代码

```
Private Sub mnuOper_Click(Index As Integer)
'Select Case ?
      Case 1
        Form2.Show
        Form1.Hide
      Case 2
'Timer1.Enabled = ?
        Case 3
        End
End Select
End Sub
Private Sub Timer1_Timer()
Picture1.Left = Picture1.Left + 100
    'If Picture1.Left + Picture1.Width >= ? Then
'Picture1.Left = ?       End If
End Sub
```

窗体2的代码

```
Private Sub Command1_Click()
Form1.Show
Form2.Hide
End Sub
```

程序结束。

【微答案】

第1个？处填入 Index

第2个？处填入 True

第3个？处填入 Form1.Width

第4个？处填入 0

步骤3：调试并运行程序，关闭程序后按题目要求存盘。

（2）**【微步骤】**

步骤1：打开本题工程文件，设置控件的属性。程序中用到的控件及属性见下表。

控件	框架1		框架1		单选按钮1		
属性	Name	Caption	Name	Caption	Name	Caption	Value
设置值	Frame1		Frame2		Option1	古典音乐	True

控件	单选按钮2		单选按钮3			单选按钮4	
属性	Name	Caption	Name	Caption	Value	Name	Caption
设置值	Option1	流行音乐	Option2	篮球	True	Option3	羽毛球

步骤 2： 分析并编写程序代码。

程序提供代码如下。

```
Private Sub Check1_Click()
If Check1.Value = 1 Then
        Frame1.Enabled = True
Else
        Frame1.Enabled = False
End If
End Sub
Private Sub Check2 Click()
If Check2.Value = 1 Then
        Frame2.Enabled = True
Else
          Frame2.Enabled = False
End If
End Sub
Private Sub Command1_Click()
If Check1.Value = 1 Then
         'If ? = True Then
           s = " 古典音乐 "
           Else
           s = " 流行音乐 "
        End If
End If
If Check2.Value = 1 Then
         'If ? = True Then
           s = s & " 篮球 "
        Else
              s = s & " 羽毛球 "
        End If
End If
'Label2.Caption = ?
End Sub
Private Sub Form_Load()
Check1.Value = 1
Check2.Value = 1
End Sub
```

程序结束。

【微答案】

第 1 个？处填入 Option1(0).Value

第 2 个？处填入 Option2.Value

第 3 个？处填入 s

步骤 3： 调试并运行程序，关闭程序后按题目要求存盘。

三、综合应用题

【微步骤】

步骤 1： 打开本题工程文件。

步骤 2： 分析并编写程序代码。

程序提供代码如下。

```
Option Base 1
Dim a(4, 4) As Integer
Private Sub Command1_Click()
' ====考生编写程序开始====
' ====考生编写程序结束====
' 不得修改以下部分
save Label3
End Sub
Private Sub Command2_Click()
' ====考生编写程序开始====
' ====考生编写程序结束====
' 不得修改以下部分
save Label4
End Sub
Private Sub Form_Load()
Open App.Path & "\in5.txt" For Input As #1
For i = 1 To 4
        For j = 1 To 4
                Input #1, a(i, j)
        Next j
Next i
Close #1
End Sub
```

程序结束。

【微答案】

```
Private Sub Command1_Click()
Dim max As Integer
max = 0
For i = 1 To 4
For j = 1 To 4
```

```
    If a(i, j) > max Then
        max = a(i, j)
    End If
Next j
Next i
Label3 = max
save Label3
End Sub
Private Sub Command2_Click()
Dim sum As Integer
sum = 0
For i = 1 To 4
For j = 1 To 4
    If i = j Then
        sum = sum + a(i, j)
    End If
Next j
Next i
Label4 = sum
save Label4
End Sub
```

步骤3：调试并运行程序，关闭程序后按题目要求存盘。

第7套 参考答案及解析

一、基本操作题

（1）【微步骤】

步骤1：建立界面，在窗体中添加一个标签，然后在属性窗口中设置标签和窗体的属性，程序中用到的控件及属性见下表。

控件	标签					窗体
属性	Name	Caption	AutoSize	Border Style	Font Size	Caption
设置值	Label1	计算机等级考试	True	1	三号	标签

步骤2：调试并运行程序，关闭程序后按题目要求存盘。

（2）【微步骤】

步骤1：新建一个窗体，在窗体中添加一个滚动条和一个文本框。

步骤2：然后按照题目要求设置控件属性，程序中用到的控件及属性见下表。

控件	滚动条				文本框	
属性	Name	Max	Min	TabIndex	Name	Text
设置值	HScroll1	100	1	0	Text1	1

步骤3：编写程序代码。

【微答案】

```
Private Sub Form_Activate()
HScroll1.SetFocus
End Sub
Private Sub HScroll1_Change()
Text1.Text = HScroll1.Value
End Sub
```

步骤4：调试并运行程序，关闭程序后按题目要求存盘。

二、简单应用题

（1）【微步骤】

步骤1：打开本题工程文件，设置形状控件的Top属性为360，FillStyle属性为0，FillColor属性为&H000000FF&，Shape属性为3。

步骤2：分析并编写程序代码。

程序提供代码如下。

```
Dim s As Integer, h As Long
Private Sub Form_Load()
' Timer1.Enabled = ?
s = - 40
End Sub
Private Sub Timer1_Timer()
Shape1.Move Shape1.Left, Shape1.Top + s
'  If Shape1.Top <= ? Then
        s = - s
End If
'  If Shape1.Top + ? >= Line2.Y1 Then
        s = - s
End If
End Sub
```

程序结束。

【微答案】

第1个？处填入 True

第2个？处填入 Line1.Y1

第3个？处填入 Shape1.Height

步骤3：调试并运行程序，关闭程序后按题目要求存盘。

（2）【微步骤】

步骤1：打开本题工程文件。

步骤2：分析并编写程序代码。

程序提供代码如下。

```
Dim a(100) As Integer
Private Sub Command1_Click()
Dim k As Integer
Open App.Path & "\in4.dat" For Input As #1
For k = 1 To 100
        Input #1, a(k)
Next k
Close #1
End Sub
Private Sub Command2_Click()
'考生编写
End Sub
Private Sub Form_Unload(Cancel As Integer)
Open App.Path & "\out4.dat" For Output As #1
Print #1, Combo1.Text; Text1.Text
Close #1
End Sub
```

程序结束。

【微答案】

```
Private Sub Command2_Click()
'考生编写
Dim k As Long
Dim m As Long
Dim q As Long
Dim p As Long
Dim r As Long
Dim n As Long
For k = 1 To 100
If a(k) Mod 2 = 0 Then
  m = m + a(k)
  q = q + 1
Else
  n = n + a(k)
  p = p + 1
End If
Next k
r = Int((m + n) / (p + q) + 0.5)
m = Int(m / q + 0.5)
n = Int(n / p + 0.5)
Select Case Combo1.Text
Case "所有偶数"
Text1 = m
Case "所有奇数"
Text1 = n
Case "所有数"
Text1 = r
End Select
End Sub
```

步骤3：调试并运行程序，关闭程序后按题目要求存盘。

三、综合应用题

【微步骤】

步骤1：打开本题工程文件。

步骤2：分析并编写程序代码。

程序提供代码如下。

```
Option Base 1
Private Sub Form_Click()
Const N = 5
Const M = 5
'  Dim ?
Dim i, j, t
'  Open App.Path & "\" & "datain.txt"  ?  As #1
For i = 1 To N
    For j = 1 To M
'    ?
    Next j
Next i
Close #1
Print
Print "初始矩阵为："
Print
For i = 1 To N
    For j = 1 To M
        Print Tab(5 * j); Mat(i, j) ;
Next j
Print
Next i
For i = 1 To N
```

```
        t = Mat(i, 2)
        Mat(i, 2) = Mat(i, 4)
'   ?
    Next i
    Print
    Print "交换第二列和第四列后的矩阵为："
    Print
    For i = 1 To N
        For j = 1 To M
            Print Tab(5 * j); Mat(i, j) ;
    Next j
    Print
    Next i
    End Sub
```

程序结束。

【微答案】

第 1 个? 处填入 Mat(N, M) As Integer

第 2 个? 处填入 For Input

第 3 个? 处填入 Input #1, Mat(i, j)

第 4 个? 处填入 Mat(i, 4) = t

步骤 3： 调试并运行程序，关闭程序后按题目要求存盘。

第8套 参考答案及解析

一、基本操作题

（1）【微步骤】

步骤 1： 建立窗体，在窗体中添加一个框架，两个单选按钮并设置控件的属性，程序中用到的控件及属性见下表。

控件	框架		单选按钮1		单选按钮2		窗体
属性	Name	Caption	Name	Caption	Name	Caption	Caption
设置值	Frame1		Opt1	字体	Opt2	大小	框架

步骤 2： 调试并运行程序，关闭程序后按题目要求存盘。

（2）【微步骤】

步骤 1： 打开本题工程文件，在要求的位置添加一个线条并设置其属性。程序中用到的控件及属性见下表。

控件	线条					
属性	Name	X1	X2	Y1	Y2	Visible
设置值	Line4	1 600	1 600	300	1 200	FALSE

步骤 2： 然后在窗体中添加两个命令按钮并设置其属性，属性见下表。

控件	命令按钮1		命令按钮2	
属性	Name	Caption	Name	Caption
设置值	Cmd1	显示高	Cmd2	隐藏高

步骤 3： 编写程序代码。

【微答案】

```
Private Sub Cmd1_Click()
Line4.Visible = True
End Sub
Private Sub Cmd2_Click()
Line4.Visible = False
End Sub
```

步骤 4： 调试并运行程序，关闭程序后按题目要求存盘。

二、简单应用题

（1）【微步骤】

步骤 1： 打开本题工程文件，设置计时器 Interval 属性为 1000，Enabled 属性设置为 False。

步骤 2： 分析并编写程序代码。

程序提供代码如下。

```
Private Sub C1_Click(Index As Integer)
'   Select Case ?
    Case 1
            Timer1.Enabled = False
'   Case ?
            Timer1.Enabled = True
End Select
End Sub
Private Sub Timer1_Timer()
'   Text1.Text = Text1.Text ?
End Sub
```

程序结束。

【微答案】

第 1 个? 处填入 Index

第 2 个? 处填入 0

第 3 个? 处填入 + 1

步骤 3： 调试并运行程序，关闭程序后按题目要求存盘。

（2）【微步骤】

步骤 1： 打开本题工程文件。

步骤 2： 分析并编写程序代码。

程序提供代码如下。

```
Dim s As Integer
Private Sub Command1_Click()
s = Val(InputBox(" 输入里程数 ( 单位：公里 )"))
End Sub
Private Sub Command2_Click()
If s > 0 Then
        '   Select Case ?
                Case Is <= 4
                    '?
                Case Is <= 15
                    'f = 10 + ?
            '   Case ?
                    'f = 10 + ? + (s – 15) * 1.8
        End Select
        Text1.Text = f
Else
        MsgBox " 请单击 " 输入 " 按钮输入里程数！ "
End If
End Sub
```

程序结束。

【微答案】

第 1 个？处填入 s

第 2 个？处填入 f = 10

第 3 个？处填入 (s – 4) * 1.2

第 4 个？处填入 Is > 15

第 5 个？处填入 11 * 1.2

步骤 3： 调试并运行程序，关闭程序后按题目要求存盘。

三、综合应用题

【微步骤】

步骤 1： 打开本题工程文件，添加两个标签控件，名称分别为 Label1 和 Label2，标题分别为 " 出现次数最多的字母是 " 和 " 它出现的次数为 "；再添加两个名称分别为 Text1 和 Text2，初始值为空的文本框。

步骤 2： 分析并编写程序代码。

程序提供代码如下。

```
Option Base 1
Dim s As String
Private Sub Command1_Click()
Open App.Path & "\in5.dat" For Input As #1
s = Input(LOF(1), #1)
Close #1
End Sub
Private Sub Command2_Click()
' 考生编写
End Sub
Private Sub Form_Unload(Cancel As Integer)
Open App.Path & "\out5.dat" For Output As #1
Print #1, Text1.Text, Text2.Text
Close #1
End Sub
```

程序结束。

【微答案】

```
Private Sub Command2_Click()
Dim a(1 To 26) As Integer
Dim max As Integer
n = Len(s)
For i = 1 To n
k = Asc(Mid$(s, i, 1))
If (k >= 65 And k <= 90) Then
   a(k – 64) = a(k – 64) + 1
End If
If (k >= 97 And k <= 122) Then
   a(k – 96) = a(k – 96) + 1
End If
Next
max = 0
For m = 1 To 26
If max < a(m) Then
   max = a(m)
End If
Next
Text2 = max
For m = 1 To 26
If a(m) = max Then
   l = m
End If
```

```
Next
Text1 = Chr(l + 64)
End Sub
```

步骤3： 调试并运行程序，关闭程序后按题目要求存盘。

第9套 参考答案及解析

一、基本操作题

（1）【**微步骤**】

步骤1： 建立界面，在窗体中添加一个图片框并设置图片框的属性，属性见下表。

控件	图片框	
属性	Name	Picture
设置值	Pic	Tu1-1.jpg

步骤2： 编写程序代码。

【**微答案**】

```
Private Sub Form_Click()
Pic.Print "VB 等级考试 "
End Sub
```

步骤3： 调试并运行程序，关闭程序后按题目要求存盘。

（2）【**微步骤**】

步骤1： 建立界面，添加一个名称为Command1的命令按钮，标题设置为"命令按钮"。菜单编辑的相关属性见下表。

标题	控件	显示命令按钮	隐藏命令按钮
名称	menu	subMenu1	subMenu2
内缩符号	0	1	1

步骤2： 编写程序代码。

【**微答案**】

```
Private Sub submenu1_Click()
Command1.Visible = True
End Sub
Private Sub submenu2_Click()
Command1.Visible = False
End Sub
```

步骤3： 调试并运行程序，关闭程序后按题目要求存盘。

二、简单应用题

（1）【**微步骤**】

步骤1： 打开本题工程文件。

步骤2： 分析并编写程序代码。

程序提供代码如下。

```
Private Function xn(m As Integer) As Long
Dim i As Integer
Dim tmp As Long
'tmp = ?
For i = 1 To m
        '   tmp = ?
Next
'? = tmp
End Function
Private Sub Command1_Click()
Dim n As Integer
Dim i As Integer
Dim t As Integer
Dim z As Long, x As Single
n = Val(Text1.Text)
x = Val(Text2.Text)
z = 0
For i = 2 To n
        t = x - i
        '   z = z + ?
Next
Label1.Caption = z
Call SaveResult
End Sub
Private Sub_SaveResult()
Open App.Path & "\out3.dat" For Output As #1
Print #1, Label1.Caption
Close #1
End Sub
```

程序结束。

【**微答案**】

第1个？处填入1

第2个？处填入tmp * i

第3个？处填入xn

第4个？处填入xn(t)

步骤3： 调试并运行程序，关闭程序后按题目要求存盘。

（2）【微步骤】

步骤1：打开本题工程文件。

步骤2：分析并编写程序代码。

程序提供代码如下。

```
Dim arr
Private Sub_Form Load()
' ?  = Array(" 第一项 ", " 第二项 ", " 第三项 ",
" 第四项 ")
Label1.Caption = arr(0)
Timer1.Interval = 1000
Timer1.Enabled = True
End Sub
Private Sub Timer1_Timer()
'? i As Integer
'Label1.Caption = ?
If i = 3 Then
        '   i = ?
Else
        i = i + 1
End If
End Sub
```

程序结束。

【微答案】

第1个?处填入 arr

第2个?处填入 Static

第3个?处填入 arr(i)

第4个?处填入 0

步骤3：调试并运行程序，关闭程序后按题目要求存盘。

三、综合应用题

【微步骤】

步骤1：打开本题工程文件。

步骤2：分析并编写程序代码。

程序提供代码如下。

```
Private Sub Command1_Click()
Randomize
For k = 0 To 9
        Text1(k) = CInt(Rnd() * 899 + 100)
Next
End Sub
Private Sub Command2_Click()
'========================
==
'========================
===
Dim i%, j%, temp%, flag As Boolean
i = 0
'   j = ?
'   ?  = Text1(j)
flag = True
'   While (i < ?  )
        If flag Then
                If Text1(i) Mod 2 = 0 Then
                        Text1(j) = Text1(i)
                        j = j - 1
                        flag = Not flag
                Else
                        i = i + 1
                End If
        Else
'   If Text1(j) Mod 2 = ? Then
                        Text1(i) = Text1(j)
                        i = i + 1
                        flag = Not flag
                Else
                        j = j - 1
                End If
        End If
Wend
Text1(i) = temp
End Sub
```

程序结束。

【微答案】

第1个?处填入 9

第2个?处填入 temp

第3个?处填入 j

第4个?处填入 1

步骤3：调试并运行程序，关闭程序后按题目要求存盘。

第10套 参考答案及解析

一、基本操作题

（1）【微步骤】

步骤1： 建立界面，并设置控件的属性。程序中用到的控件及属性见下表。

控件	命令按钮1				
属性	Name	Caption	Index	Width	Height
设置值	Command1	是	0	800	300

控件	命令按钮2				
属性	Name	Caption	Index	Width	Height
设置值	Command1	否	1	800	300

控件	命令按钮3					窗体
属性	Name	Caption	Index	Width	Height	Caption
设置值	Command1	取消	2	800	300	按钮窗口

步骤2： 调试并运行程序，关闭程序后按题目要求存盘。

（2）【微步骤】

步骤1： 建立界面，并添加一个名称为Sha1的形状控件，建立菜单的属性见下表。

标题控件	形状	正方形	圆形
名称	shape0	shape1	shape2
内缩符号	0	1	1

步骤2： 编写程序代码。

【微答案】

```
Private Sub shape1_Click()
Sha1.Shape = 1
End Sub
Private Sub shape2_Click()
Sha1.Shape = 3
End Sub
```

步骤3： 调试并运行程序，关闭程序后按题目要求存盘。

二、简单应用题

（1）【微步骤】

步骤1： 打开本题工程文件，并设置控件的属性。程序中用到的控件及属性见下表。

控制	单选按钮1		单选按钮2		复选框1		复选框2	
属性	Name	Caption	Name	Caption	Name	Caption	Name	Caption
设置值	Op1	男生	Op2	女生	Ch1	体育	Ch2	音乐

步骤2： 分析并编写程序代码。

程序提供代码如下。

```
Private Sub Form_Unload(Cancel As Integer)
Open App.Path & "\out3.txt" For Output As #1
Print #1, Op1.Value, Op2.Value, Text1.Text
Print #1, Ch1.Value, Ch2.Value, Text2.Text
Close #1
End Sub
```

程序结束。

【微答案】

```
Private Sub C1_Click()
If Ch2.Value And Ch1.Value Then
Text2 = " 我的爱好是体育音乐 "
ElseIf Ch2.Value And Ch1.Value = False Then
Text2 = " 我的爱好是音乐 "
ElseIf Ch1.Value And Ch2.Value = False Then
Text2 = " 我的爱好是体育 "
Else
Text2 = ""
End If
If Op1.Value Then
Text1 = " 我是男生 "
ElseIf Op2.Value Then
Text1 = " 我是女生 "
Else
Text1 = ""
End If
End Sub
```

步骤3： 调试并运行程序，关闭程序后按题目要求存盘。

（2）【微步骤】

步骤1： 打开本题工程文件，通过属性窗口向列表框添加四个项目，分别是："第一项"、"第二项"、"第三项"、"第四项"。

步骤2： 分析并编写程序代码。

程序提供代码如下。

```
Dim i As Integer
Private Sub Form_Load()
'i = ?
'Timer1.Interval = ?
Timer1.Enabled = True
End Sub
```

```
Private Sub Timer1_Timer()
'Label1.Caption = ?
If i = 3 Then
        i = 0
Else
        i = i + 1
End If
End Sub
```

程序结束。

【微答案】

第 1 个？处填入 0

第 2 个？处填入 1000

第 3 个？处填入 List1.List(i)

步骤 3：调试并运行程序，关闭程序后按题目要求存盘。

三、综合应用题

【微步骤】

步骤 1：建立界面，并设置控件的属性。程序中用到的控件及属性见下表。

控件	命令按钮1		命令按钮2	
属性	Name	Caption	Name	Caption
设置值	Command1	读数	Command2	统计

控件	命令按钮3		文本框	
属性	Name	Caption	Name	MultiLine
设置值	Command3	存盘	Text1	Ture

步骤 2：分析并编写程序代码。

【微答案】

```
Option Explicit
Private Sub Command1_Click()
Dim a As String
Dim s As String
Open App.Path & "\in5.txt" For Input As #1
Do While Not EOF(1)
a = Input(1, #1)
s = s & a
Loop
Close #1
Text1 = s
End Sub
Private Sub Command2_Click()
Dim str As String
Dim n1 As Integer
Dim n2 As Integer
Dim n3 As Integer
Dim n4 As Integer
Dim n5 As Integer
Dim n6 As Integer
Dim i As Integer
For i = 1 To Len(Text1)
str = Mid(Text1, i, 1)
Select Case str
   Case "i", "I"
   n1 = n1 + 1
   Case "j", "J"
   n2 = n2 + 1
   Case "k", "K"
   n3 = n3 + 1
   Case "l", "L"
   n4 = n4 + 1
   Case "m", "M"
   n5 = n5 + 1
   Case "n", "N"
   n6 = n6 + 1
End Select
Next
Text1 = " 字母 i 或 I 出现的次数为 " & Format(n1, "00") & vbCrLf
Text1 = Text1 & " 字母 j 或 J 出现的次数为 " & Format(n2, "00") & vbCrLf
Text1 = Text1 & " 字母 k 或 K 出现的次数为 " & Format(n3, "00") & vbCrLf
Text1 = Text1 & " 字母 l 或 L 出现的次数为 " & Format(n4, "00") & vbCrLf
Text1 = Text1 & " 字母 m 或 M 出现的次数为 " & Format(n5, "00") & vbCrLf
Text1 = Text1 & " 字母 n 或 N 出现的次数为 " & Format(n6, "00")
End Sub
Private Sub Command3_Click()
Open "out5.txt" For Output As #1
Print #1, Text1.Text
Close 1
End Sub
```

步骤 3：调试并运行程序，关闭程序后按题目要求存盘。

第11套 参考答案及解析

一、基本操作题

（1）【微步骤】

步骤1： 按照题目要求建立窗体和控件，并设置控件的属性。程序中用到的控件及属性见下表。

控件	单选按钮1		单选按钮2		框架		窗体
属性	Name	Caption	Name	Caption	Name	Caption	Caption
设置值	Opt1	隶书	Opt2	宋体	Frame1	字体	测试

步骤2： 调试并运行程序，关闭程序后按题目要求存盘。

（2）【微步骤】

步骤1： 按照题目要求建立窗体和控件，并设置控件的属性。程序中用到的控件及属性见下表。

控件	形状控件			
属性	Name	Height	Width	Shape
设置值	Shape1	1000	1000	3

控件	命令按钮1		命令按钮2	
属性	Name	Caption	Name	Caption
设置值	Command1	垂直线	Command2	水平线

步骤2： 编写程序代码。

【微答案】

```
Private Sub Command1_Click()
Shape1.FillStyle = 3
End Sub
Private Sub Command2_Click()
Shape1.FillStyle = 2
End Sub
```

步骤3： 调试并运行程序，关闭程序后按题目要求存盘。

二、简单应用题

（1）【微步骤】

步骤1： 打开本题工程文件，并设置控件的属性。程序中用到的控件及属性见下表。

控件	文本框		命令按钮	
属性	Name	Text	Name	Caption
设置值	Text1		C1	转换

步骤2： 分析并编写程序代码。

程序提供代码如下。

```
Private Sub C1_Click()
Dim a$, b$, k%, n%
a$ = ""
'n% = Asc("a") – Asc( ? )
For k% = 1 To Len(Text1.Text)
    b$ = Mid(Text1.Text, k%, 1)
    If b$ >= "a" And b$ <= "z" Then
        b$ = String(1, Asc(b$) – n%)
     Else
        If b$ >="A" And b$ <="Z" Then
            'b$ =String(1, Asc(b$) ? )
            End If
      End If
      a$ =a$ +b$
Next k%
' Text1.Text =?
End Sub
```

程序结束。

【微答案】

第1个？处填入 "A"

第2个？处填入 +n%

第3个？处填入 a

步骤3： 调试并运行程序，关闭程序后按题目要求存盘。

（2）【微步骤】

步骤1： 打开本题工程文件。

步骤2： 分析并编写程序代码。

程序提供代码如下。

```
Dim a(100) As Integer, num As Integer
Private Sub Command1_Click()
Dim k As Integer
Open App.Path & "\in4.dat" For Input As #1
For k =1 To 60
        Input #1, a(k)
        Text1 =Text1 +Str(a(k)) +Space(2)
Next k
Close #1
End Sub
Private Sub Command2_Click()
num =InputBox(" 请输入一个数 ")
End Sub
Private Sub Command3_Click()
For i =1 To 60
```

```
    'If num < a(i) Then ?
Next i
'For j =60 To i ?
    'a(j +1) = ?
Next j
'?  =num
Text1 =""
```

'以下程序段将插入后的数组 A 重新显示在 Text1 中

```
'For k =1 To ?
        Text1 =Text1 +Str(a(k)) +Space(2)
Next k
End Sub
```

程序结束。

【微答案】

第 1 个? 处填入 Exit For

第 2 个? 处填入 Step -1

第 3 个? 处填入 a(j)

第 4 个? 处填入 a(i)

第 5 个? 处填入 61

步骤 3： 调试并运行程序，关闭程序后按题目要求存盘。

三、综合应用题

【微步骤】

步骤 1： 打开本题工程文件，添加两个名称分别是 Label1 和 Label2，标题分别为 "单词的平均长度为" 和 "最长单词的长度为" 的标签，以及标题分别为 Text1 和 Text2，初始内容都为空的文本框。

步骤 2： 分析并编写程序代码。

程序提供代码如下。

```
Option Base 1
Dim s As String
Private Sub Command1_Click()
Open App.Path & "\in5.dat" For Input As #1
s = Input(LOF(1), #1)
Close #1
End Sub
Private Sub Command2_Click()
'需考生编写
End Sub
Private Sub Form_Unload(Cancel As Integer)
Open App.Path & "\out5.dat" For Output As #1
Print #1, Text1.Text, Text2.Text
Close #1
End Sub
```

程序结束。

【微答案】

```
Private Sub Command2_Click()
For i = 1 To Len(s)
J = Asc(Mid(s, i, 1))
Select Case J
  Case 48 To 57, 65 To 90, 97 To 122
  Case Else
  Mid(s, i, 1) = "-"
End Select
Next i
J = Len(s) - 1
For i = 1 To J
If Mid(s, i, 1) = "-" And Mid(s, i + 1, 1) = "-" Then
  s = Left(s, i) + Right(s, J - i)
  J = J - 1
  i = i - 1
End If
Next i
s = Left(s, Len(s) - 1)
R = Split(s, "-")
B = R(0)
For i = 1 To UBound(R)
If Len(B) < Len(R(i)) Then B = R(i)
Next i
Text2.Text = Len(B)
Text1.Text = Int((Len(s) - UBound(R)) / (UBound(R) + 1) + 0.5)
End Sub
```

步骤 3： 调试并运行程序，关闭程序后按题目要求存盘。

第12-98套 参考答案及解析

本部分对应的内容在图书配套软件中。先安装二级 Visual Basic 软件，启动软件后单击主界面中的"配书答案"按钮，即可查看。